普通高等教育“十二五”规划教材

显微观察与生物制片技术

张学舒 编著

中国水利水电出版社
www.waterpub.com.cn

内 容 提 要

本书主要介绍显微镜基本常识、显微镜的光学原理、显微镜系统组成与各种显微镜检技术，生物制片的目的、生物制片流程、生物制片使用的各类化学试剂与生物制片方法，包括显微观察技术、生物制片技术、显微观察与生物制片实验等三篇二十章。

本书从显微观察与生物制片的基本常识、概念出发，阐述了显微观察与生物制片的基本方法、特点；显微观察设备结构、组成与简单工作原理，不同显微镜检术应用领域、显微镜检附属用具的常规使用；阐述了生物制片工作的管理概念、要求与制度，生物制片的方式与方法，生物制片试剂的配制和使用，按流程介绍生物制片各环节的要领与步骤；用大量实例和图片介绍最常用的显微观察实验与生物制片实验。

本书着重于基础性与实践性，可作为高等院校生物学、农学、水产学及相关专业生物学实验课程的教材与实验指导书。

图书在版编目（CIP）数据

显微观察与生物制片技术 / 张学舒编著. -- 北京 : 中国水利水电出版社, 2012.9
普通高等教育“十二五”规划教材
ISBN 978-7-5170-0194-2

Ⅰ. ①显… Ⅱ. ①张… Ⅲ. ①显微镜－高等学校－教材②切片（生物学）－制作－高等学校－教材 Ⅳ. ①TH742②Q-336

中国版本图书馆CIP数据核字(2012)第224972号

书　　名	普通高等教育“十二五”规划教材 **显微观察与生物制片技术**
作　　者	张学舒　编著
出版发行	中国水利水电出版社 （北京市海淀区玉渊潭南路1号D座　100038） 网址：www.waterpub.com.cn E-mail：sales@waterpub.com.cn 电话：（010）68367658（发行部）
经　　售	北京科水图书销售中心（零售） 电话：（010）88383994、63202643、68545874 全国各地新华书店和相关出版物销售网点
排　　版	中国水利水电出版社微机排版中心
印　　刷	三河市鑫金马印装有限公司
规　　格	184mm×260mm　16开本　11.5印张　273千字
版　　次	2012年9月第1版　2012年9月第1次印刷
印　　数	0001—3000册
定　　价	**25.00**元

前言

在人类对微观世界的认知中，显微镜是这种活动的主要工具，而生物制片技术是显微观察得以实现的手段。没有显微镜的发明和发展，就不可能有现代科学许多领域的发展。只有在复式显微镜发明以后，人们才能够看到过去用肉眼所无法看到的动植物体和微生物的细微结构以及各种各样的微小物体。

作为精密的光学仪器，显微放大技术已有300多年的发展史。在生物学的形态特征、组织结构、组织化学、机体功能等许多研究领域中，显微观察有着不可替代的作用。它也广泛应用于现代科学技术和生产的各个领域，是一种十分重要的观测工具。特别是在生物学、医学、农业、畜牧、地质、矿产和一些工业部门内，显微镜具有特殊的地位，发挥着非常重要的作用。随着显微镜不断改进，一些科学领域才得以不断发展，特别是在16～18世纪，生物学和医学的每一项重大的发现几乎都是由显微镜的一次重要的改进所引起的，而且在微观科学领域内做出某些重大发现的就是一些眼镜商、镜片密制者或显微镜制造者。被恩格斯称为19世纪自然科学三大发现之一的细胞学说的创立就与显微镜的应用是分不开的。

在现代科学技术中，光学显微镜是一种使用很普遍的基本观测仪器，由于显微镜制造技术的飞速发展，它的应用范围变得愈来愈广，除了使用一般明视野透射光以外，还可以使用暗视野、相差、偏光、荧光、紫外光、红外光进行标本的观察。除进行细微结构的观察而外，还可以进行照相、描绘、投影放大，以及对微小物体的长度、面积和体积的测量。同时，由于显微镜同电影、电视、分光光度术等现代技术的结合，出现了显微电影摄影机、电视显微镜、自动影像分析仪、显微分光光度计、流式细胞分光光度计等大型自动影像记录和测量分析仪器，不仅可以真实地记录活体生物中微观的运动和变化，而且可以通过分析表现生物的功能数据。

在人们对生物材料进行显微观察的进程中，摸索、借鉴、引用和创新了许多将生物对象制作成可适用于显微镜下观察的方法——生物制片技术。生物制片技术的宗旨是尽可能将生物材料原态清晰地呈现在显微观察的视野中，这种呈现通过对生物材料进行固定、切片、铺展、离散、染色、封藏等处理方式得以进行。生物制片是对生物材料进行理化处理的综合过程，需要实施者不仅要掌握生物学知识，而且要具有较高的物理、化学水平。现代科技的发展使得生物制片的许多过程可以用自动化或半自动化的仪器来完成。研发出了诸如自动脱水机、全自动包埋机、自动切片机等仪器设备，提高了生物制片的效率和完整性。

本书分三篇二十章，简明系统地介绍了显微观察技术和生物制片技术。第一篇显微观察技术，主要介绍显微观察的原理、显微镜的光学系统和机械系统、各种显微镜检术。第二篇生物制片技术，主要介绍生物制片流程各环节的要领、使用的化学药剂和仪器设备、制片流程的时序安排。第三篇显微观察与生物制片实验，实例讲解（附操作图片）显微观察和生物制片的各类实验要求、实验器材、实验进程和实验结果。

本书一直作为浙江海洋学院水产实验教学中心的指定教材，在编写、使用、修订和出版过程中得到该单位的大力支持，谨此致以诚挚的感谢。

限于编者水平，不足之处在所难免，敬请读者提出宝贵意见。

编者

2012年7月

目　录

第一篇 显微观察技术

第一章 显微观察概述

第一节 显微镜的发明与沿革

很早以前，人们就知道某些光学装置能够“放大”物体。比如在《墨经》里面就记载了能放大物体的凹面镜。至于凸透镜是什么时候发明的，可能已经无法考证。凸透镜有的时候人们把它称为“放大镜”——能够聚焦太阳光，也能让你看到放大后的物体，这是因为凸透镜能够把光线偏折。通过凸透镜看到的其实是一种幻觉，严格地说叫虚像。当物体发出的光通过凸透镜的时候，光线会以特定的方式偏折。当我们看到那些光线的时候，不自觉地认为它们仍然是沿笔直的路线传播，结果物体就会看上去比原来大。

单个凸透镜能够把物体放大几十倍，这远远不足以让我们看清某些物体的细节。13世纪，出现了为视力不济的人准备的眼镜——一种玻璃制造的透镜片。大约在16世纪末，荷兰的眼镜商詹森（Zaccharias Janssen）和他的儿子把几块镜片放进了一个圆筒中，结果发现通过圆筒看到附近的物体出奇的大，这就是现在的显微镜（microscope）和望远镜的前身。

詹森制造的是第一台复合式显微镜。使用两个凸透镜，一个凸透镜把另外一个所成的像进一步放大，这就是复合式显微镜的基本原理。如果两个凸透镜一个能放大10倍，另一个能放大20倍，那么整个镜片组合的放大倍数就是10×20＝200倍。詹森时代的复合式显微镜并没有真正显示出它的威力，它们的放大倍数低得可怜。荷兰人安东尼·冯·列文虎克（Anthony von Leeuwenhoek，1632—1723）制造的显微镜让人们大开眼界。列文虎克自幼学习磨制眼镜片的技术，热衷于制造显微镜。他制造的显微镜其实就是一片凸透镜，而不是复合式显微镜。不过，由于他的技艺精湛，磨制的单片显微镜的放大倍数将近300倍，超过了以往任何一种显微镜。

当列文虎克把他的显微镜对准一滴雨水的时候，他惊奇地发现了其中令人惊叹的小小世界：无数的微生物游弋于其中。他把这个发现报告给了英国皇家学会，引起了一阵轰动。人们有时候把列文虎克称为“显微镜之父”，严格地说这不太正确。列文虎克没有发明第一个复合式显微镜，他的成就只是制造出了高质量的凸透镜镜头。

在接下来的两个世纪中，复合式显微镜得到了充分的完善。例如人们发明了能够消除色差（当不同波长的光线通过透镜的时候，它们折射的方向略有不同，这导致了成像质量的下降）和其他光学误差的透镜组。与19世纪的显微镜相比，现在我们使用的普通光学显微镜基本上没有什么改进。原因很简单：光学显微镜已经达到了分辨率的极限。

如果仅仅在纸上画图，自然能够“制造”出任意放大倍数的显微镜。但是，光的波动性将毁掉完美的发明。即使消除掉透镜形状的缺陷，任何光学仪器仍然无法完美地成像。人们花了很长时间才发现，光在通过显微镜的时候要发生衍射。简单来说，物体上的一个点在成像的时候不会是一个点，而是一个衍射光斑；如果两个衍射光斑靠得太近，你就没法把它们分辨开来；显微镜的放大倍数再高也无济于事了。对于使用可见光作为光源的显微镜，它的分辨率极限是0.2μm。任何小于0.2μm的结构都没法识别出来。提高显微镜分辨率的途径之一就是设法减小光的波长，或者用电子束来代替光。根据德布罗意（1892—1987）的物质波理论，运动的电子具有波动性，而且速度越快，它的“波长”就越短。如果能把电子的速度加到足够高，并且汇聚它，就有可能用来放大物体。

1938年，德国工程师Max Knoll和Ernst Ruska制造出了世界上第一台透射电子显微镜（TEM）。1952年，英国工程师Charles Oatley制造出了第一台扫描电子显微镜（SEM）。电子显微镜是20世纪最重要的发明之一。由于电子的速度可以加到很高，电子显微镜的分辨率可以达到纳米级（10^{-9}m）。很多在可见光下看不见的物体，例如病毒在电子显微镜下现出了原形。

用电子代替光或许是一个反常规的主意，但是还有更令人吃惊的。1983年，IBM公司苏黎世实验室的两位科学家发明了所谓的扫描隧道显微镜（STM）。这种显微镜比电子显微镜更激进，它完全失去了传统显微镜的概念。

很显然，你不能直接“看到”原子。因为原子与宏观物质不同，它不是光滑的、滴溜乱转的削球，更不是达·芬奇绘画时候所用的模型。扫描隧道显微镜依靠所谓的“隧道效应”工作。如果舍弃复杂的公式和术语，这个工作原理其实很容易理解。隧道扫描显微镜没有镜头，它使用一根探针。在探针和物体之间加上电压，如果探针距离物体表面很近，大约在纳米级的距离上，隧道效应就会起作用。电子会穿过物体与探针之间的空隙，形成一股微弱的电流。如果探针与物体的距离发生变化，这股电流也会相应地改变。这样，通过测量电流就能知道物体表面的形状，分辨率可以达到单个原子的级别。

第二节　显微镜的种类

显微镜的种类很多，一般可分为光学显微镜与非光学显微镜两大类。光学显微镜又可分为单式显微镜与复式显微镜。非光学显微镜为电子显微镜。本书主要介绍常用的光学显微镜。

一、单式显微镜

最简单的单式显微镜，即普通称的放大镜，其放大倍数常在10倍以下，由一个凸透镜构成。构造复杂的单式显微镜为解剖显微镜，其放大倍数在200倍以下，由几个凸透镜组成，如图1-1所示。

放大镜的放大原理如图1-2所示。若将物体置于凸透镜与焦点F之间，则从物体过来的光线，通过透镜后，将在相反方向（物体的同一边）造成一个放大而直立的虚像。若眼睛在F'处观察，即可看到这个放大虚像，如图1-2所示。

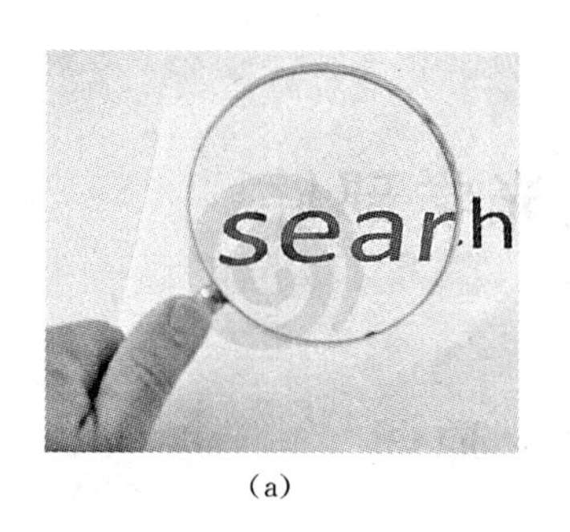

(a)

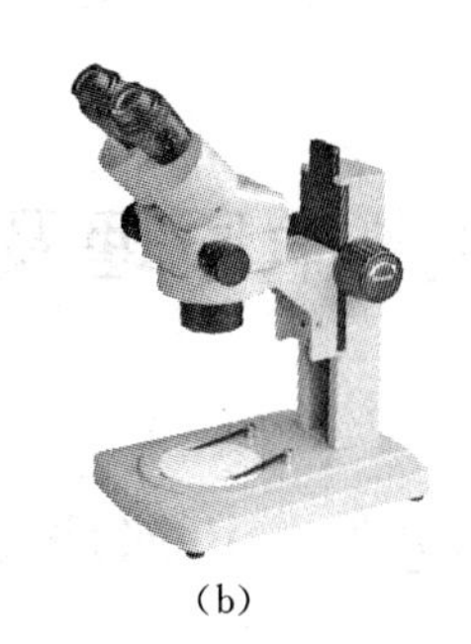
(b)

图 1-1　单式显微镜
(a) 放大镜；(b) 解剖显微镜

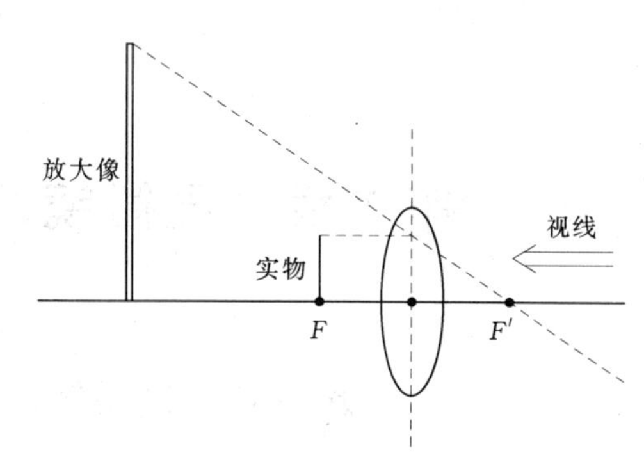

图 1-2　放大镜成像示意图

二、复式显微镜

复式显微镜是实验室中常用的显微镜，结构较复杂，放大倍数也高，由两组以上的透镜构成。复式显微镜虽然类型很多，但是它们的主要部分是一致的，包括物镜、目镜和聚光器等光学系统。

复式显微镜的成像：物体置在集光器与物镜之间，平行的光线自反射镜折入集光器，光线经过集光器穿过透明的物体进入物镜后，即在目镜的焦点平面（光阑部位或在它的附近）形成了一个初生倒置的实像。从初生实像射过来的光线，经过目镜的接目透镜而到达眼球。这时的光线已成平行或接近平行。这些平行光线透过眼球的水晶体就在网膜上形成了一个直立的实像。这样眼球就成为显微镜系统的一个组成部分了。这时，在显微镜中所看到的是放大了的倒置的虚像，和视网膜上所造成的实像是吻合的。

从眼球的水晶体到放大的虚像之间的距离称为明视距离。它的长度为 250mm，这是观察显微镜中物像最适宜的距离。从镜筒的抽管上升到物镜螺旋基部之间的长度，就是机械筒长（mechanical tube length）。它的一般长度为 160mm，也有的长 170mm。由物镜的上焦平面到目镜的下焦平面之间的距离为光学筒长（optical tube length）。其长度随机械筒长及物镜不同而改变。

复式显微镜的种类很多，除一般常用的明视野显微镜外，尚有几种性能各不相同的显微镜，如暗视野显微镜、相差显微镜、偏光显微镜、紫外光显微镜和荧光显微镜等，如图 1-3 所示。详见第五章。

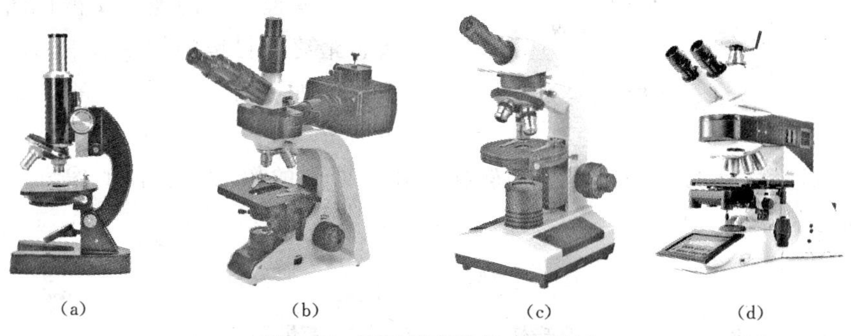
(a)　(b)　(c)　(d)

图 1-3　不同类型的复式显微镜
(a) 简易显微镜；(b) 荧光显微镜；(c) 偏光显微镜；(d) 微分干涉差显微镜

第二章　显微镜的光学原理及光学部件

第一节　显微镜的成像（几何成像）原理

显微镜之所以能将被检物体进行放大，是通过透镜来实现的。单透镜成像具有像差，严重影响成像质量，因此显微镜的主要光学部件都由透镜组合而成。从透镜的性能可知，只有凸透镜才能起放大作用，而凹透镜不行。显微镜的物镜与目镜虽都由透镜组合而成，但相当于一个凸透镜。为便于了解显微镜的放大原理，简要说明一下凸透镜的 5 种成像规律：

（1）当物体位于透镜物方 2 倍焦距以外时，则在像方 2 倍焦距以内、焦点以外形成缩小的倒立实像。

（2）当物体位于透镜物方 2 倍焦距上时，则在像方 2 倍焦距上形成同样大小的倒立实像。

（3）当物体位于透镜物方 2 倍焦距以内、焦点以外时，则在像方 2 倍焦距以外形成放大的倒立实像。

（4）当物体位于透镜物方焦点上时，则像方不能成像。

（5）当物体位于透镜物方焦点以内时，则像方也无像的形成，而在透镜物方的同侧比物体远的位置形成放大的直立虚像。

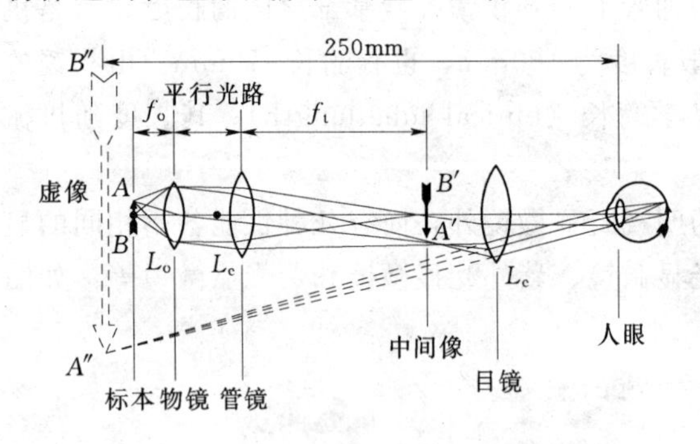

图 2－1　复式显微镜的成像光路

显微镜的成像原理就是利用上述（3）和（5）的规律把物体放大的。当物体处在物镜前 $F\sim 2F$（F 为物方焦距）时，则在物镜像方的二倍焦距以外形成放大的倒立实像。在显微镜的设计上，将此像落在目镜的一倍焦距 F_1 之内，使物镜所放大的第一次像（中间像）又被目镜再一次放大，最终在目镜的物方（中间像的同侧）、人眼的明视距离（250mm）处形成放大的直立（相对中间像而言）虚像。因此，当我们在镜检时，通过目镜（不另加转换棱镜）看到的像与原物体的像方向相反，如图 2－1 所示。

$$M_o = f_t / f_o$$

式中：M_o 为物镜放大倍数；f_t 为管镜焦距；f_o 为物镜焦距。

传统的光学显微镜主要由光学系统及支撑它们的机械结构组成，光学系统是由各种

光学玻璃做成的复杂化了的放大镜。物镜将标本放大成像，其放大倍率 $M_{物}$ 由下式决定：

$$M_{物}=\Delta/f'_{物}$$

式中：$f'_{物}$ 为物镜的焦距；Δ 为物镜与目镜间的距离。

目镜将物镜所成之像再次放大，成一个虚像在人眼前 250mm 处供人观察，这是多数人感觉最舒适的观察位置，目镜的倍率：

$$M_{目}=250/f'_{目}$$

式中：$f'_{目}$ 为目镜的焦距。

显微镜的总放大倍率是物镜与目镜的乘积：

$$M_{总}=M_{物}\times M_{目}=\frac{\Delta\times 250}{f'_{目}\times f_{物}}$$

可见，减小物镜及目镜焦距将使总放大倍率提高，这是用显微镜可以看到细菌等微生物的关键，也是其与普通放大镜的区别所在。

复式显微镜的主要功能部分是光学系统，包括物镜、目镜、聚（集）光镜和光源几部分，如图 2－2 所示。

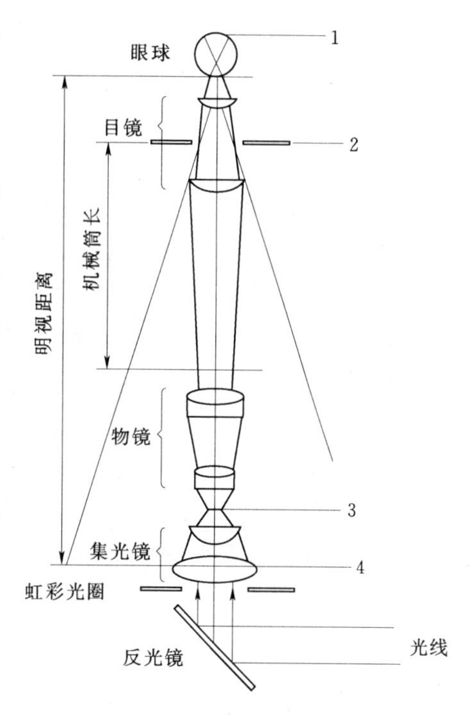

图 2－2　复式显微镜的成像示意图
1—视网膜上直立的实像；2—最初倒置的实像；
3—直立的物体（标本）；4—最后在视野中
看到的倒置的虚像

第二节　显微成像的影响因素

一、折射和折射率

光线在均匀的各向同性介质中，两点之间以直线传播；当通过不同密度介质的透明物体时，则发生折射现象，这是由于光在不同介质中的传播速度不同造成的。当与透明物面不垂直的光线由空气射入透明物体（如玻璃）时，光线在其界面改变了方向，并和法线构成折射角。

二、透镜的性能

透镜是组成显微镜光学系统的最基本的光学元件，物镜、目镜和集光镜等部件均由单个或多个透镜组成。透镜依其外形的不同，可分为凸透镜（正透镜）和凹透镜（负透镜）两大类。

当一束平行于光轴的光线通过凸透镜后相交于一点，这个点称“焦点”，通过交点并垂直光轴的平面称“焦平面”。焦点有两个，在物方空间的焦点称“物方焦点”，该处的焦平面称“物方焦平面”；反之，在像方空间的焦点称“像方焦点”，该处的焦平面称“像方焦平面”。

光线通过凹透镜后成正立虚像，而凸透镜则成正立实像；实像可在屏幕上显现出来，而虚像则不能。

三、像差

由于客观条件，任何光学系统都不能生成理论上理想的像，各种像差的存在影响了成像质量。下面分别简要介绍各种像差。

1. 色像差（chromatic aberration）

色差是透镜成像的一个严重缺陷，发生在多色光为光源的情况下；单色光不产生色差。白光由红橙黄绿青蓝紫 7 种组成，各种光的波长不同，所以在通过透镜时的折射率也不同，这样物方一个点在像方则可能形成一个色斑。

光线通过一个透镜后，不能使所有颜色的光线都聚在一个焦点上，而是参差不齐的，如图 2－3 所示。造成这种现象的原因是，各种颜色的光线波长不同，通过双凸透镜后它们的屈折角度也不一样，因而造成了各种不同的焦点。通常红光造成的焦点离透镜最远，紫光造成的焦点离透镜最近。所造成的像不清晰，成为一个由五彩圆环所组成的小圈（红色在中心）。这种现象称为色像差。

色差一般有位置色差、放大率色差。位置色差使像在任何位置观察都带有色斑或晕环，使像模糊不清。而放大率色差则使像带有彩色边缘。

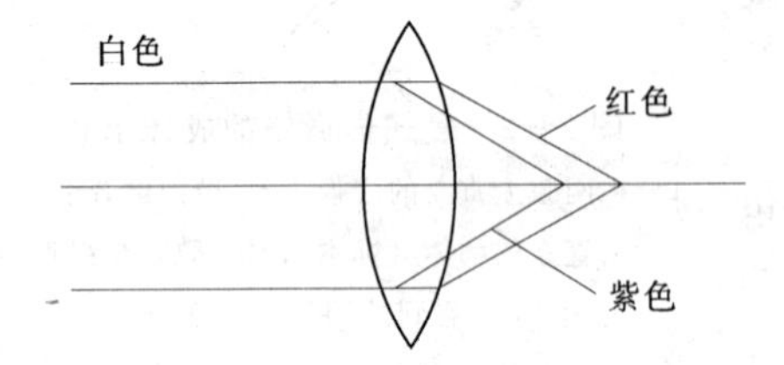

图 2－3　单透镜的色像差

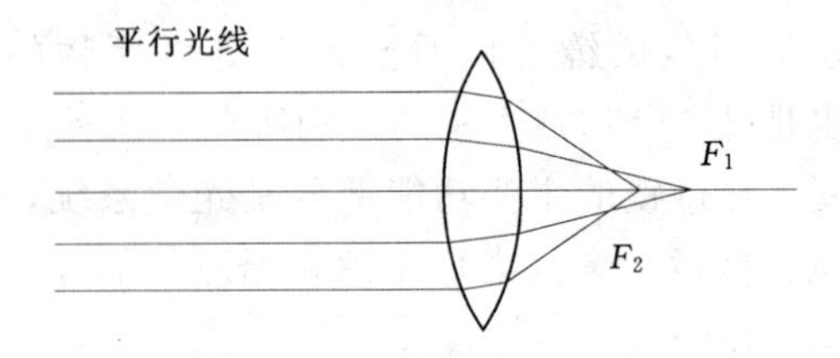

图 2－4　单透镜的球面像差

2. 球面像差（spherical aberration）

球面像差简称球差。透射于透镜边缘的光线的屈折度大于中央部的，因此造成的焦点有参差，不在同一点上，如图 2－4 所示；这样一来，就使造成的像不明晰，而且还能使它变形，这就是球差。球差造成的结果是，一个点成像后，不再是个亮点，而是一个中间亮、边缘逐渐模糊的亮斑。

球差的矫正常利用透镜组合来消除。由于凸、凹透镜的球差是相反的，可选配不同材料的凸、凹透镜胶合起来给予消除。旧型号显微镜，物镜的球差没有完全矫正，应与相应的补偿目镜配合，才能达到纠正效果；一般新型显微镜的球差完全由物镜消除。

3. 慧差（coma）

慧差属轴外点的单色相差。轴外物点以大孔径光束成像时，发出的光束通过透镜后不再相交一点，则一光点的像便会得到一逗点状，形如慧星，故称慧差。

4. 像散（astigmatism）

像散也是影响清晰度的轴外点单色相差。当视场很大时，边缘上的物点离光轴远，光束倾斜大，经透镜后则引起像散。像散使原来的物点在成像后变成两个分离并且相互垂直的短线，在理想像平面上综合后，形成一个椭圆形的斑点。像散是通过复杂的透镜组合来消除的。

5. 场曲（curvature of field）

场曲又称“像场弯曲”。当透镜存在场曲时，整个光束的交点不与理想像点重合，虽然在每个特定点都能得到清晰的像点，但整个像平面则是一个曲面。这样一来，在镜检时不能同时看清整个像面，给观察和照相造成困难。因此研究用显微镜的物镜一般都是平场物镜，这种物镜已经矫正了场曲。

6. 畸变（distortion）

前面所说各种像差，除场曲外都影响像的清晰度。畸变是另一种性质的像差，光束的同心性不受到破坏，因此不影响像的清晰度；但是，使像与原物体比，在形状上造成失真。

第三节　显微镜的光学技术参数

显微镜的光学技术参数包括数值孔径、分辨率、放大率、焦深、视场直径、覆盖差、工作距离等。这些参数并不都是越高越好，它们之间是相互联系又相互制约的。在使用时，应根据镜检的目的和实际情况来协调参数间的关系，但应以保证分辨率为准。

1. 数值孔径（numerical aperture，N. A.）

数值孔径是物镜和集光镜的主要技术参数，是判断两者（尤其对物镜而言）性能高低的重要标志。其数值的大小，分别标刻在物镜和集光镜的外壳上。

数值孔径（N. A.）是物镜前透镜与被检物体之间介质的折射率（n）和孔径角（a）半数的正弦的乘积。公式表示如下：

$$\text{N. A.} = n \cdot \sin(a/2)$$

孔径角又称“镜口角”，是物镜光轴上的物体点与物镜前透镜的有效直径所形成的角度。孔径角越大进入物镜的光通亮就越大，它与物镜的有效直径成正比，与焦点的距离成反比。

显微镜观察时，若想增大 N. A 值，孔径角是无法增大的，唯一的办法是增大介质的折射率 n 值。基于这一原理，就产生了水浸系物镜和油浸系物镜，因介质的折射率 n 值大于 1，N. A. 值就能大于 1。

数值孔径最大值为 1.4，这个数值在理论上和技术上都达到了极限。目前，有用折射率高的溴萘作介质，溴萘的折射率为 1.66，所以 N. A. 值可大于 1.4。这里必须指出，为了充分发挥物镜数值孔径的作用，在观察时集光镜的 N. A. 值应等于或略大于物镜的 N. A. 值。

数值孔径与其他技术参数有着密切的关系，它几乎决定和影响着其他各项技术参数。数值孔径与分辨率成正比，与放大率成正比，与焦深成反比；数值孔径增大，视场直径与工作距离都会相应地变小。

2. 分辨率（resolution）

分辨率又称“鉴别率”和“解像力”，是衡量显微镜性能的又一个重要技术参数。显微镜的分辨率用公式表示为：

$$d = \lambda/\text{N. A.}$$

式中：d 为最小分辨距离；λ 为光线的波长；N. A. 为物镜的数值孔径。

可见物镜的分辨率是由物镜的 N. A. 值与照明光源的波长两个因素决定。N. A. 值越大，照明光线波长越短，则 d 值越小，分辨率就越高。

要提高分辨率，即减小 d 值，可采取以下措施：

（1）降低光源波长 λ 值，使用短波长的。

（2）增大介质 n 值和提高 N. A. 值。

（3）增大孔径角。

（4）增加明暗反差。

3. *放大率*（magnification）

放大率就是放大倍数，是指被检验物体经物镜放大再经目镜放大后，人眼所看到的最终图像的大小对原物体大小的比值，是物镜和目镜放大倍数的乘积。放大率也是显微镜的重要参数。但是，也不能盲目相信放大率越高越好，在选择时应首先考虑物镜的数值孔径。

4. *焦深*（depth of field）

焦深为焦点深度的简称。在使用显微镜时，当焦点对准某一物体时，不仅位于该点平面上的各点都可以看清楚，而且在此平面的上下一定厚度内也能看得清楚，这个清楚部分的厚度就是焦深。焦深大，可以看到被检物体的全层；而焦深小，则只能看到被检物体的一薄层。焦深与其他技术参数有以下关系：

（1）焦深与总放大倍数、物镜的数值孔径成反比。

（2）焦深大，分辨率降低。

由于低倍物镜的焦深较大，所以在低倍物镜照相时造成困难。在显微照相时将详细介绍。

5. *视场直径*（field of view）

观察显微镜时，所看到的明亮的原形范围称视场，它的大小是由目镜里的视场光阑决定的。

视场直径也称视场宽度，是指在显微镜下看到的圆形视场内所能容纳被检物体的实际范围。视场直径越大，越便于观察。公式表示如下：

$$F=FN/M_{ob}$$

式中：F 为视场直径；FN 为视场数；M_{ob} 为物镜放大率。

视场数（field number，FN）是目镜线视场的大小（单位：mm）。它等于目镜的视场光阑的直径（视场光阑位于场镜前）或视场光阑被场镜所成像的直径（视场光阑位于场镜后）。数值标刻在目镜的镜筒外侧。

由公式可看出：

（1）视场直径与视场数成正比。

（2）增大物镜放大率，则视场直径减小。因此，若在低倍镜下可以看到被检物体的全貌，而换成高倍物镜后就只能看到被检物体的很小一部分了。

6. *覆盖差*（cover poor）

显微镜的光学系统也包括盖玻片在内。由于盖玻片的厚度不标准，光线从盖玻片进入

空气产生折射后的光路发生了改变，从而产生了相差，这就是覆盖差。覆盖差的产生影响了显微镜的成像质量。

国际上规定，盖玻片的标准厚度为0.17mm，许可范围在0.16～0.18mm，在物镜的制造上已将此厚度范围的相差计算在内。如果物镜外壳上标示0.17，即表明它是该物镜要求盖玻片的厚度。

7. 工作距离（working distance，WD）

工作距离也称物距，指物镜前透镜的表面到被检物体之间的距离。镜检时，被检物体应处在物镜的1倍至2倍焦距之间。因此，工作距离与焦距是两个概念。平时习惯所说的调焦，实际上是调节工作距离。

在物镜数值孔径一定的情况下，工作距离短则孔径角大。数值孔径大的高倍物镜，其工作距离小。

第四节　物　　镜

一、物镜的性质

1. 放大倍数

物镜（图2-5）的放大倍数都在物镜头上注明，从3×（倍）到100×。常用的低倍镜的放大倍数为10×，高倍镜的为40×，油镜的为100×。放大倍数在6×以下或100×以上的，用处不大。放大倍数计算的方法如下式：

物镜的放大倍数＝相当的光学筒长/物镜的焦距

式中：光学筒长＝物镜上焦点平面到目镜下焦点平面间的距离。

例如，物镜的焦距为16mm时，常与160mm的光学筒长一起使用，这样它的放大倍数为160/16＝10。

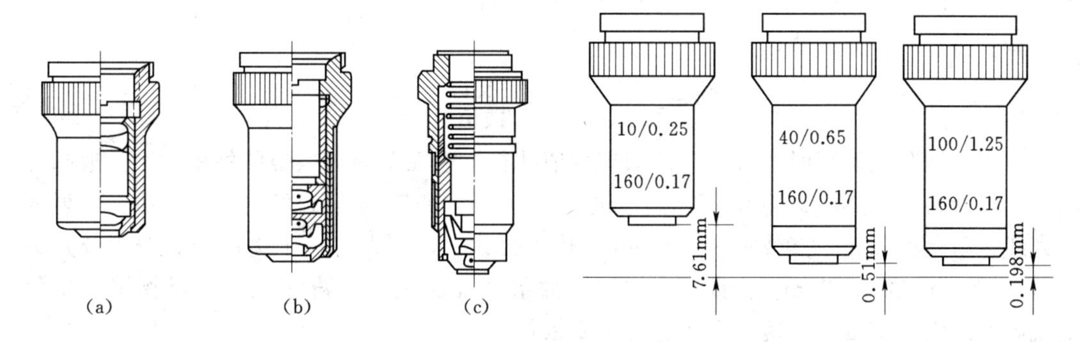

图2-5　物镜

（a）低倍物镜；（b）高倍物镜；（c）弹簧物镜

图2-6　不同放大倍数物镜的工作距离

2. 工作距离

工作距离是指物镜最下面透镜的表面与盖玻片（其厚度为0.17～0.18mm）上表面之间的距离。物镜的放大倍数越大，它的工作距离越小（图2-6）。一般油镜的工作距离为0.2mm，盖玻片的厚度若为0.17～0.18mm，则在观察时毫无妨碍；若盖玻片过厚，就不可能将被检物聚焦，且易引起意外的损失。

3. 焦点距离

焦点距离简称焦距，是指平行光线经过单一透镜后集中于一点，由这一点到透镜中心的距离。一个物镜通常系由几个不同性质的透镜组成，因此它的焦距的测定就比较复杂。一般的显微镜在产品目录上或物镜头上都注明焦距的长度。最普通的为 16mm、8mm、4mm、2mm（表 2－1）。物镜倍数越大，焦距越短。

表 2－1　　**标准物镜的性质**

焦点距离（mm）	光学筒长（mm）	放大倍数	数值孔径	工作距离（mm）
16	160	10×	0.28	6.5
8	160	20×	0.50	2.0
4	160	40×	0.65	0.6
2	160	90×	1.25	0.2

4. 焦点深度

在用不同倍数的物镜观察物体时，所能看到的清晰范围是不同的。例如，用 10× 物镜观察一个细胞时，则看到上壁就看不到下壁，看到下壁又看不到上壁。在视野中垂直范围内所能清晰观察到的界限，就称为焦点深度。物镜的倍数愈大，焦点深度愈浅。焦点深度与显微镜照像有密切的关系。

5. 分辨力

物镜的分辨力是指分辨被检物体细微结构的能力，也就是判别两个物体点之间最短距离的本领。设分辨力以 R 来代表，若两个物体点之间距离大于 R，那么就可被这个物镜分辨出来是两个点；若距离小于 R，那么这两个点就被看为一个点，也就是说分辨不清了。所以，R 越小，就表示这个物镜的分辨能力越高。

分辨力可用下面公式计算：

$$R=\frac{\lambda}{2\mathrm{N.A.}}=\frac{\text{波长}}{2\times\text{数值孔径}}$$

应用上面公式计算时，首先应该知道数值孔径。它在普通显微镜的物镜头上一般都已注明，如低倍镜的 N.A. 为 0.28、高倍镜的为 0.65、油镜的为 1.25（表 2－1）。若射入的光线为单色的绿光，其波长为 0.55μm，代入公式后，则上述三个物镜的分辨力分别为 1μm、0.42μm 和 0.22μm。由此可以看出，数值孔径越大，分辨力也越高，物镜的价值也就越大。它是衡量显微镜质量优劣的主要依据。

二、物镜的类型

常用的物镜有两种，即消色差物镜与复消色差物镜；前者用于一般实验工作的观察，后者用于精细研究工作和显微镜照相等。由于复消色差物镜的价格太贵，一般不常采用。

1. 消色差物镜（achromatic）

消色差物镜是较常见的一种物镜，由若干组曲面半径不同的一正一负胶合透镜组成，只能校正光谱线中红光和蓝光的轴向色差，同时能校正轴上点球差和近轴点慧差。这种物

镜不能消除二级光谱。它只校正黄、绿波区的球差、色差，未消除剩余色差和其他波区的球差、色差，并且像场弯曲仍很大，也就是说，只能得到视场中间范围清晰的像。使用时宜以黄、绿光作照明光源，或在光程中插入黄绿色滤光片。此类物镜结构简单，经济实用，常和福根目镜、校正目镜配合使用，被广泛地应用在中、低倍显微镜上。在黑白照相时，可采用绿色滤色片减少残余的轴向色差，获得对比度好的相片。

2. 复消色差物镜（apochromatic）

复消色差物镜由多组用特殊光学玻璃和萤石制成的高级透镜组组合而成。它将红、蓝、黄光校正了轴向色差，消除了二级光谱，因此像质很好，但镜片多、加工和装校都较困难。色差的校正在可见光的全部波区。若加入蓝色或黄色滤光片效果更佳。它是显微镜中最优良的物镜，对球面差、色差都有较好的校正，适用于高倍放大。但是，仍需与补偿目镜配合使用，以消除残余色差。

3. 平面消色差物镜（plana chromatic）

平面消色差物镜采用多镜片组合的复杂光学结构，较好地校正像散和场曲，使整个视场都能显示清晰，适用于显微摄影。这种物镜对球差和色差的校正仍限于黄、绿波区，且还存在剩余色差。

4. 平面复消色差物镜（plana pochromat，PF）

平面消色差物镜除进一步作像场弯曲校正外，其他像差校正程度均与复消色差物镜相同，使映像清晰、平坦；但结构复杂，制造困难。

5. 半复消色差物镜（halfapochromatic）

半复消色差物镜的部分镜片用萤石制成，故又称萤石物镜，校正像差程度介于消色差与复消色差两种物镜之间，但其他光学性质都与后者相近；价格比复消色差物镜便宜，最好与补偿目镜配合使用。

第五节　目　　镜

一、目镜的组成

目镜（ocular，eyepiece）通常由两个透镜组成。上面一个靠近眼睛的称为接目透镜（eye lens），下面一个靠近视野的称为会聚透镜（collective lens）或视野透镜（field lens）。在上下透镜的中间，或在视野透镜的下面装有一个用金属制成的光阑，物镜或视野透镜就在这个光阑面造像。在这个光阑面上还可以安置目镜测微计或用眼睫毛粘贴在光阑上制成自制的指针目镜，如图 2-7 所示。

图 2-7　目镜的结构图

二、目镜的作用

(1) 使由物镜映来的倒像，反映在目镜的光阑面上，并使它再扩大成为直立的虚像。

(2) 可校正物镜所余留下来的色差及球差，以及补正映像的歪曲。

(3) 使映像投射到一定的位置上，便于作显微镜照相。

三、目镜的放大倍数

目镜的放大倍数，可依照下列公式来计算：

$$目镜的放大倍数=250(明视距离)/f(目镜焦距)$$

目镜焦距一般在出品目录上都已注明。若目镜焦距为 36mm，则目镜放大倍数为 7×，这个数字都在目镜头上注明。在实验室中常用的目镜倍数为 10，若与 40× 的物镜配合使用，那么，这个显微镜的放大倍数为 10×40=400。

与数值孔径为 0.65、放大倍数为 43 的物镜联合使用时，最高和最适合的目镜放大倍数可依下列公式计算：

$$\frac{1000\times 物镜的数值孔径}{物镜的放大倍数}=\frac{1000\times 0.65}{43}=15$$

上述例子说明，一个显微镜的高倍物镜放大 43× 时，选用最高和最适合的目镜放大倍数为 15×。超过此数，对提高它的分辨力就不起作用，但对绘图和计数仍有帮助。

四、目镜的类型

1. 负目镜 (negative ocular)

负目镜的结构如图 2-8 (a) 所示，为最常用的一种。它由两个平凸两面透镜组成。在二个透镜之间，有一个圆形的光阑。下面的一个透镜为视野透镜；它的凸面向下，其效用是聚汇来自物镜的光线，使它们聚焦成像于光阑附近。上面一个较小的透镜为接目透镜，也是凸面向下，其效用是使映像放大易为眼睛所接受。这种目镜不能单独作扩大镜使用，必须与物镜联合起来才能观察到物体。

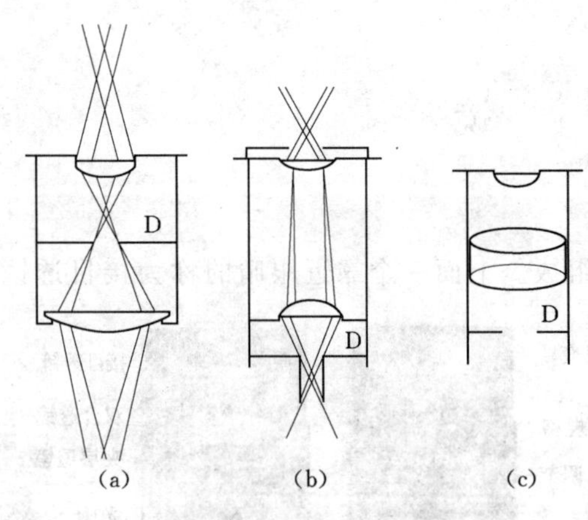

图 2-8　目镜的类型
(a) 负目镜；(b) 正目镜；(c) 补偿目镜
D—光阑面

2. 正目镜 (positive ocular)

正目镜也是由两个平凸面透镜构成，如图 2-8 (b) 所示。不过，两个透镜的凸面是相对的，光阑也移到视野透镜的下面。它的成像点也移到目镜外光阑处或其附近。这种目镜能单独作扩大镜使用。主要用于计数或测物体大小。测微计就可放在光阑上。

3. 补偿目镜 (compensating ocular)

补偿目镜的结构较复杂，系在它的焦点平面的上端插入上一组消色透镜而成，如图 2-7 (c) 所示。这是专门为复消色差物镜所设计的。单独使用复消色差物镜时，不能完全消除视野周围映像色差，如果与补偿目镜配合使用，就能达到消除残留色差的目的。这种目镜除与复消色差物镜联合使用外，也可以与 40× 以上的消色差物镜配合使用。

第六节　集　光　镜

一、集光镜的效用

集光镜（condenser）（图 2－9）又名聚光镜，装在载物台的下方。小型的显微镜往往无集光镜；在使用数值孔径 0.40 以上的物镜时，则必须具有集光镜。集光镜是显微镜的光学系统中的一个重要组成部分。它的功用是收集从光源射来的光线并集合成光束，以增强照明光度，然后经过标本再射到物镜中去。所以，一般放大倍数较高的显微镜，在载物台下均有集光镜。这样，在用高倍物镜观察时，就能得到充分的光线使物像明晰。

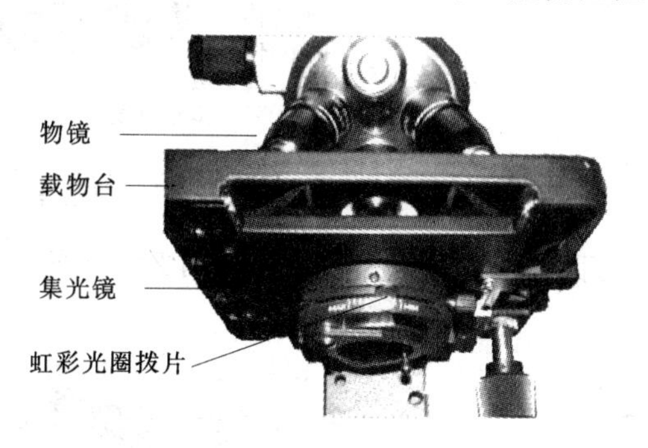

图 2－9　集光镜的位置

二、集光镜的种类

集光镜的结构有多种，功能也有多种。根据等级可以分为：阿贝集光镜、消色差集光镜、消球差集光镜、消色差/消球差集光镜。

1. 阿贝集光镜（Abbe condenser）

这种集光镜是由德国光学大师恩斯特·阿贝（Ernst Abbe，蔡司公司的创始人之一）设计的。阿贝集光镜由两个凸透镜构成，上面的透镜是平面的，有较好的集光能力。阿贝集光镜属于比较初级的集光镜。在物镜数值孔径高于 0.60 时，则色差、球差就显示出来，因此阿贝集光镜多用于普通显微镜上，如图 2－10 所示。

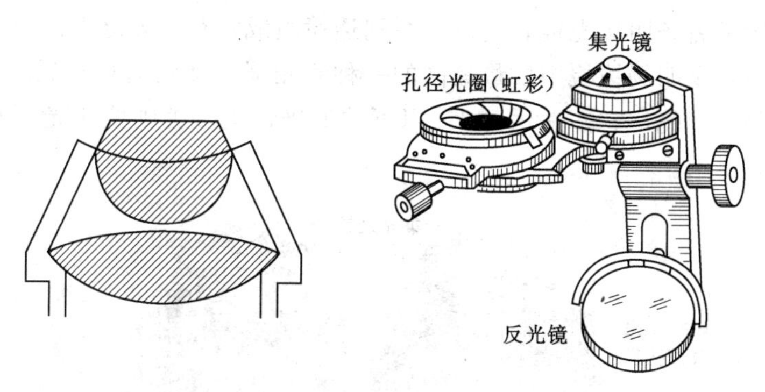

图 2－10　阿贝集光镜结构图

2. 消色差集光镜（achromatic condenser）

这种集光镜有 3～4 个光学部件，数值孔径为 0.95，对红光和蓝光进行了色差矫正。它适合黑白和彩色样本观察，一般用于教学和临床。价格不高，使用非常普及，如图 2－11 所示。

3. 消球差集光镜（aplanatic condenser）

这种集光镜一般有 5 个光学部件，数值孔径为 1.40，对球差进行了很好的矫正，但没有矫正色差的功能，特别适合于黑白单色照相。一般加个绿色片在光源后端，达到单色

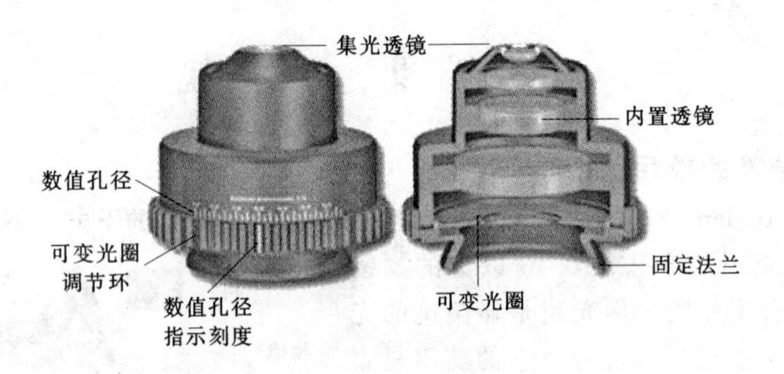

图 2-11　消色差集光镜结构图（N. A. =0.95）

的目的，照明效果很好，如图 2-12 所示。

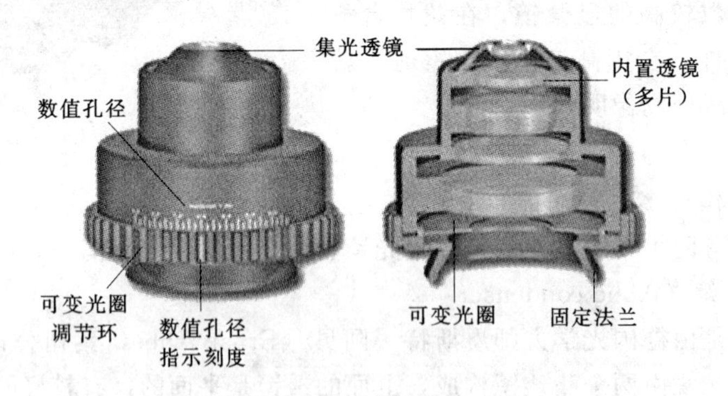

图 2-12　消球差集光镜结构图（N. A. =1.40）

4. 消色差消球差集光镜

这种集光镜又名齐明集光镜。它由一系列透镜组成，对色差球差的矫正程度很高，能得到理想的图像，是明场镜检中质量最高的一种集光镜。其数值孔径近 1.4。高级研究显微镜常配有此种集光镜。它不适用于 4×以下的低倍物镜，否则照明光源不能充满整个视场，如图 2-13 所示。

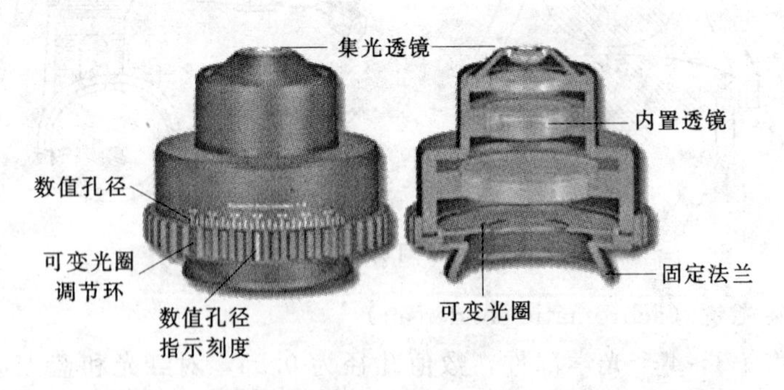

图 2-13　消色差消球差集光镜结构图（N. A. =1.38）

三、特殊集光镜

除了明视场使用的集光镜类型外，还有作特殊用途的集光镜。如摇出式集光镜、暗视野集光镜、相差集光镜、偏光集光镜、微分干涉集光镜等，这类集光镜分别适用于相应的

观察方式。

1. 摇出式集光镜（swing out condenser）

在使用低倍物镜时（如 4×），由于视场大，光源所形成的光锥不能充满整个视场，造成视场边缘部分黑暗，只中央部分被照亮。要使视场充满照明，就需将集光镜的上透镜从光路中摇出，这就产生了摇出式集光镜，如图 2－14 所示。

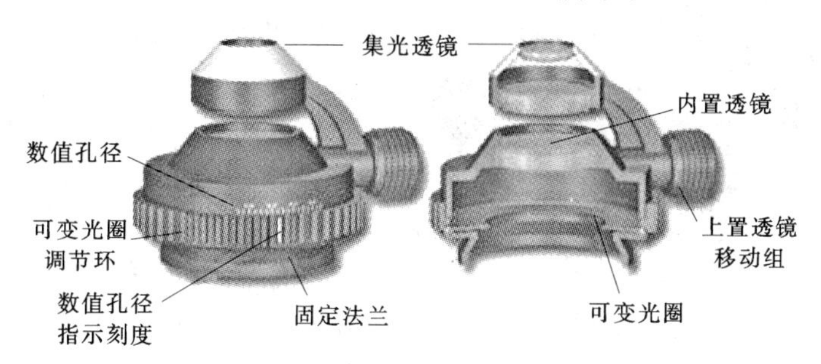

图 2－14　摇出式聚光镜结构图

2. 暗视野集光镜（dark field condenser）

暗视野集光镜中央有挡光片，使照明光线不直接进入物镜，只允许被标本反射和衍射的光线进入物镜，因而视野的背景是黑的，物体的边缘是亮的，如图 2－15 所示。利用这种集光镜的显微镜能见到小至 4～200nm 的微粒子，分辨率可比普通显微镜高 50 倍。

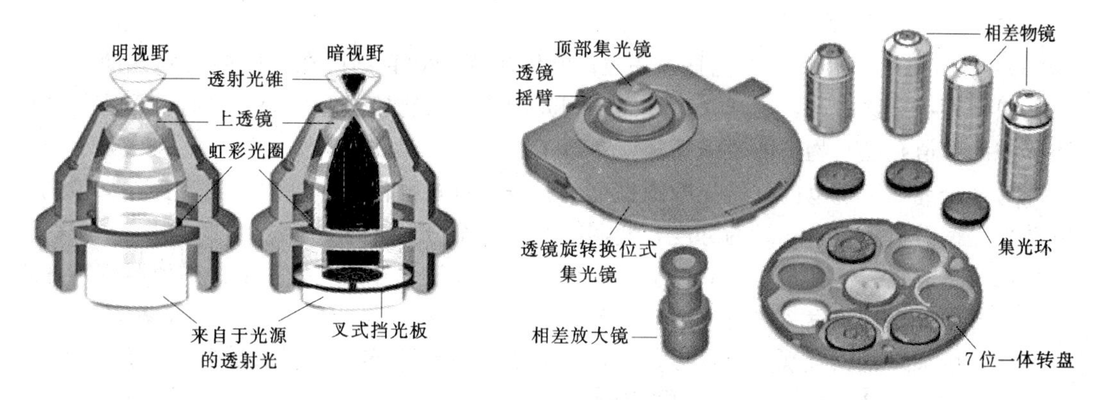

图 2－15　明视野与暗视野的背景投射光　　图 2－16　相差集光镜结构图

3. 相差集光镜（phase contrast condenser）

这种集光镜用于相差观察照明，结构比较复杂，而且需要相差物镜配合使用，观察无色透明样品，如图 2－16 所示。

4. 微分干涉聚光镜（DIC）

这种集光镜是最复杂的一种，一般也可以叫多功能集光镜，因为它可以实现明视野、暗视野、相差、微分干涉等几乎所有观察方式的照明，如图 2－17 所示。

四、集光镜的用法

欲使显微镜发挥它的能力，除了有高级的物镜外，还必须有优良的集光镜配合使用，

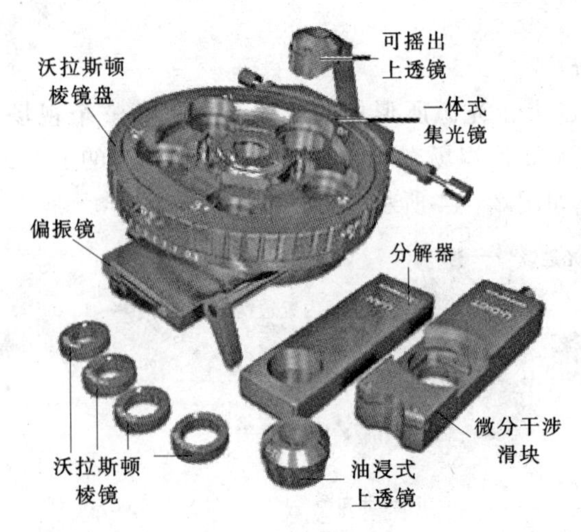

图 2-17　DIC 一体集光镜附件

因为物镜的分辨力受集光镜数值孔径的影响。物镜有效数值孔径等于物镜的数值孔径加集光镜的数值孔径再除以 2。例如，数值孔径为 1.2 的物镜，如与数值孔径为 0.5 的集光器配合使用，则物镜的有效数值孔径就降低为 0.85，即

$$\text{物镜的有效数值孔径} = \frac{\text{物镜数值孔径}+\text{集光镜数值孔径}}{2} = \frac{(1.2+0.5)}{2} = 0.85$$

因此，在使用集光镜时应注意下列各点：

（1）在原则上，集光镜的数值孔径应该与物镜的数值孔径一致。通常集光镜上会刻有最大数值孔径的数值，如 1.0、1.2、1.4 等。因此，与各种不同数值孔径的物镜配合使用时，应根据它的大小来调整，使两者的数值孔径相等。例如，油浸系物镜的数值孔径为 1.25，欲使集光镜的数值孔径与它一致，调节方法如下：

1）按显微镜的一般操作过程调整焦点。

2）将集光镜下的光圈开大。

3）拔出目镜，一边看着视野，一边慢慢缩小光圈，直到能在视野中看到光圈边缘形成的黑圈为止。这时，再逐渐开大光圈，到光圈边缘与物镜边缘黑圈一致时就停止。这样集光镜的数值孔径与物镜的数值孔径就一致了。

有些研究显微镜上的虹彩光圈圆框上刻有表示口径的标尺，可预先测定各种物镜镜口率与集光镜数值孔径一致时的分度，使用时对准这个分度即可。

（2）集光镜数值孔径在 1.0 以上时，要用香柏油浸没在集光镜上面的透镜与载玻片之间，以便使高倍物镜发挥应有的能力。

（3）用油浸系物镜观察标本后，若再用干燥系物统观察，须将载玻片上面的油擦净，但不必擦掉集光镜上面的油，不过光圈要缩小些。

（4）若照明光线过强，可以降低集光镜或缩小光圈，但都会减低显微镜的分辨能力。所以，在有必要调节光线强度时，最好是改变电灯的亮度，或利用深色滤光玻片，或增加滤光玻片的数目。

（5）若被检物体为活体标本或未染色的标本，则需缩小集光镜下的光圈。因为这时照明的光束越狭小，阴暗的对比越明显。但是，为了减少物镜分辨力的降低，必须加强照明光线的强度。

（6）若观察普通的染色标本，也应根据标本的性质和观察对象的不同，来改变照明方法。所以，有关集光镜、虹彩光圈和反射镜的用法，必须依照当时的具体情况来决定，一定要灵活运用，不能固定不变，这点必须牢牢记住。

第七节　显微镜的照明装置

一、照明法

显微镜的照明方法按其照明光束的形成可分为“透射式照明”和“落射式照明”两大类。前者适用于透明或半透明的被检物体，绝大多数生物显微镜属于此类照明法；后者则适用于非透明的被检物体，光源来自上方。落射式照明又称“反射式或落射式照明”，主要应用于金相显微镜或荧光镜检法。

1. 透射式照明

透射式照明法分中心照明和斜射照明两种形式。

（1）中心照明。这是最常用的透射式照明法，其特点是照明光束的中轴与显微镜的光轴同在一条直线上。它又分为“临界照明”和“柯勒照明”两种。

1）临界照明（critical illumination）。这是普通的照明法。这种照明的特点是光源经集光镜后成像在被检物体上，光束狭而强，这是它的优点。但是，光源的灯丝像与被检物体的平面重合，这样就造成被检物体的照明呈现出不均匀性，在有灯丝的部分则明亮，无灯丝的部分则暗淡，不仅影响成像的质量，更不适合显微照相，这是临界照明的主要缺陷。其补救的方法是在光源的前方放置乳白和吸热滤色片，使照明变得较为均匀和避免因光源的长时间照射而损伤被检物体。

2）柯勒照明。柯勒照明克服了临界照明的缺点，是研究用显微镜中的理想照明法。这中照明法不仅观察效果佳，而且是成功地进行显微照相所必需的一种照明法。光源的灯丝经集光镜及可变视场光阑后，灯丝像第一次落在集光镜孔径的平面处，集光镜又将该处的后焦点平面处形成第二次的灯丝像。这样一来，在被检物体的平面处没有灯丝像的形成，不影响观察。此外，照明变得均匀。观察时，可改变集光镜孔径光阑的大小，使光源充满不同物镜的入射光瞳，而使集光镜的数值孔径与物镜的数值孔径匹配。同时，集光镜又将视场光阑成像在被检物体的平面处，改变视场光阑的大小可控制照明范围。此外，这种照明的热焦点不在被检物体的平面处，即使长时间的照明也不致损伤被检物体。

（2）斜射照明。这种照明光束的中轴与显微镜的光轴不在一直线上，而是与光轴形成一定的角度斜照在物体上，因此称斜射照明。相差显微术和暗视野显微术就是斜射照明。

2. 落射式照明

这种照明的光束来自物体的上方通过物镜后射到被检物体上，这样物镜又起着集光镜的作用。这种照明法是适用于非透明物体，如金属、矿物等。

二、光源

光源也是显微镜光学系统的一个主要组成部分。光源有自然光源与电光源两种。

1. 自然光源

自然光源由反射镜（mirror）采集。反射镜有两种，即平面镜与凹面镜。在镜检时，最简单而常用的照明法是使光线（日光或灯光）投射到反射镜上，由此再反射经过载物台中央的圆孔，再通过透明的物体。在调节反光镜方向时，要一边看视野，一边调整反射镜的方向，以找到视野最明亮、光度最均匀的位置为最适宜。没有集光镜的显微镜，在使用

低倍物镜时可用平面镜，用高倍物镜时则用凹面镜。如有集光镜，一般都要用平面镜，特别是使用油浸系物镜时更应如此，但也有例外，在微弱光线下有时不得不用凹面镜。

2. 电光源

一般的研究显微镜或显微镜照相，使用显微镜电光源灯。

使用电光源的显微镜，其光源系统由光源灯电路、光源灯、透镜、反射镜等组成，它们通常安装在灯座内。

使用电光源的显微镜一般都采用柯勒照明方式。这种照明方式是将光源的灯丝像经两路成像在标本的上方，而不是像临界照明那样直接落在标本上，可得到比较均匀的照明。

光源灯一般使用钨灯或卤素灯。灯的功率从十几瓦到数十瓦不等。光源灯的电路部分大都设有光亮调节器，可以很方便地调节照在标本上的光亮度。光源灯包括下列几个部分：

(1) 小灯泡，具有密集的灯丝，为低压（6～8V）的钨丝灯，须经过一个变压器才能应用。

(2) 灯的前面有一个集光透镜，直径约 4cm。它能使灯丝在 15 厘米左右的距离内造成一个明晰的映像。

(3) 在透镜之前，有一个虹彩光阑，用以调节光量。

(4) 在光阑之前，有一个滤光玻片的支持框，可安放滤光被片。常用的有两种滤光片，即天蓝色的与绿色的。

第三章　显微镜的结构与使用

第一节　显微镜的机械装置

显微镜的机械装置是为光学系统服务的。只有精密、灵活、准确的机械装置与良好的光学系统密切配合，显微镜才能发挥其最好性能。

一般显微镜的机械装置由下列部件组成：镜座、镜臂、镜筒、物镜转换器、载物台与移动器、粗动调焦机构、微动调焦机构，如图 3-1 所示。

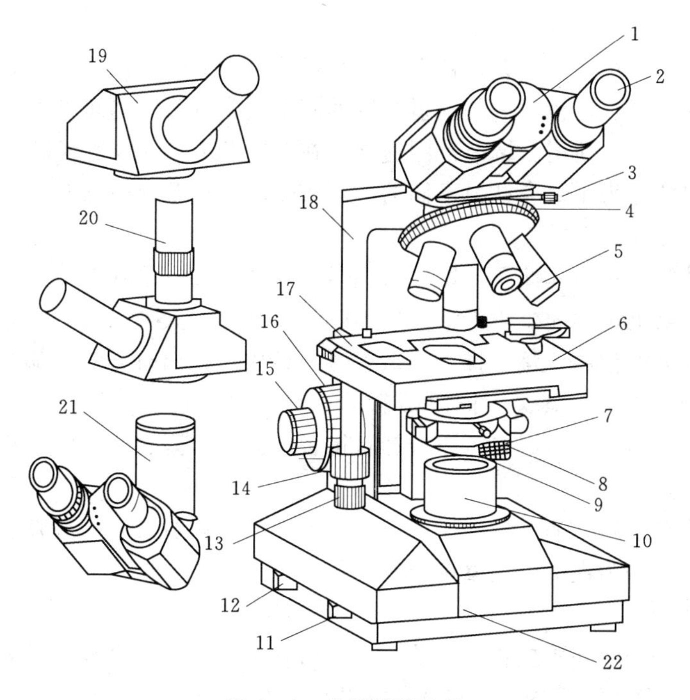

图 3-1　显微镜的结构

1—目镜装置头；2—目镜；3—镜筒固紧螺丝；4—物镜转换器；5—物镜；6—载物台；7—聚光镜升降旋钮；8—集光镜固紧螺丝；9—集光镜（带光阑）；10—集光灯；11—亮度旋钮；12—电源开关；13—横向移动手轮；14—纵向移动手轮；15—微动调焦旋钮；16—粗动调焦旋钮；17—标本片夹持器；18—镜臂；19—单目镜头（镜筒）；20—双人示教镜头（镜筒）；21—三目镜头（镜筒）；22—镜座

1. 镜座

镜座是显微镜的基座，用以支撑整个镜体。简易显微镜的多呈马蹄形，用铸铁制造。电光源显微镜的镜座为多方形，其内部装有电光源系统。照明灯、聚光镜、反光镜及其电路等均装在其镜座内。

2．镜臂

镜臂呈弓形，立于镜座的上端。对直筒显微镜来说，镜臂用来支撑整个光学系统的大部分机械零件；其下有一个倾斜关节，用以倾斜镜筒。对斜筒显微镜来说，镜臂主要用来支撑镜筒和与镜筒相连接的光学元件。不过，现在的高级显微镜都和主体并在了一起。

3．镜筒

镜筒是金属制的圆筒。其上端可插目镜，下端连接物镜转换器。为了避免入射光反射，现在的高级显微镜内壁都涂以无光黑漆。镜筒可分为单目、双目和三目三种。

(1) 单目镜筒。单目镜筒又有直筒和斜筒之分。双目和三目镜筒则都是斜筒式的，直筒因使用不太方便使用量较少。单目斜筒是在镜筒内安装一个反射棱镜，从标本到达镜筒的光线被棱镜以45°角发射进入目镜。斜筒式可作360°旋转，使用起来更加方便。

(2) 双目镜筒。双目镜筒是由左右两个镜筒组成。镜筒的下部装有一套复杂的反射机构。来自物镜的光线经半五角棱镜两次反射后，折转45°进入分光棱镜。分光棱镜模块由多组直角棱镜胶合而成。胶合面上镀有分光膜。当光到达分光膜时，有一半发射，进入下棱镜；另一半透过，进入上棱镜。被上下两个棱镜反射后进入两个目镜中成像。为了适应不同人眼的瞳距，复合棱镜两侧的反射棱镜的间距通常都设计为可调的。目的是为了适应两眼距离不同的不同人使用。调节范围通常是在55～75mm。双目镜筒一般设计成可伸缩调节方式，其目的是为了适应视力不同的不同人使用，调节范围通常在500度近视和远视之间。

(3) 三目镜筒。三目镜筒是摄影显微镜需要配置的。它是在双目镜筒的上方又增加一个镜筒，在此镜筒上可加配摄影设备。这样既可以观察，又可以摄影。它有两种方式。一种是安装有一个可推拉的棱镜。推入时供平时观察用，拉出时光线全部进入摄影镜筒供照相用。还有一种是既可观察又可同时摄影的三目镜筒。它的光线20%～30%供观察用，70%～80%供摄影用。在摄影时可用摄影目镜进行调焦，当看到清晰的物像时再摄影，便可摄出清晰的照片。

镜筒被固定在能转动的支架和齿条上。由粗调焦轮操纵着它的升降，并辅助以细调焦轮。两者的功能都是为在镜检调整焦点时使用。

4．物镜转换器

物镜转换器是安装并更换物镜的装置。它由两个凸面形的金属圆盘构成，圆盘上有5～7个圆形孔洞，每个孔洞内都可旋入一个物镜。按定位方式的不同，它可分为外定位式和内定位式两种。但无论哪种方式，其基本结构都是由上下两块凸面朝下的圆盘组成。上面一块固定在镜筒的下端，称为固定盘。下面一块可以绕其中心的大头螺钉旋转，称为转动盘。物镜就分别安装在转动盘的几个对称的螺丝口上。在现代显微镜中，这种物镜转换器可以借助于上面的平板插入镜台上的楔形道轨内。金属圆盘的平面与镜台的水平方向成现一定的斜角，刚好使得处于工作位置的物镜垂直于镜台。

转换台通过在具有很高精密度的缺口中的固定弹簧，可以把物镜卡在固定的位置。转换物镜时，当一个金属圆盘上的楔形突起落入另一个金属圆盘的缺口时，会听到一个吻合的响声，物镜的中心轴正好与镜筒的轴重合，这时就应停止转动物镜转换器。

在物镜转换器上安装物镜时要注意物镜的排列顺序应该按顺时针方向从低倍系的到高

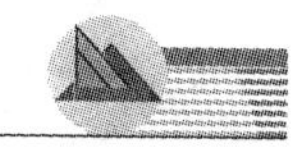

倍系的再到油浸系的，不应以反时针方向排列，更不可无次序地胡乱安装。如图 3-2 所示。否则使用时很不方便，而且容易发生压破盖玻片及撞坏物镜的危险。

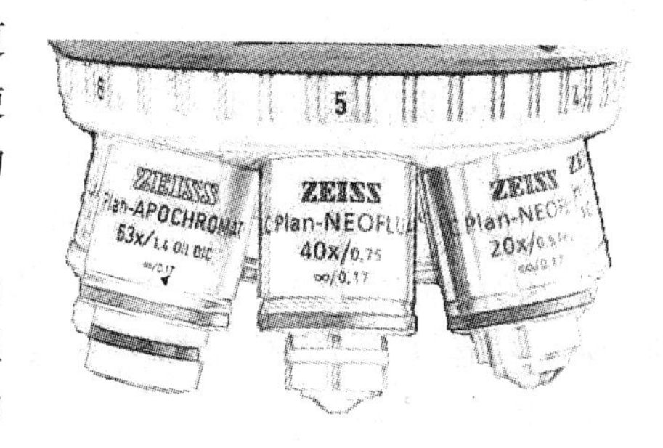

图 3-2　物镜转换器

外定位式的转换器，其定位弹簧安装在外面；内定位式的转换器，其定位弹簧片安装在固定盘里面。当转动盘旋转至某一位置时，定位弹簧片上的凸棱落入定位槽中，发出咔嗒一声响，便有一个物镜进入光路。继续旋转转动盘，可将各个物镜依次调在显微镜的光轴位置上。

对物镜转换器的精度有两点要求：同轴和齐焦。所谓同轴，是指每个物镜被定位调入光路后，物镜和目镜的光轴应在一条直线上；所谓齐焦，是指用低倍物镜调焦后，从低倍转换到高倍物镜，无须使用粗调，即可初见物像（但允许细调）。齐焦又称为“等高转换”。物镜的齐焦是建立在下列 3 条基础上的：

（1）机械筒长为 200mm。

（2）目镜前焦面应在镜筒上端面之下 10mm 处（目镜中间像距离 d），全部目镜设计均以此作为基准。

（3）物镜后聚焦面与目镜焦面之间的光学筒长是随着物镜焦距而变的，不是固定的。

5. 载物台

载物台用于承放标本。它与显微镜的光轴垂直。常用的载物台有固定式和带移动器式两种。固定式结构简单，它只有一个台面，台面中央有一个圆形的通光孔，孔的两侧各有一个夹标本玻片用的片夹。观察时，只能用手来移动标本，不太方便。这种载物台用于低档显微镜。为了便于操作，常在固定式的载物台上增加一个移动器，叫做带移动器的载物台，如图 3-3 所示。当标本被夹入移动器后，使用移动器的横向和纵向调节旋钮，便可以上下左右移动标本，十分方便，这种载物台和移动器是靠移动器上的一只滚花螺丝连接的。安装移动器时，只要把移动器上两个固定销插入台面的螺丝孔内，再拧紧滚花螺丝即可。移动器上有刻度，可以计算标本推动的距离和确定标本的位置。

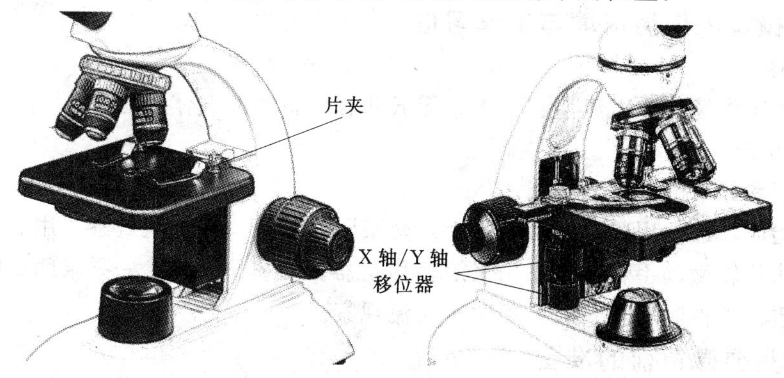

图 3-3　固定式载物台与移位式载物台

6. 粗动调焦机构

粗动调焦机构简称粗调，是用来快速调焦的装置，由粗动手轮控制。如图 3-4 所示。旋转手轮，可以使物镜、目镜与载物台快速相对移动。

粗调有 3 种方式：一种是镜筒升降式；另一种是镜臂升降式；第三种是载物台升降式。无论哪种方式，粗调的基本结构都是由齿轮来带动齿条运动，保证光学系统作平稳而准确的直线运动。直筒显微镜的粗调装于镜臂的上端，斜筒显微镜的粗调装于镜臂下端。

7. 微动调焦机构

微动调焦机构简称微调，是显微镜作精细调焦用的一种慢动装置。它的总调节距离一般为 1.8～3mm，由微动手轮控制。如图 3-4 所示。旋转微动手轮时，光学系统的移动非常慢。例如，上升或下降 2mm 的距离，需要转动十几圈。微调常见的有杠杆式、齿轮式和偏心轮式 3 种结构。后者在老产品中常见。

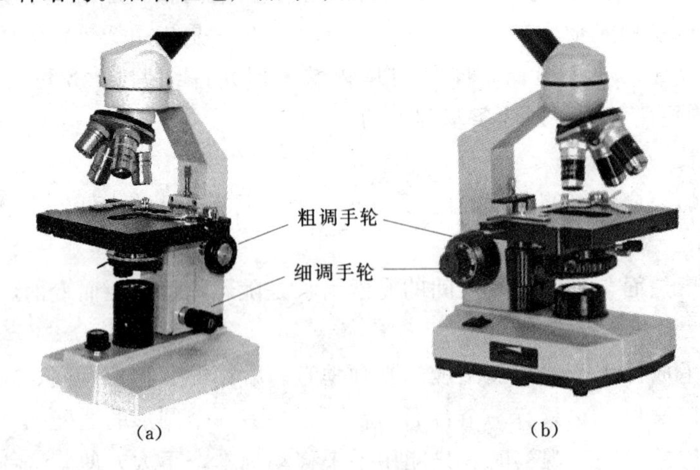

图 3-4　调焦类型
(a) 分离式调焦；(b) 组合式调焦

第二节　显微镜的使用

一、显微镜的使用环境与工作习惯

1. 使用环境

显微镜的工作场所应当清洁、干燥、无振动、无腐蚀性气体存在。

2. 工作习惯

(1) 台面和凳子的高度要适当。

(2) 镜检时，即便用单目显微镜，也须两眼同时睁开。用左眼观察，用右眼绘图或记录。左手用来旋转微动手轮，右手用来旋转移动器。如一只眼睁、一只眼闭，眼睛容易疲劳，无法久看。工作时间较长时，可两眼轮流观察。

二、使用显微镜前的准备

1. 光学系统的安装

对新购或已经卸掉光学系统的显微镜，使用前必须安装光学系统。安装时，为了防止

掉入灰尘，应按照先上后下的顺序，即按照目镜、物镜、集光镜、反射镜的顺序来安装。

安装物镜时，应先将镜筒升高，使转换器与载物台之间保持一定的距离。然后，握住物镜，把它放入转换器的螺丝口处，先略向反时针方向旋转，待物镜配上丝纹后，再按顺时针方向旋入，旋至中等程度松紧即可。安装3个以上的物镜时，应根据物镜的放大倍数，从小到大顺时针安装。转换物镜时，不要用手推着物镜旋转，那样会使物镜的光轴歪斜。最好用手捏着转换器的转动盘旋转，或用手扶着与物镜转换器衔接处的滚花外圆旋转。

目镜和物镜装好后，再将集光镜插入载物台下面的集光镜支架内。插入的高度应使集光镜升至最高，集光镜上透镜的端面稍低于载物台的平面，以免载玻片与集光镜的镜头相碰。然后，将集光镜的固定螺丝旋紧。

对不是电光源的显微镜，最后再把反射镜插入集光镜下面的插孔内。

2. 校正光轴

校正光轴的意义在于使物镜、目镜、集光镜的主光轴和可变光栏的中心点重合在一条直线上，所以又叫做合轴调节或中心调节。如果光轴歪斜，会使像差增大，分辨率和清晰度都要下降。

检查方法是将可变光栏开至最大，把低倍物镜旋入光轴，降低镜筒，使物镜与载物台之间的距离小于该物镜的工作距离（5mm以下）。不放标本，调节反射镜的角度使视场最亮，或调节光源灯的亮度使视场明暗合适。然后，拔掉目镜，直接从镜筒中观察。一边把可变光栏慢慢缩小或打开数次，当光栏关至最小时，光栏的像（此时只有一点点）应正好落在物镜通光孔的中心。当光栏开大到一定程度时，光栏孔的像应正好与物镜通光孔的黑圈相重合。若符合上述两个条件，说明它们“合轴”。否则，就需要调整。

目镜和物镜都是固定的，无法进行调整。合轴调节主要是调整集光镜的位置。有些显微镜设有光轴调节螺丝，其集光镜支架两旁有两个光轴校正螺丝，调节这两个螺丝即可合轴。另一种集光镜是由框架上三个相隔120°的螺丝支持住。其中一个装有弹簧可以伸缩，其余两个螺丝可以旋动，调整这两个螺丝便可合轴。

显微镜的光轴校正好后，如果没有拆下集光镜或没有其他特殊原因，不必经常校正。

3. 观察标本准备

准备好高质量的标本备用。显微观察要求标本最好为单层的完整细胞，薄而较透明，所以，制片的操作需达到此要求。此外，还需掌握将低倍视野中的观察对象换用高倍镜观察的方法；显微观察时要注意观察对象的寻找方法；玻片移动的方法；抓住典型特征来识别观察对象的方法等。

三、显微镜操作

1. 反射镜的用法

一般都使用平面反射镜，反射太阳的散射光。只有在光线不足或窗外有干扰时，才使用凹面反射镜。

2. 集光镜的用法

（1）集光镜高度的调节。一般的集光镜，在平行光照射的情况下，其焦点落在它上端透镜平面中心上方约1.25mm处。当使用高倍或油镜时，由于放大倍数大，镜像亮度小，需要较强的照明。因此，应把集光镜升至最高，以便使集光镜的焦点正好落在标本平面上。不过，在使用低倍镜时，可将集光镜适当下降。

(2) 可变光阑的用法。可变光阑起两个作用。一是控制射向标本的光通量；二是改变集光镜的数值孔径。在这两个作用中，后者是主要的。为了使物镜的分辨率得到充分的利用，集光镜的数值孔径应与物镜的相同。否则，分辨率或清晰度就要下降。

3. 对光方法

对电光源显微镜来说，使用时只要将光调节在合适的亮度即可，不需要进行对光。但是，对使用自然光的低档显微镜来说，要想获得良好的观察效果，必须充分利用照明光线。因此，镜检之前应先对光。对光时，将低倍镜旋入光轴，集光镜适当升高，可变光栏开至最大。然后，从目镜中观察，同时转动反射镜，直至视场最明亮、清晰为止。如果利用自然光，则尽量躲避窗框和窗外树枝阴影的干扰。

4. 物镜的正确调焦

对光完成后，升高镜筒，将标本玻片夹在移动器上，并将欲检查的部分移至载物台通光孔的中央，然后开始调焦。

无论作何种检查，均应从低倍镜开始。调焦时，先用粗动手轮将镜筒下降，使低倍镜的前透镜与盖玻片之间的距离略缩小于该物镜的工作距离（5mm 以下）。为了避免物镜压在标本玻片上，可从侧面窥视。然后，一边从目镜中观察视野，一边利用粗动手轮将镜筒徐徐上升，待初见物像后改用微动手轮作精细调焦，直至物像最清晰为止。低倍物镜的视场大，有利于观察标本的全貌。也可利用移动器寻觅观察的目标，如有必要，可将寻得的目标移至视场的中心，为高倍镜观察做好准备。

从低倍镜转换为高倍镜时，如果物镜是显微镜的原配物镜，所用的载玻片、盖玻片符合标准，一般都可以进行“等高转换”。转换后只要稍微调节一下微调旋钮，即可看到清晰的图像。但是，油镜不强求齐焦，最好先将镜筒升高后再转换，最后按低倍镜的调焦方法重新调焦。

5. 油镜的使用

使用油镜的方法如下：先将镜筒升高，取下标本玻片，稍稍降低集光镜，并在集光镜的镜头上滴两滴香柏油（油中不应有气泡），再将标本玻片放回原处，把集光镜升高，使载玻片的底面与香柏油接触。这样，就完成了集光镜的油浸。接着，在盖玻片上滴上一滴香柏油。然后从侧面窥视，利用粗调使镜筒尽量下降，直至油镜的前透镜浸没在香柏油中（但尚未接触玻片），这样，又完成了物镜的油浸。然后，一边从目镜中观察，一边利用微动手轮将镜筒缓缓上升（注意不要拧错了方向，压碎盖玻片），直至视野中出现最清晰的物像为止。

集光镜的油浸，还可以采用另一种滴油方法，即不直接把油滴在集光镜的镜头上，而是把载玻片翻过来，将油滴在载玻片的底面上，然后在翻过去，对准放置于集光镜上面，再使集光镜上升，以此来完成集光镜的油浸。这种方法虽然不那么顺手，但比较安全。有些人使用玻璃棒直接与集光镜接触来涂抹香柏油，这种方法容易划伤镜片，不宜采用。

在使用油镜时，允许在集光镜与标本之间不加香柏油，即集光镜上仍以空气为介质，但这会牺牲物镜的分辨率。

油镜观察后，如果有需要转回高倍物镜观察，应将盖玻片上的油擦去，以免沾污高倍物镜。不过，集光镜上的油可以不擦，只要把光栏适当缩小一点即可。

油镜使用完毕后，要及时将香柏油擦拭干净。镜头上可先用干净的擦镜纸擦干净。集光镜的擦拭方法与此相同。如标本需要保存，玻片上的香柏油可用“拉纸法”擦拭干净，即将擦镜纸覆盖在玻片上，在纸上滴上一滴二甲苯，趁湿将纸条平拖着往外拉，连续几次即可擦干净。

在整个调焦过程中（尤其是高倍物镜和油镜的调焦），每个动作都要缓慢进行。否则，物像会一闪而过，找不到观察目标。

四、显微镜使用时的注意事项

显微镜是一种结构很精密的仪器，在使用时必须十分小心，切忌粗暴。其注意事项如下：

（1）为了保持显微镜各部分的功能，必须尽量避免潮湿和灰尘，否则就会影响镜头和各个活动部分的使用。因此，须经常备有一块纱布和一块绒布或绸子。前者用来拭去金属部分的水分、潮气或灰尘等，后者用来拂去光学系统的光学玻璃部分的灰尘。在气候潮湿地区，应在显微镜的箱内放氯化钙或进硅胶，保持干燥，防止发霉，失效后须立即更换。

（2）灰尘不仅会妨碍观察，也会影响转动部分移动的速度。多余的滑润油必须从镜子上擦去。否则灰尘与油脂粘在一起会粘住转动部分，并能擦伤齿条或其他部分。擦拭镜头上的灰尘时，应先用绸子将灰拂去，再以拭镜纸轻轻擦拭，以免磨损镜头。

（3）显微镜不用时应放置在箱中。如镜子固定在一定位置不便拆卸装箱时，须用玻璃罩或防尘套罩起来。

（4）用油浸系镜头后，应用擦镜纸蘸少许二甲苯，将镜头上残留的油擦净。如果不及时擦掉而久留在镜头上，干后就不易擦去且易损伤镜头。

（5）应防止振动和暴力，否则会造成光学系统光轴的偏斜而影响观察，看不清物体。搬动显微镜时，应一手提镜臂，一手托镜座。观察时，显微镜应放在离桌边 10 厘米处。

（6）标本推动器必须移动顺利、灵活。如发现推动时有阻滞现象，应在滑动部分涂抹一些优等润滑油，如钟表油，使它恢复原样。

（7）粗、细调手轮必须经常保持转动灵活，应无滑动或停滞现象。如果注入润滑剂过多，就会使轴承粘住，转动不灵活。当然，更应避免灰尘的侵入。如果发现对准焦点后不久映像又模糊不清，这就说明镜筒有下滑现象，应立即检修。

（8）使用时，不要用手摸光学玻璃部分。对光学系统尤应特别小心，切不可使用暴力。镜头、集光器、虹彩光阑和反射镜等都是比较脆弱的物质制成的，用力过猛就会造成损伤。在开闭虹彩光阑时，更应小心轻放。

（9）在镜检标本时，首先应将镜筒向上升，然后转动转换盘，使低倍物镜对准标本，同时在旁观察，再用粗调手轮向下旋至镜头，将靠近盖玻片时就停止。然后，观察显微镜视野，并将粗调手轮向上旋使镜头逐渐离开标本，到物体被观察清晰为止。这样操作就不会压碎盖玻片和标本。反其道而行之，对初学者来说，容易造成压碎盖玻片的事故。用高倍物镜观察时，也必须先从低倍物镜中找到需要观察的标本后，再换高倍镜。

（10）化学试剂很容易沾污光学玻璃，使它晦暗变色。有些化学试剂的蒸汽也易氧化镜头。所以，须将光学玻璃保护好，避免和化学试剂或药品接触与靠近。在存放之前，必须擦拭干净。物镜的里面不易清洁，可用毛笔拂拭，切不可用手指触及玻璃。镜头外面可用拭镜纸蘸二甲苯少许擦拭。二甲苯不能用得太多，否则浸入镜头后会使透镜松开，因镜头中的透镜系由树胶黏合的，二甲苯浸入后树胶就易溶化。

（11）不要把目镜从抽管中取出，否则就会使灰尘落入到物镜的背面，不易清除。如果必须将目镜取出时，应立刻用布或其他物品把他盖好。

（12）油浸系物镜一定要在盖玻片上滴油后才能使用。用毕须立刻将油擦净。在油浸系物镜使用前，也必须先从低倍镜中找到被检物体后，再换高倍镜，调正焦点，并将被检物移到视野中心，然后再换油浸系物镜。此时绝不能用粗调手轮，只准许用微调手轮调正焦点。如盖玻片厚度过厚，就不会聚焦，应注意，否则就会压碎标本。

（13）载物台下的照明装置向下旋时，不要过度。否则有些镜子没有防止下滑的装置，就会使集光镜等滑下来。同时，也不要升得太高，致使集光镜与载玻片接触。特别是在使用油浸系物镜时，要防止三者（集光镜、载玻片和油镜头）碰头而造成损伤。

附：《生物显微镜操作规程》（XSP－18B）。

（1）将所需观察的标本放在载物台，上卡夹住。

（2）将各倍率物镜装于物镜转换器上，目镜插入目镜筒中。

（3）操作时将标本移动到载物台中间，先用低倍物镜观察。打开电源开关把亮度调节钮移至适当位置，转动粗调手轮将载物台上升到能见到标本的影形，转动微调手轮即可得到清晰的物像。光亮的选择可转动聚光架手轮使集光镜上升或下降，再调可变光栏，使光栏孔径改变以便获得适合各类细节标本的照明亮度（根据观察需要备有滤色片供使用，滤色片装于可变光栏下部的托架上，可得到选择的色泽）。

转动载物台上纵向手轮，使标本作前后方向移动；转动载物台上横向手轮，使标本作左右方向移动。将所需观察的物体移至中心观察，然后转至高倍物镜或油浸物镜进行观察（用油镜时需加注香柏油于标本观察处）。

转换观察时（物镜不要碰切片物体）仍能看见物体的影像，需再转动微调手轮即可达到清晰的物像。

使用完毕只要转动粗调手轮将工作台下降到底，再将亮度调节钮移到最小亮度处，最后关闭电源开关。

（4）调节亮度调节钮可以改变磨砂泡发光亮度以获得最佳亮度。

（5）更换灯泡方法：旋出滚花螺钉，将灯座板翻出，拔除灯泡，换上新灯泡即可。

（6）集光镜的装卸和光源调节方法：使用人工光源时，将集光镜对准底座上的螺口，把集光镜顺时针旋转到底使其固紧，然后将显微镜稍微抬起，松开底座下的调节螺钉，把灯丝像调节到视场中心，再将调节螺钉拧紧，以便在最佳照明下进行观察。

（7）使用完毕，转动粗调手轮将工作台下降到底，再将亮度调节钮移到最小亮度，最后关闭电源开关。

第四章　显微镜的附属用具

第一节　显　微　量　尺

一、显微量尺种类

显微测量标尺，简称显微量尺，是用来测量在显微镜下所观察物体的长度、厚度、面积、数目和位置等的工具。计有镜台测微计、目镜测微计、镜台标本推动器上的纵横标尺和微调手轮上的标尺四种。

1. 镜台测微计

镜台测微计（stage micrometerr）系一特制的载玻片（图 4－1），在它的中央具有刻度的标尺，全长为 1mm，共划分为 10 大格，每一大格又分成 10 小格，共 100 小格。每一小格长 0.01mm，即 10μm。也有的全长为 2mm，共分成 200 小格，每小格的长度不变。在标尺的外围有一小黑环，便于找到标尺的位置。这个标尺像封片一样，系用加拿大树胶滴在上面，用圆盖玻片把它封起来。所以，在应用后清洁时，只可用拭镜纸将污染处轻轻擦去。在使用油镜后，也应用拭镜纸先将油擦去，然后再用拭镜纸蘸少许二甲苯将残留的油擦净，千万不可用过多的二甲苯以免熔化盖玻片下的树胶。

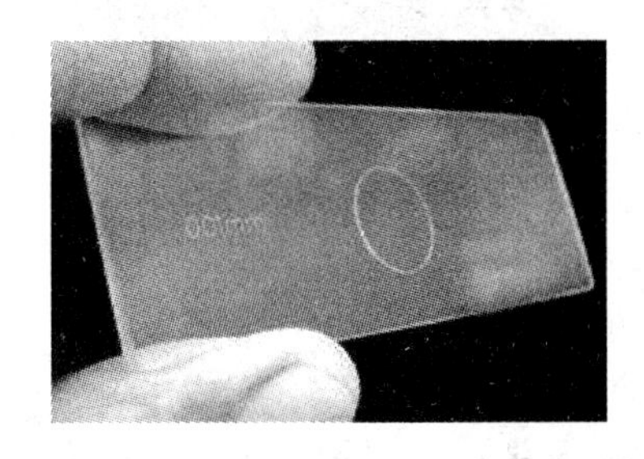

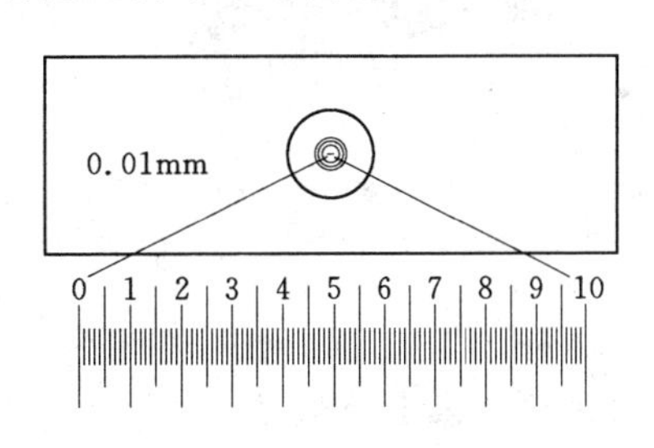

图 4－1　镜台测微计及其刻度

2. 目镜测微计

目镜测微计（ocular micrometer）是放在目镜内的一种标尺，有两种类型，即固定式与移动式。

固定式目镜测微计为一块圆形玻璃片，直径为 20～21mm，如图 4－2 所示。在它的上面刻有各种形式的标尺，称为目微尺，有为直线式的，有为网式的。普通用来测量长度的标尺为直线式的，一般为 5mm，分成 5 大格；每一大格又分成 10 小格，共计为 50 小格。也有的用同样长度分为 10 小格的。网式目镜测微计可以用来计算数目和测量物体的面积。在它的上面刻有方格的网状标尺。方格的大小和数目各有不同，有 25、36 和 49 格，也有的在一个正方形大格中划分 100 个方格，在中央的一个方格中再划分 25 个小方格，这样对微生物的计算就很方便。

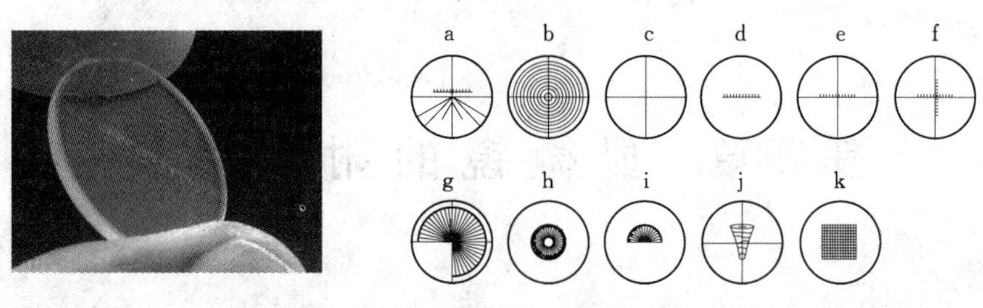

图 4-2　目镜测微计（右图是用于不同目的的目微尺）

上述这些目镜测微计在使用时，可将目镜自抽管中取出，旋去接目透镜，然后将目镜测微计放在目镜的光阑上，有刻度的一面向下，这时就可将接目透镜旋上，再插入抽管，即可进行测量。

移动式目镜测微计（screw-micrometer eyepiece）（图 4-3）的标尺基本上和固定式的相似，所不同的是除了这种固定的标尺外，还有可以移动位置的指示线（或称标准线）。它装在一个特制的目镜中，右边有一个能旋转的小轮控制着，轮上有刻度，分成 100 格，此轮回转一圈，目镜内能移动的指示线就从标尺一端向另一端移动一格。

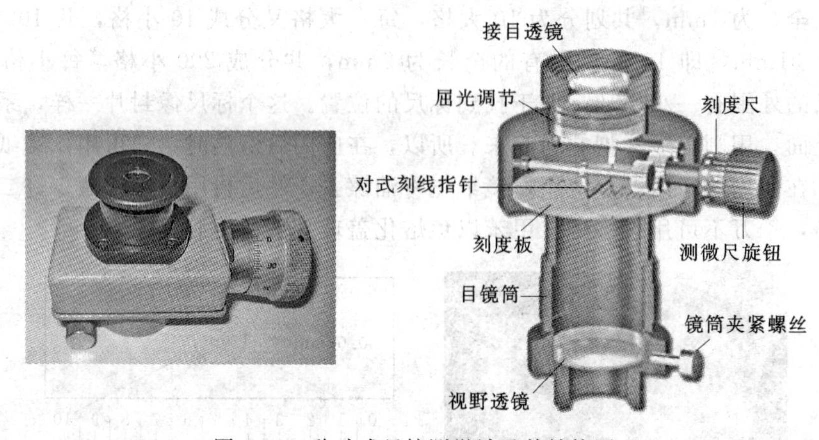

图 4-3　移动式目镜测微计及其结构图

3. 镜台标本推动器上的纵横游标尺

一些高级显微镜都有移动式镜台或可装标本推动器。两者都设有推动标尺，可用来测量被检物体的长度和位置。这种游标尺由主标尺与副标尺组成。主标尺刻有 1mm 的分度，副标尺刻有 0.9mm 的分度，读数 0.1mm。如图 4-4 所示，在读数时首先看副标尺

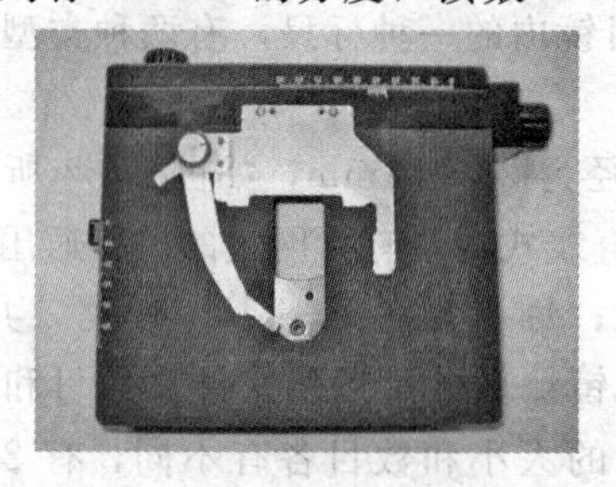

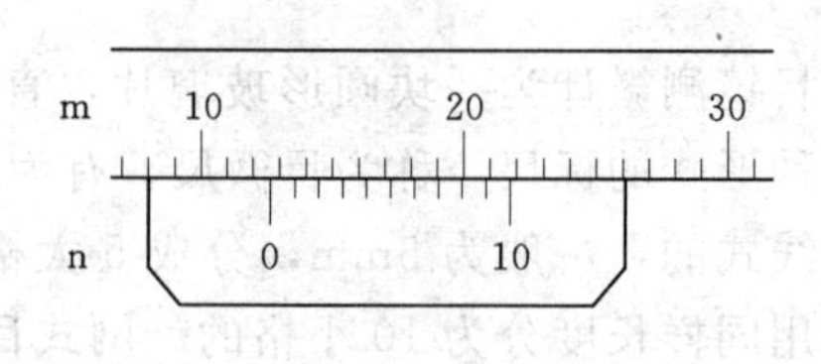

图 4-4　移位器及其上的标尺

m—主标尺；n—副标尺

的 0 的位置，它在 12 与 13mm 之间；然后看副标尺与主标尺的一致点，发现副标尺的 8 与主标尺的 20 完全合在一直线上，从而得知标尺表示的数值为 12.8mm。

4. 微调手轮上的标尺

一些较精细的显微镜，在微调焦轮上都刻有标尺，共刻 50 个分度，每一分度的单位通常为 1μm 或 2μm 的垂直移动，如图 4-5 所示，它可以用来测量物体的厚度。

图 4-5 微调手轮与其工作示意图

二、测量方法

1. 测量时一般注意事项

（1）在测量时，由于个人的操作技能、技术的熟练程度以及所使用仪器的状况和当时的各种条件等，都会引起测量值发生误差。所以，在测量同一被检物体时，要量 5 次以上而采用其平均值。这样就可减少误差。

（2）被测量的物体一定要移放在视野的中央，因在这个位置上镜像最清晰，像差也最小。

（3）一定要使测定计的分度或标准线与被检物体在同一个焦点上造像，使两者在视野中都很清晰。

（4）视野中的亮度要均匀一致，以免标尺分度左右两侧的亮度不同而影响得出准确的测定值。

（5）被检物体本身的种类、部位、老幼、性质、器官及组织的不同，以及在制片过程中各种条件的影响等，都会引起自身量的改变。因此，所测得的结果，只能看做是在某些特定条件下测得的值。

（6）除了有精确的测量仪器和熟练的测量技术外，还须了解被检物体的具体情况，才能对测定值的可靠性作出较正确的判断。

2. 长度测量法

测量长度时，一般常以目镜测微计与镜台测微计配合使用。其法是先将镜台测微计安置在镜台（载物台）上，与观察普通标本一样对准焦点，待将标本上的分度观察清楚后，即可移动标本推动器使镜台测微计的标尺与目镜测微计的标尺重叠在一起，如图 4-6 所示。

如图 4-7 所示，若目镜测微计标尺上的 50 格等于镜台测微计标尺 68 格，也就是等于 0.68mm，则目镜测微计每格的长度为 0.0136mm，或 13.6μm。这时，我们就可将镜

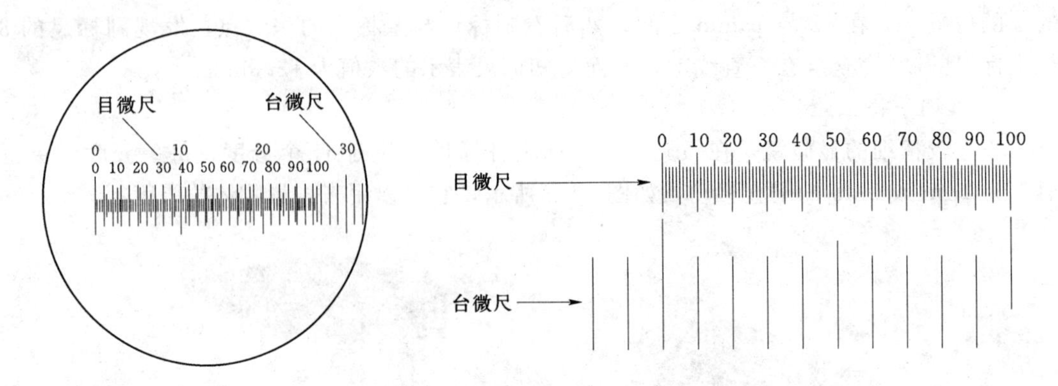

图 4-6　使用台微尺对目微尺进行校对

台测微计移去，换以标本。如果测得叶肉的厚度为目镜测微计的 10 格，那么它的厚度为 1.36×10=13.6μm。

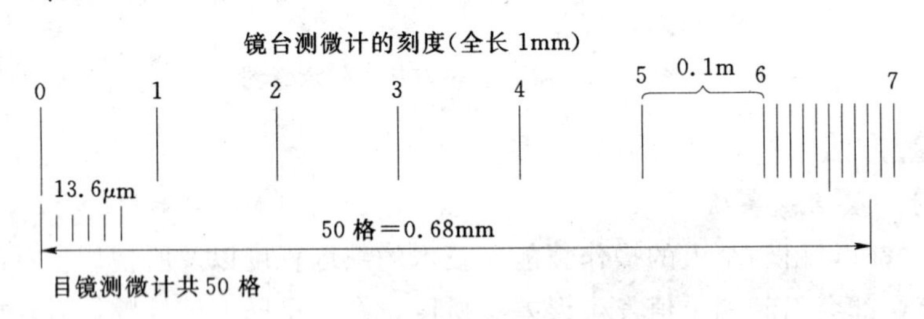

图 4-7　目微尺与台微尺度换算

如果用不同倍数的物镜与目镜，就须重新校对计算，方法同前。

必须注意，在测量长度时，它的测定值是以光轴的垂直平面为准。若所测定的线不在这个平面上，形成了一定的倾斜度，那么，所测定的值就不是真正的长度，必须加以校正。

移动式目镜测微计的使用，基本上和上述方法相似。标尺上每格所表示的长度，也依照物镜的放大倍数和镜筒长度的不同而异，计算方法相同。所不同的是，应将显微镜上原有的目镜抽出，把移动式目镜测微计插入，这时一方面观察视野，一手扭动操纵钮使视野中能移动的纵向指示线与被检物的一端对齐，记下所表示的度数，然后再使指示线移动到被检物的另一端对齐，再记下度数，这两者之差就是被测量物体的长度。用这种测微计所得的长度要比固定式的精确。

3. *厚度测量法*

测量物体的厚度，最简便的方法是利用具有刻度的微调手轮来进行。先将焦点面与被测物体的上端对齐一致，记下轮上的度数，然后旋转微调焦轮使焦点与下端对齐一致，再记下度数，这两者之差便是所测物体的厚度。此法虽很简便，但不很精确。

4. *数量计算法*

通常计算单位面积内物体的数量时，常利用目镜网状测微计进行。在计数之前，首先应与镜台测微计进行比较，计算出每一小方格的面积。然后再计算每一小方格内的物体数。为了避免同一物体计算两次，凡物体落在方格四边细线上的，每格只计算下边和右侧

的，其余方向则属于他格。

第二节　血球计数板

血球计数板用于在显微镜下直接计数单位容积内分散的单个微小物体，如单细胞藻类、细菌、酵母菌或霉菌的孢子的数量。但是，由于血球计数板本身较厚，不能用油镜观察，仅适用于在干系统物镜下可见的个体较大的微生物的计数。

一、血球计数板的构造

血球计数板是一块特制厚玻片。玻片上由四道槽构成三个平台，图 4－9 中间的平台分成两半，其上各刻一个相同而有一定面积的方格网（计数室），如图 4－8 所示。方格的刻度有两种规格。一种是分为 25 大格，每大格又分为 16 小格；另一种是分 16 大格，每大格分为 25 小格，总数都是 400 小格，如图 4－8 所示。每小格边长为 0.05mm，其面积为 $0.0025mm^2$，深度为 0.1mm，故每小格容积为 $0.00025mm^3$，即 $1/4\times10^6$mL。可由每小格中的菌数换算出每毫升菌液中的数量。

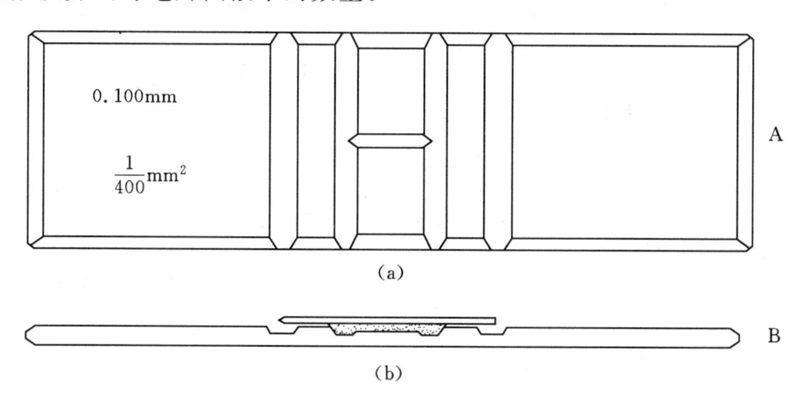

图 4－8　血球计数板构造图

（a）正面图；（b）侧面图

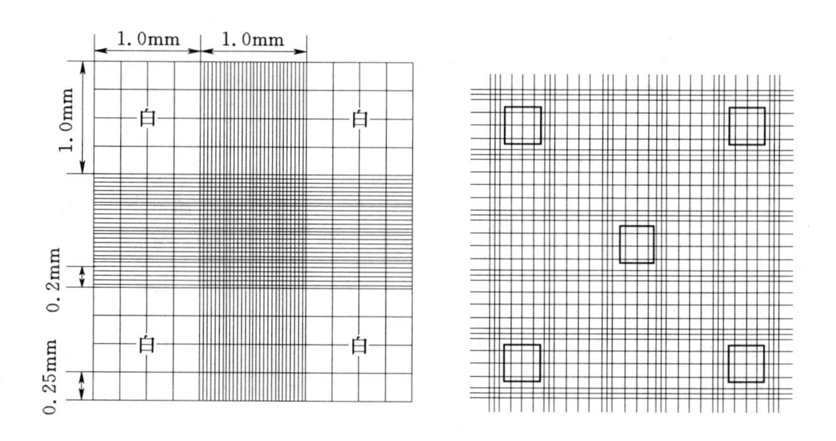

图 4－9　计数室放大图及选择计数的中方格

二、血球计数板的使用方法

（1）取清洁干燥的血球计数板，加盖玻片盖住网格和两边的槽。

（2）将待测菌液充分摇匀后，用无菌吸管吸少许，由盖玻片边缘或槽内加入计数板来回推压盖玻片，使其紧贴在计数板上，计数室内不能有气泡。静置 2～5min。

（3）在低倍镜下找到小方格网后更换高倍镜观察计数，上下调动细螺旋，以便看到小室内不同深度的菌体。位于分格线上的菌体，只数两条边上的，其余两边不计数。如数上线就不数下线，数左边线就不数右边线。

（4）计数时若使用刻度为 25×16（大格）的计数板，则数四角的 4 个大格（即 100 小格）内的菌数。如用刻度为 16×25（大格）的计数板，除数四角的 4 个大格外，还需数中央 1 个大格的菌数（即 80 小格）。每小格中菌数以 5～10 个为宜，如菌液过浓可适当稀释。

（5）每个样品重复计数 2～3 次，取其平均值，按下式计算样品中的菌数。

1）刻度为 25×16（大格）的计数板：

$$\text{样品数}(1/\text{mL})=\frac{100\text{小格内个数}}{100}\times 4\times 10^{6}\times\text{稀释倍数}$$
$$=\text{每小格平均个数}\times 4\times 10^{6}\times\text{稀释倍数}$$

2）刻度为 16×25（大格）的计数板：

$$\text{样品数}(1/\text{mL})=\frac{80\text{小格内个数}}{80}\times 4\times 10^{6}\times\text{稀释倍数}$$
$$=\text{每小格平均个数}\times 4\times 10^{6}\times\text{稀释倍数}$$

第五章 各种显微镜检术介绍

前面讲述了显微镜的光学原理以及附件，下面将分类介绍一下各类研究用镜检术。在生物研究领域，透射式明场显微镜得到广泛应用，在此基础上各种特殊的镜检方法也得到应用，如相差、荧光、干涉、暗场，这些镜检方法在高档显微镜上均能同时实现，在此将分类介绍。

第一节 明视野显微观察

明视野镜检（bright field）是大家最熟悉的一种镜检方式，广泛应用于病理检验，用于观察被染色的切片，所有显微镜均能完成此功能。前面的内容主要讲解的就是明视野显微观察，在此不再赘述。

第二节 暗视野显微观察

暗视野镜检（dark field）实际是暗场照明法。它的特点和明视野不同，不直接观察到照明的光线，观察到的是被检物体反射或衍射的光线。因此，视场成为黑暗的背景，而被检物体则呈现明亮的像。

暗视野的原理是根据光学上的丁道尔现象。微尘在强光直射通过的情况下，人眼不能观察，这是因为强光绕射造成的。若把光线斜射向它，由于光的反射，微粒似乎增大了体积，为人眼可见。

暗视野观察所需要的特殊附件是暗视野聚光镜。它的特点是不让光束由下至上地通过被检物体，而是将光线改变途径，使其斜射向被检物体，使照明光线不直接进入物镜，利用被检物体表面反射或衍射光形成明亮图像。

暗视野显微镜的集光镜中央有挡光片，使照明光线不直接进入物镜，只允许被标本反射和衍射的光线进入物镜，因而视野的背景是黑的，物体的边缘是亮的，如图 5 - 1 所示。利用这种显微镜能见到小至 4～200nm 的微粒子，分辨率可比普通显微镜高 50 倍。

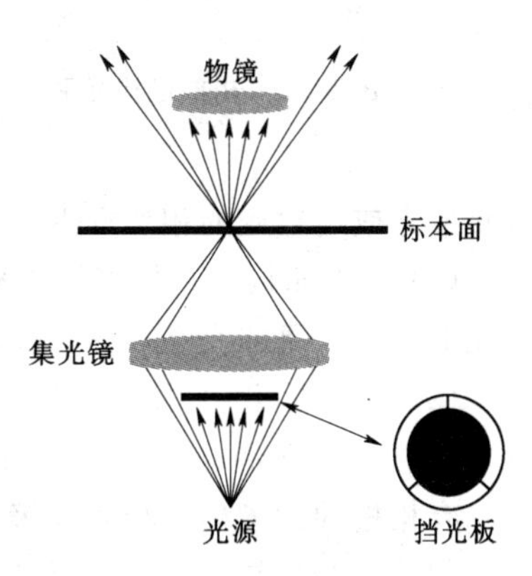

图 5 - 1 暗视野光路图示

暗视野显微镜在外形上与正置显微镜无区别，只是在聚光镜上方加了挡光板，使得透射出的光线形式上有区别。（参见第二章中的暗视野集光镜。）

第三节　相差镜检法

在光学显微镜的发展过程中，相差（衬）镜检术（phase contrast）的发明成功，是近代显微镜技术中的重要成就。我们知道，人眼只能区分光波的波长（颜色）和振幅（亮度），对于无色通明的生物标本，当光线通过时，波长和振幅变化不大，在明场观察时很难观察到标本。

相差显微镜（phasecontrast microscope）由 P. Zernike 于 1932 年发明，并因此获 1953 年诺贝尔物理奖。这种显微镜最大的特点是可以观察未经染色的标本和活细胞。

相差显微镜的基本原理是，把透过标本的可见光的光程差变成振幅差，从而提高了各种结构间的对比度，使各种结构变得清晰可见。光线透过标本后发生折射，偏离了原来的光路，同时被延迟了 1/4λ（波长），如果再增加或减少 1/4λ，则光程差变为 1/2λ，两束光合轴后干涉加强，振幅增大或减下，提高反差。如图 5-2 所示，在构造上，相差显微镜有不同于普通光学显微镜的两个特殊之处。

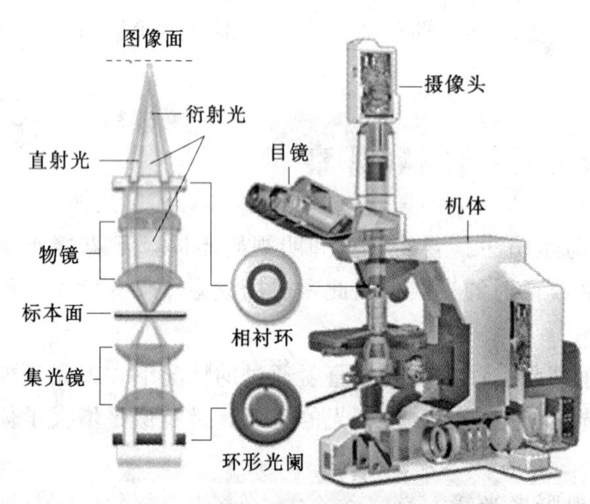

图 5-2　相差镜检光路与相差显微镜

1. 环形光阑（annular diaphragm）

环形光阑位于光源与集光镜之间，与集光镜组合为一体，形成相差集光镜。它是由大小不同的环形光阑装在一圆盘内，外面标有 10×、20×、40×、100×等字样，与相对应倍数的物镜配合使用。作用是使透过集光镜的光线形成空心光锥，聚焦到标本上。

2. 相位板（annular phaseplate）

在物镜中加了涂有氟化镁的相位板，装在物镜的后焦平面处。它分为两部分，一是通过直射光的部分，为半透明的环状，叫共轭面；另一是通过衍射光的部分，叫"补偿面"。它可将直射光或衍射光的相位推迟 1/4λ。它分为两种：

（1）A+相板。它将直射光推迟 1/4λ，两组光波合轴后光波相加，振幅加大，标本结构比周围介质更加变亮，形成亮反差（或称负反差）。

（2）B+相板。它将衍射光推迟 1/4λ，两组光线合轴后光波相减，振幅变小，形成暗反差（或称正反差），结构比周围介质更加变暗。

有相板的物镜称"相差物镜"，外壳上常有"Ph"字样。

相差镜检法是一种比较复杂的镜检方法，想要得到好的观察效果，显微镜的调试非常重要，此外还应注意以下几个方面：

（1）光源要强，全部开启孔径光阑。

（2）使用滤色片，使光波近于单色。

相差显微镜利用被检物体的光程之差进行镜检，也就是有效地利用光的干涉现象，将人眼不可分辨的相位差变为可分辨的振幅差，即使是无色透明的物质也可清晰可见。这大大便利了活体细胞的观察，因此广泛应用于倒置显微镜等。

第四节　微分干涉差镜检法

1952年，Nomarski在相差显微镜原理的基础上发明了微分干涉差（differential interference contrast，DIC）显微镜，又称Nomarski相差显微镜（Nomarki contrast microscope），如图5-3所示。其优点是能显示结构的三维立体投影影像。与相差显微镜相比，其标本可略厚一点，折射率差别更大，故影像的立体感更强。DIC显微镜不仅能观察无色透明的物体，而且图像呈现出浮雕壮的立体感，并具有相差镜检术所不能达到的某些优点，观察效果更为逼真。

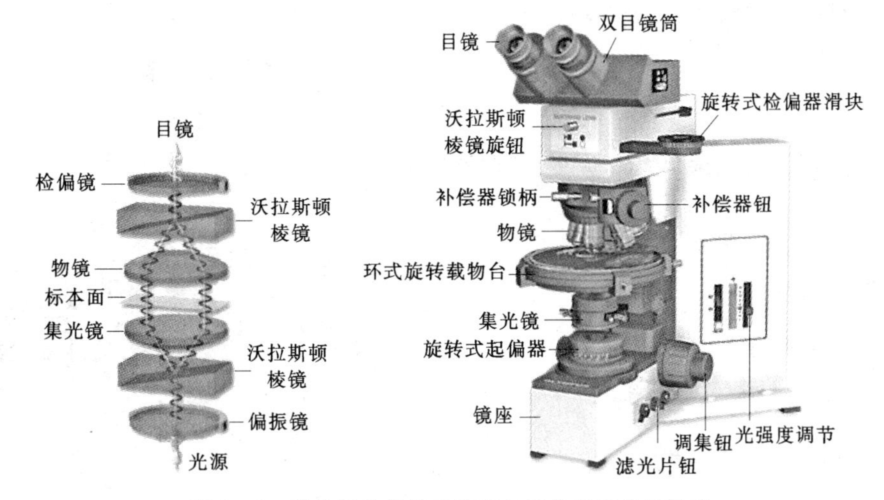

图5-3　微分干涉差镜检光路与微分干涉差显微镜

DIC显微镜的物理原理完全不同于相差显微镜，技术设计要复杂得多。它利用的是偏振光，有四个特殊的光学组件：偏振器（polarizer）、DIC棱镜、DIC滑行器和检偏器（analyzer）。

偏振器直接装在集光系统的前面，使光线发生线性偏振。在集光镜中则安装了沃拉斯顿（Wollaston）棱镜，即DIC棱镜，此棱镜可将一束光分解成偏振方向不同的两束光（x和y），二者成一小夹角。集光镜将两束光调整成与显微镜光轴平行的方向。最初两束光相位一致，在穿过标本相邻的区域后，由于标本的厚度和折射率不同，引起了两束光发生了光程差。在物镜的后焦面处安装了第二个Wollaston棱镜，即DIC滑行器，它把两束光波合并成一束。这时两束光的偏振面（x和y）仍然存在。最后，光束穿过第二个偏振装置，即检偏器。在光束形成目镜DIC影像之前，检偏器与偏光器的方向成直角。检偏器将两束垂直的光波组合成具有相同偏振面的两束光，从而使二者发生干涉。x和y波的光程差决定着透光的多少。光程差值为0时，没有光穿过检偏器；光程差值等于波长一半时，穿过的光达到最大值。于是，在灰色的背景上，标本结构呈现出亮暗差。为了使影像

的反差达到最佳状态，可通过调节DIC滑行器的纵行微调来改变光程差，光程差可改变影像的亮度。调节DIC滑行器可使标本的细微结构呈现出正或负的投影形象，通常是一侧亮，而另一侧暗，这便造成了标本的人为三维立体感，类似大理石上的浮雕。

微分干涉差镜检时的注意事项：

（1）因微分干涉差灵敏度高，制片表面不能有污物和灰尘。

（2）具有双折射性的物质，不能达到微分干涉差镜检的效果。

（3）倒置显微镜应用微分干涉差时，不能用塑料培养皿。

第五节 荧光镜检法

如图5-4和图5-5所示，荧光显微镜（fluorescence microscope）是用短波长的光线照射用荧光素染色过的被检物体，使之受激发后而产生长波长的荧光，然后观察。荧光镜检术广泛应用于生物、医学等领域。

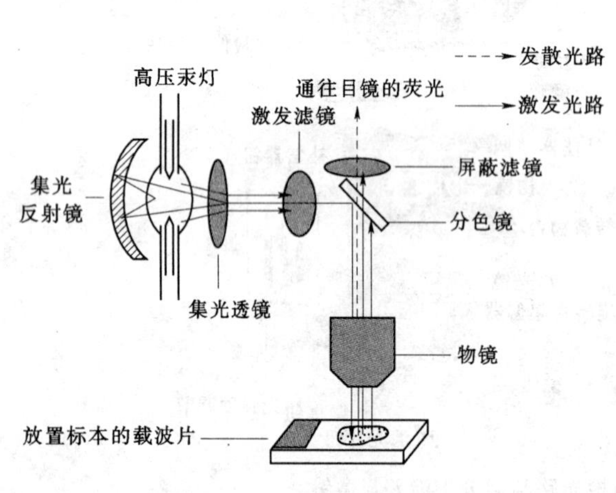

图5-4 荧光镜检光路图示

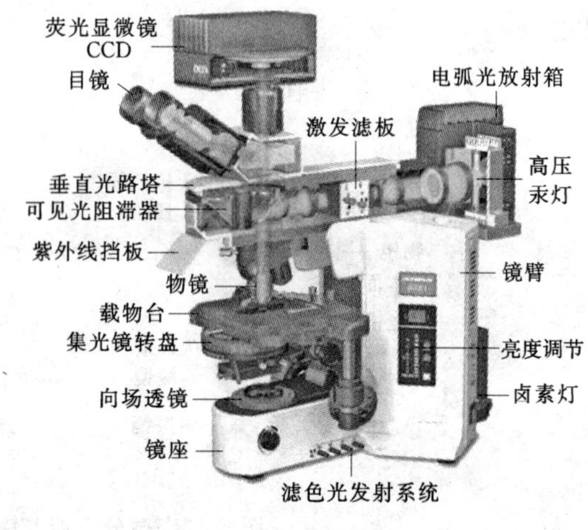

图5-5 荧光显微镜结构图

一、荧光镜检术的两种类型

1. 透射式

激发光来自被检物体的下方，集光镜为暗视野集光镜，使激发光不进入物镜，而使荧光进入物镜。它在低倍情况下明亮，而高倍时则暗，在油浸和调中时较难操作，尤以低倍的照明范围难于确定，但能得到很暗的视野背景。透射式不使用于非透明的被检物体。

2. 落射式

透射式目前几乎被淘汰，新型的荧光显微镜多为落射式。光源来自被检物体的上方，在光路中具有分光镜，所以对透明和不透明的被检物体都适用。由于物镜起了集光镜的作用，不仅便于操作，而且从低倍到高倍，都可以实现整个视场的均匀照明。

二、荧光镜检术的注意事项

（1）激发光长时间的照射，会发生荧光的衰减和猝灭现象，因此尽可能缩短观察时间，暂时不观察时，应用挡板遮盖激发光。

(2) 作油镜观察时，应用“无荧光油”。

(3) 荧光几乎都较弱，应在较暗的室内进行。

(4) 电源最好装稳压器，否则电压不稳不仅会降低汞灯的寿命，也会影响镜检的效果。

目前许多新兴生物研究领域应用到荧光显微镜，如基因原位杂交（FISH）等。

第六节　偏光镜检法

1. 偏光显微镜的特点

偏光显微镜（polarizing microscope）是鉴定物质细微结构光学性质的一种显微镜。凡具有双折射的物质，如纤维丝、纺锤体、胶原、染色体等，在偏光显微镜下就能分辨清楚。当然，这些物质也可用染色法来进行观察，但有些则不可能，而必须利用偏光显微镜。

偏光显微镜的特点，就是将普通光改变为偏光进行镜检，以鉴别某一物质是单折射（各向同行）或双折射性（各向异性）。如图5-6所示，和普通显微镜不同的是，偏光显微镜的光源前有偏振片（起偏器），使进入显微镜的光线为偏振光；镜筒中有检偏器（一个偏振方向与起偏器垂直的起偏器）；载物台是可以旋转的，当载物台上放入单折射的物质时，无论如何旋转载物台，由于两个偏振片是垂直的，显微镜里看不到光线，而放入双折射性物质时，由于光线通过这类物质时发生偏转，因此旋转载物台便能检测到这种物体。

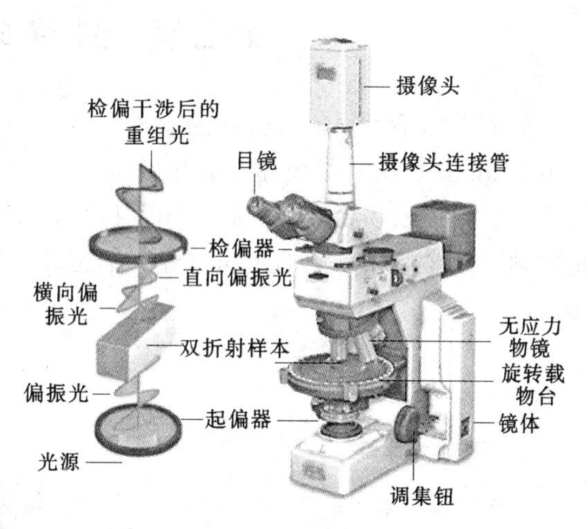

图5-6　偏光镜检光路与偏光显微镜

双折射性是晶体的基本特性。因此，偏光显微镜被广泛地应用在矿物、化学等领域，在生物学和植物学也有应用。

2. 偏光显微镜必须具备的附件

偏光显微镜必须具备的附件有：起偏镜、检偏镜、专用无应力物镜、旋转载物台。

3. 偏光镜检术的方式

(1) 正相镜检（orthscope）：又称无畸变镜检，其特点是使用低倍物镜，不用伯特兰透镜（bertrand lens）；同时为使照明孔径变小，推开聚光镜的上透镜。正相镜检用于检查物体的双折射性。

(2) 锥光镜检（conoscope）：又称干涉镜检，这种方法用于观察物体的单轴或双轴性。

4. 偏光显微镜在装置上的要求

(1) 光源

最好采用单色光，因为光的速度，折射率和干涉现象由于波长的不同而有差异。一般镜检可使用普通光。

(2) 目镜

要带有十字线的目镜。

(3) 聚光镜

为了取得平行偏光，应使用能推出上透镜的摇出式集光镜。

(4) 伯特兰透镜

这是把物体所有造成的初级相放大为次级相的辅助透镜。

5. 偏光镜检术的要求

(1) 载物台的中心与光轴同轴。

(2) 起偏镜和检偏镜应处于正交位置。

(3) 制片不宜过薄。

第七节 倒置式显微观察

前面讲的是正立式显微镜的镜检方式，主要用于生物装片的观察。倒置显微镜（inverted microscope）组成和普通显微镜一样，只不过物镜与照明系统颠倒，前者在载物台之下，后者在载物台之上，具有相差物镜，如图 5-7 和图 5-8 所示。倒置显微镜适应于生物学、医学等领域中的组织培养、细胞离体培养、浮游生物、环境保护、食品检验等显微观察。

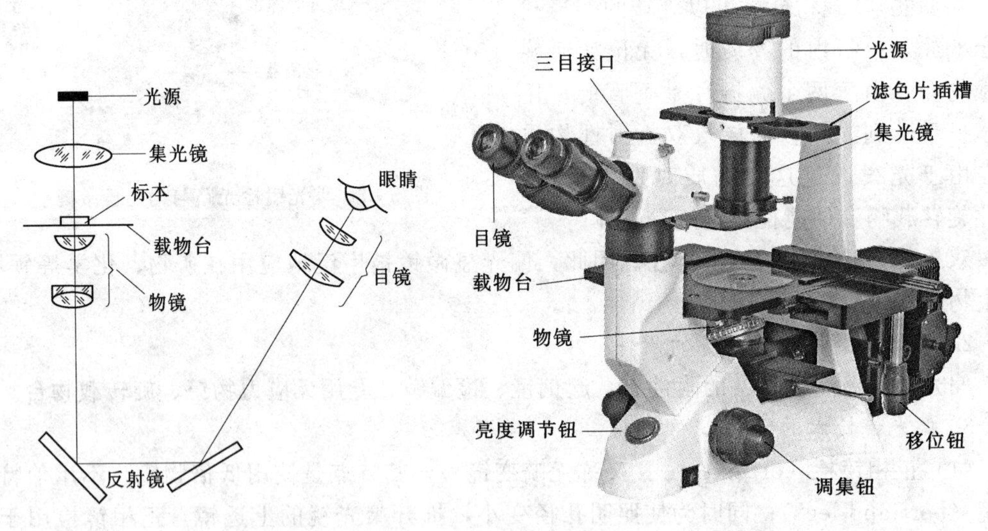

图 5-7 倒置显微镜检光路图　　图 5-8 倒置显微镜的结构

倒立式显微镜的优点为，物镜与目镜间之工作距离较长，可直接将培养皿放置显微镜操作台上进行显微注射等工作。由于配有长工作距离的集光镜、长工作距离平场消色差物镜及相差装置，故可使用各种培养皿和培养瓶，特别适用于对活体细胞和组织、流质、沉淀物等进行显微研究，可用于微生物、细胞、细菌、组织培养、悬浮体、沉淀物等的观

察，可连续观察细胞、细菌等在培养液中繁殖分裂的过程，并可将此过程中的任一形态拍摄下来。它在细胞学、寄生虫学、肿瘤学、免疫学、遗传工程学、工业微生物学、植物学等领域中应用广泛。

由于工作距离的限制，倒置显微镜物镜的最大放大倍数为 60×。一般研究用倒置显微镜都配置有 4×、10×、20×、及 40×相差物镜，因为倒置显微镜多用于无色透明的活体观察。如果用户有特殊需要，也可以选配其他附件，用来完成微分干涉、荧光及简易偏光等观察。

第八节　体视显微镜

一、体视显微镜的特点

体视显微镜（stereo microscope）又称“实体显微镜”或“解剖镜”，由两组平行的物镜和两组平行的目镜构成。由于多一次聚焦，将放大的倒像校正为正像，是一种具有正像立体感的目视仪器。因此，操作者可以自如地在镜下进行各项细小操作，被广泛地应用于生物学、医学、农林、工业及海洋生物各部门。

解剖显微镜的基本结构包括：镜体，其中装有几组不同放大倍数的物镜；镜体的上端安装着双目镜筒，其下端的密封金属壳中安装着五组棱镜组；物镜，安装镜体下面，使目镜、棱镜、物镜组成一个完整的光学系统。物体经物镜作第一次放大后，由五角棱镜使物像正转，再经目镜作第二次放大，使在目镜中观察到正立的物像。在镜体架上还有粗调和微调手轮，用以调节焦距。双目镜筒上安装着目镜，目镜上有目镜调节圈，以调节两眼的不同视力，如图 5-9 所示。

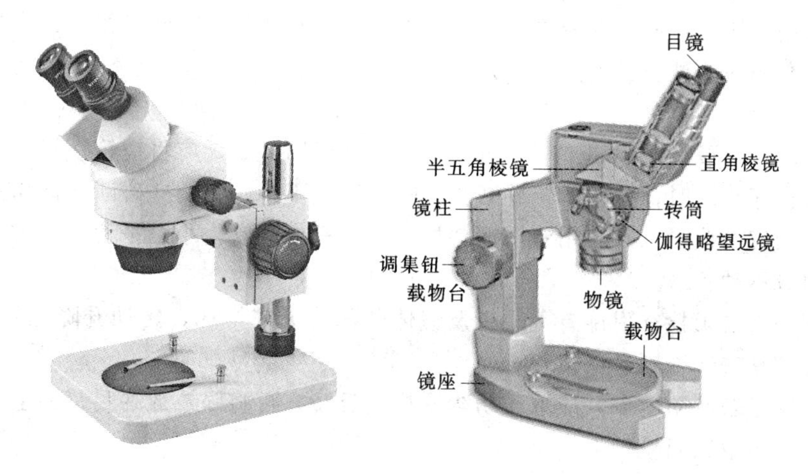

图 5-9　体视显微镜及其结构图

体视显微镜具有如下特点：

（1）双目镜筒中的左右两光束不是平行的，而是具有一定的夹角——体视角（一般为 12°～15°），如图 5-10 所示，因此成像具有三维立体感。

（2）像是直立的，便于操作和解剖，这是由于在目镜下方的棱镜把像倒转过来的缘故。

(3) 虽然放大率不如常规显微镜，但其工作距离很长。

(4) 焦深大，便于观察被检物体的全层。

(5) 视场直径大。

目前体视镜的光学结构是：由一个共用的初级物镜，对物体成像后的两光束被两组中间物镜——变焦镜分开，并成一体视角，再经各自的目镜成像。它的倍率变化是由改变中间镜组之间的距离而获得的，因此又称为“连续变倍体视显微镜”(zoom-stereo microscope)。

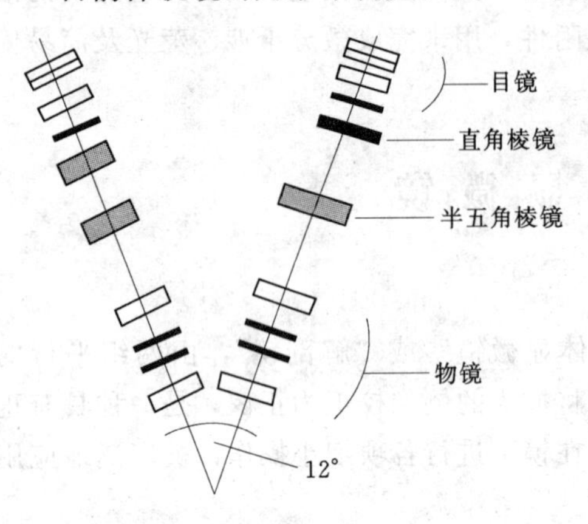

图 5-10　体视显微镜光路图

随着应用的要求，目前体视镜可选配丰富的选购附件，如荧光、照相、摄像、冷光源等。

二、体视显微镜的操作

1. 标准操作规程

(1) 润湿标本，务必使用玻璃镜台。暗示标本与淡色标本，除须改用白色底板或黑色底板外，上面可加灯光照射。透明标本只用玻璃镜台，并可移动镜台下的反光镜，以调节光线明暗度。

(2) 用螺丝固定镜柱的镜子，应将镜筒提高到与物镜操作距离合适的高度，然后旋紧螺丝，固定镜筒，防止掉落。

(3) 使用者可根据自己的眼距调节两个目镜间距离，直到观察的物像合为一个为止。

(4) 使用完毕后，使镜筒恢复原来位置，其他暂时安装的零件，如灯、镜头、解剖台搁臂等，务必归还原处。

2. 注意事项

(1) 在取用（或者放回解剖镜）时，若需要连镜箱搬动，应将镜箱锁好，以免解剖镜零件倾出而损坏。同时，镜箱的钥匙必须拔除，避免不小心将钥匙碰断在锁孔里。

(2) 取用解剖镜时，必须用右手握持柱，右手托住底座，小心平稳地取出或移动，严禁单手取用或移动。

(3) 使用前必须检查附件有无缺少及镜体各部有无害损坏，转动升降螺丝有无故障，若有问题立即报告，否则自己负责。

(4) 镜管上若有防尘罩，应取下防尘罩换上目镜，再将眼罩放在目镜的上端。注意用完后再将防尘罩放回目镜管上。

(5) 将所观察的物体置于玻片上或蜡盘中，再放到载物盘上，待观察。

(6) 拧开锁紧螺丝，先把镜体先上升到一定高度，然后锁紧镜体。

(7) 观察时，可先转动目镜管，使得两个目镜间的宽度适合于自己两眼间的距离。然后转动升降螺丝，使没有视觉圈的目镜成像清晰；另一目镜若不清晰，可转动视觉圈，直至两眼同时看到清晰的物像为止。如果需要放大观察时，再转动倍率盘直至得到所需要的放大倍数。

（8）在调节焦距时，转动升降螺丝时不能太快。在使用的过程中，若遇到故障应立即停止使用，并向老师报告。

（9）使用时若发现目镜或物镜上有异物，千万不能用手、布、手绢、衣服等去擦摸，应用吸耳球吹或用擦镜纸轻轻擦拭。

（10）用毕后，先将载物盘上的东西拿走，松开锁紧的螺丝将镜体放下，之后再锁紧。取出目镜，换上防尘罩。将元件全部放回，注意不要与其他镜互换。

（11）用布把镜身擦干净，放入镜箱内，锁紧镜箱。

第六章 显 微 影 像

利用显微摄影装置拍摄显微镜（或解剖镜）视野中物像的技术称为显微摄影。显微摄影可以把显微镜视野中所观察到物件的细微结构真实地记录下来，以供进一步分析研究。它在科学研究中，尤其是在医学、生物学研究领域中已成为一项常规的、不可缺少的研究技术之一。

一、显微摄影的基本原理

显微摄影是使目镜中的影像投射出来，射在照相底片上，使底片感光而记录下视野中现象的方法。在显微摄影时，影像的投射情况如下：光线将载物台上的微小物件（标本）射入物镜后，在目镜光阑处造成一个放大而倒立的实像；此实像被目镜再进一步放大后，射出目镜在显微摄影仪的屏幕上形成一个放大的实像；假如屏幕为一毛玻璃，即可取景对焦，准焦后换上底片即可进行拍摄。

二、显微摄影装置

最简单的显微摄影装置包括光学显微镜、照相机或电影摄影机及取景器等。作用在照相底板上的有效光学影像，一般是由显微镜的全部光学系统（物镜＋目镜）形成。这里的照相机则与一般照相机不同，它们是专为显微照相设计的，没有照相机透镜，可直接装在显微镜镜筒上。此外，借助于照相接筒可以把照相机与镜筒连接起来用于显微照相。一般在接筒上有一个带长方形取景框和聚焦目镜，合称取景器，用来取景、调焦、调整像的宽度，选用合适的曝光时间。有的还可以连接自动曝光装置，以便更准确地确定曝光时间。

三、传统显微摄影技术

传统显微摄影技术主要包括两个方面。

1. 显微摄影

需要一套完备的显微摄影装置。

2. 洗印放大

需要一个较好的暗室和成套的洗印放大设备。

四、数码显微摄像技术

随着电子数码技术的飞速发展，显微影像记录也进入到计算机数据传输、存储、处理、再现和分析的时代。普通的显微镜都只能通过眼睛进行观察，而当我们在镜下找到一个目标位置后再去找另外一个目标时，第一个目标往往会因为移动样品之后很难再重新找到，这样就导致很多数据的丢失，特别是当我们需要对这些数据进行比较的时候，因为没有原始数据进行对比使我们很苦恼。显微镜摄像头的研发成功解决了广大研究者的苦恼问题，通过显微镜摄像头抓取到每次观察的样品图像，这样就能很好地保存第一手的原始数据，不仅可以作为实验的数据进行对比，还能永久地保存下来作为一份有价值的参考

数据。

数码显微摄像技术包括两个方面。

1. 显微摄像

需要一套完备的显微镜摄像头系统。

2. 图像处理

需要一套良好的计算机显微图像分析软件。

第一节　显　微　摄　影

一、仪器与设备

进行显微摄影最基本的仪器是：显微摄影仪和显微镜，如图 6－1 所示。

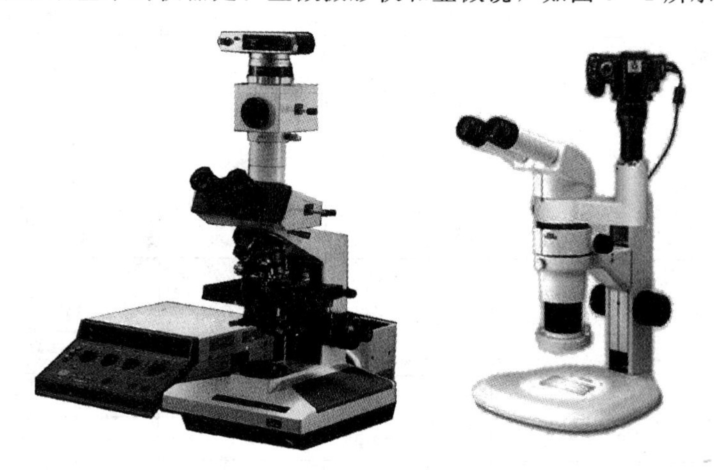

图 6－1　显微摄影装置

1. 显微摄影的要求

（1）载物台能在照相进行时粗微调，且坚固，不松动。载物台最好能作平面转动。

（2）座架和支架均需稳固，能稳固地安装显微摄影仪，不易受外部振动的影响。

（3）能进行集光镜的定心调整，并有孔径光阑与视场光阑。

（4）须有内藏式光源，可调节光亮度，从低倍到高倍都能得到匀称的照明，在高倍时能得到十分明亮的光，并备有放置滤色镜的地方。

（5）具有优质的物镜和目镜。

2. 显微摄影仪的必备条件

（1）要有能够连接显微照相机的装置。

（2）有一观察镜，能对显微镜视野进行观察，从观察镜中能清晰地看标本。

（3）物像在观察镜中调至清晰时，也是胶片成像最清晰之时。

（4）成像质量好，能较好地体现出原标本的情况。好的显微摄影仪还附有测光强、测色温、自动控制曝光时间的装置。

（5）显微摄影装置应放置在灰尘少、振动少、干燥、半暗的房间中。放显微镜的桌子要坚固平稳。

二、材料与试剂

1. 材料

（1）活植物材料如幼小器官、活的组织切片、细胞和原生质体、细胞团、愈伤组织、植物表面等。材料要新鲜无异物。

（2）死植物材料如各种植物组织的永久切片（见树脂切片）、被分离的细胞与细胞器、染色体的压片等。切片要清洁无尘、无气泡。摄影部分要完整清晰。

2. 试剂

显微摄影后胶卷需要冲洗，显微摄影常用显定影液的配方如表 6－1 所示。

表 6－1　　几种显微摄影常用显定影液的配方

试剂＼项目	显影液		停影液	定影液	
	D—19	D—72		F—7	F—5
温水（50℃）（mL）	750	750		500	500
米吐尔（g）	2.2	3.1			
无水亚硫钠（g）	90	45		15	15
对苯二酚（g）	8.0	12			
无水碳酸钠（g）	48	67.5			
氯化铵（g）				50	
溴化钾（g）	5	1.9			
冰醋酸（28%）（g）			48.0	48	48
硫代硫酸钠（g）				360	240
硼酸（g）				7.5	7.5
钾矾（g）				15	15
加水至（mL）	1000	1000	1000	1000	1000
显影时间（min）18～20℃　底片	4～5			5～10	15～20
显影时间（min）18～20℃　相纸	1～1.5	0.75～1.5	0.3～0.5	5～10	15～20

三、操作方法及注意事项

1. 安装显微摄影装置

将相机、显微镜和照明设备连一起，并能在观察镜中看到所要拍摄的标本。安装时，需先细读说明书，熟悉仪器结构和功能，连接部位要稳固。

2. 调整好显微镜

（1）集光镜和光源灯的调中：显微摄影通常采用中心亮视野透射照明法。摄影前，要把集光镜和光源灯调中，使集光镜中心与视场光阑的中心处于同一光轴上。光源灯的灯丝照明于视野中心。

集光镜的调中步骤：

1）转动集光镜升降旋钮使集光镜升至顶点位置；

2）接通光源灯的电源开关；

3）将被摄的制片标本放在载物台上，用 4× 或 10× 低倍镜聚焦在样品上；

4）缩小镜座上的视场光阑，在视野中可见边缘模糊的视场光阑图像；

5）微降集光镜，至视场光阑的图像清晰聚焦为止；

6）用集光镜两个调节螺杆推动集光镜，使缩小的视场光阑图像调至视野中心；

7）开放视场光阑，使多角形的周边与视野边缘完全重合；

8）反复缩放视场光阑数次，确认光阑中心和边缘与视野完全重合；

9）使集光镜回复顶点位置。

光源灯调中方法可采用下法：在视场光阑上面的滤色镜座上放一毛玻璃，用以观察灯丝位置；转动光源灯位置，使灯丝位于视场光阑中心，然后固定光源灯。

（2）正确使用光阑：显微镜有两种可变光阑，即孔径光阑和视场光阑。

1）视场光阑的调节使用。视场光阑位于镜座之中，其作用一是根据物镜的倍率给予不同直径的光束面积；二是在显微摄影时起着增减影像反差的作用。

当光扩大到一定程度，照射到标本上的光即会有反射与不规则的散射，造成影像反差的损失。当视场光阑收缩到取景框边缘外的时候，摄影图像的反差就会改进。如果视场光阑收缩得过于接近取景框，图像的四角将被切去。因此，视场光阑应比取景框稍大些。

2）孔径光阑的调节。安装在集光镜中的光阑叫孔径光阑。它的作用是使图像的分辨率、反差和焦深处在最佳状态。大多数的标本，如想得到高质量的照片，孔径光阑要调节在物镜数值孔径的60%～80%，如图6－2所示。

在显微摄影时，通常用缩小孔径光阑方法来提高影像反差。视场光阑随孔径光阑而变，总是外切孔径光阑。

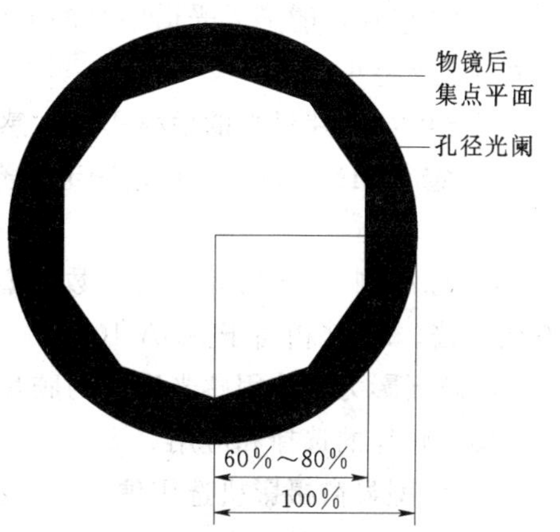

图6－2　孔径光阑的调节

孔径光阑的功能：

孔径光阑放大，照片反差变小，如图6－3所示。

孔径光阑收缩过小，照片反差增大，但分辨率变小，如图6－4所示。

孔径光阑收缩不得低于物镜数值孔径的60%，如图6－5所示。

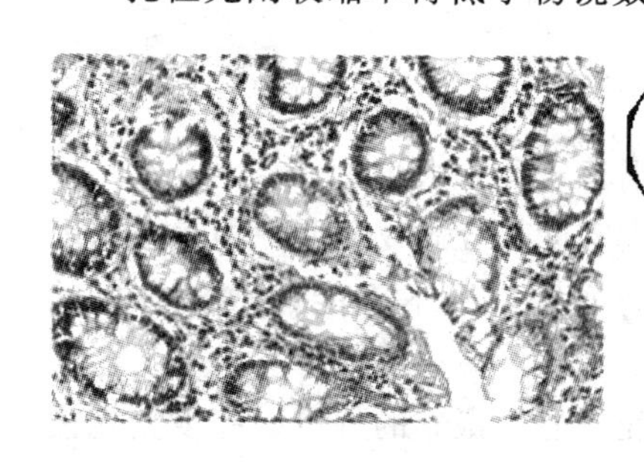

图6－3　孔径光阑100%打开

（照片整个反差降低）

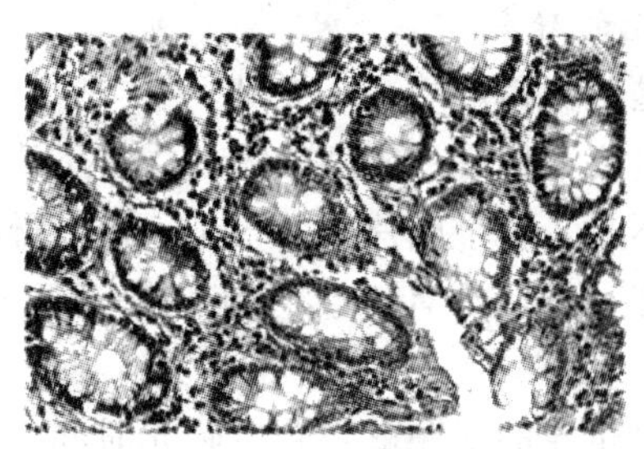

图6－4　孔径光阑30%打开

（由于受衍射的作用，图像分辨率受到影响）

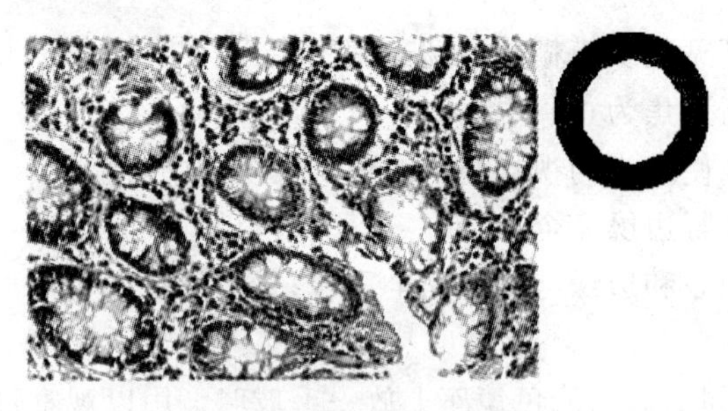

图 6-5　孔径光阑 80%打开
（照片反差增加，层次清晰，焦深也增加，得到最佳图像）

3. 底片选择

(1) 底片种类。摄影用的底片有硬片（透明玻璃上涂以感光乳剂而成）和软片（胶片与胶卷）。胶卷常用的规格有 135 和 120。

(2) 底片性能。彩色底片：反转片和负片，又可分别分为日光型、灯光型和日光灯光两用型。

黑白底片种类：

1）色盲片，只感受蓝紫和紫外光的底片。它适用于黑白、蓝紫色光影像的摄影，而不能用来拍摄红、绿、黄等色的影像。

2）分色片，能感受蓝紫、黄绿光的底片。除红橙色标本外，它可广泛用于显微摄影。

3）全色片，能感受光谱中全部可见光的底片。它对景物明暗层次能较好表现，黑白层次多，反差小。

感光度：底片对光的敏感程度。感光度单位有定制和标准制两种。

1）定（DIN）制，每相差三定感光速度就相差一倍，如 21 定为 18 定的 2 倍，依次类推。

2）标准制（ASA），它规定数值增一倍时感光速度也增加一倍，如 ASA 100 为 ASA 50 的 2 倍。21 定相当于 ASA 100。

显微摄影力求使用感光度低的胶片。

(3) 底片的选择和应用。

1）大型显微摄影机选用硬片，小型显微摄影机选用软片。

2）小型机相所拍底片需要放大，所以选用银粒细的底片。

3）显微摄影要求反差大就选中速（17～19）定和慢速（14～16）定，甚至特慢速（9～13）定底片，一般以 18 定（ASA 50）以下为宜。

4）色盲片和分色片很适合于显微摄影，特别是以分色片为最好；全色片也可用于显微摄影，但往往要用适当颜色的滤光片，以增加反差，才能达到良好效果。

5）选用灯光型或日光灯两用型彩色底片拍摄具有色彩的样本。

4. 曝光的确定

曝光是显微摄影的一个关键。

曝光过度，使底片密度很大，昏暗不清，丧失影纹细节，反差太小。

曝光不足，整个底片密度很小，比较透明，虽然最大密度部分影纹分明，但最小密度和灰雾密度一样，没有影纹存在，缺乏正常反差。这类底片，根本不能印放出合格的照片。

曝光最重要的问题就是判定曝光时间，确定快门速度。显微摄影的视野、亮度变化极大，曝光时间的变化范围宽广，正确估计曝光时间比普通野外摄影要困难得多。常用的通过估计影像亮度来确定曝光时间的方法，往往因人眼对光强度的显著变化不会有科学的定量分析而致使发生错误。

（1）影响曝光的因素。考虑影响曝光因素的着眼点是，分析它们对被摄影像是加强还是削弱亮度。亮度加强时要减少曝光量。

1）照明光源。电压高、功率大的灯泡，光强度高、色温高，使胶片感光快，曝光时间要短。

2）胶片的感光度。感光度高的胶片对光敏感，曝光时间可短一些。胶片超过有效期，或保存条件不佳，感光度会降低，使用时要酌情增加曝光时间。

3）物镜的数值孔径和目镜的放大倍数。物镜的数值孔径大，进光量多，影像亮度大，曝光时间要短；目镜放大倍数大，视野相对加大，影像的亮度相应地减小，曝光时间要长。

4）滤光片的颜色。滤光片减弱了光源的照明强度，在摄影时必须给予补偿，以达正确的曝光。

5）标本的差异。标本的厚度与颜色的变化影响到光的透过和吸收。另外，在同一标本中，各部分的光量程度也不同，因而也影响曝光时间。

（2）确定曝光时间的方法。

1）经验法。除经验非常丰富的人外，一般不宜采用。

2）试摄法。这是一种简单、易行、准确、可靠的确定曝光时间的方法。方法是用同一标本在相同条件下，按几何级数增加曝光时间拍得不同曝光时间的试摄底片，经显影和定影后，根据底片情况决定正确的曝光时间。

3）测光表法。显微摄影中可使用的测光表有四种类型：手持光电测光法；显微摄影用的光电测光表；显微摄影装置内装或外接式全自动曝光控制表；装在普通相机内部的测光表。前两种可以通用，但不够精确；后两种方便而准确。

显微摄影曝光参考表，如表 6－2 所示。

表 6－2　　显微摄影曝光参考表

物镜	目镜	视场光阑	电压（V）	滤光片	曝光时间（s）
4×	4×或 4.6×	3～5	6	所需滤色片	1/4
10×	4×或 4.6×	5～10	6	所需滤色片	1/2～1/4
40×	4×或 4.6×	10～15	6～8	所需滤色片	1～1/2
100×（油）	4×或 4.6×	15～20	8 以上	所需滤色片	1～2 以上

5. 取景对焦和拍摄

（1）屈光度的调节。在侧视目镜取景器内有一玻璃屏，上刻双十字线。调节时，左右转动屈光度调节环，使侧视目镜取景器镜筒的前端伸缩，改变焦距，直至清晰地分辨出双十字线止（图 6－6）。双十字线校准后，不能随意变动屈光度调节环，以防焦距改变。取景聚焦，只需使用显微镜调焦螺旋。

（2）取景。显微摄影中要根据研究目的进行取景，取景的含义是确定拍摄范围和物体影像在底片上的大小（倍数）。专用显微摄影设备，在刻有双十字线的侧视目镜取景器的玻璃屏上刻有数种规格的长方形取景框。底片所能摄下的范围，并非视野所见的全部，仅是圆形视野中长方形部分（图 6－7）。取景时，要使被摄的物体影像中心位于长方形取景框的对角线中心，并使两者的长短相应。需要90°调整时，转动载物台或摄影装置，让影像的长轴和取景框横轴平行。影像的大小可采用调换物镜和目镜来控制。

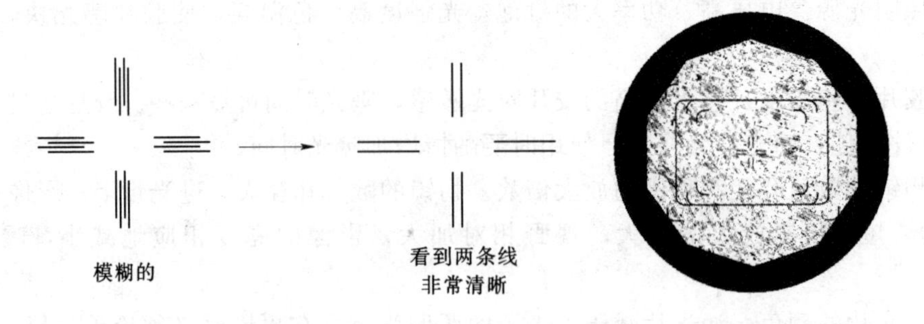

图6-6　显微摄影时的聚焦　　　　图6-7　显微摄影时的取景

(3) 聚焦与拍摄。转动显微镜的粗细调焦螺旋，改变物镜和被检物体的距离，使视野中物体影像的焦点聚于暗箱的焦平面上。

纵横移动镜台的制片标本，寻找拍摄的图像；上下转动调焦螺旋，辨清标本的细微结构。取景聚焦，需几经反复。底片影像的清晰度决定于拍摄前的最终一次准焦。

取景聚焦完毕，立即揿下快门按钮，任何有关操作都要在聚焦前完成。准焦后的微小颤动，也会引起焦点的改变，致使拍出的底片影像模糊不清。

6. 记录

由于显微摄影是记录科学研究结果的一种方法，因此在显微摄影中，每拍一张或每拍一批都要详细记录已拍底片的拍摄条件和情况，如被摄标本特点、仪器组合、照片条件、曝光时间、底片型号等，以作往后工作参考。

徕卡DMLB型显微镜、徕卡MPS 30/60型自动曝光控制器，操作程序如下。

(1) 清洁。对显微镜机械、电路、光学元件、相机以及自动曝光控制装置清洁。不仅要严格要求仪器的洁净，而且对桌、椅、地板也保持干净，室内尽量少灰尘。

(2) 接电源。将DMLB型显微镜和MPS 30/60型自动曝光控制器接上稳压器的输出电源接线板插座210～215V上。

(3) 打开开关。显微镜底座左边露出半圆黑色转板，将其向外转到1～2V的点上，再打开镜座左边前沿的红色开关，镜座上透射出微弱的光亮，待灯丝预热1～2min后再调用。

(4) 调双目镜同焦。先对左边目镜。旋动粗调焦螺旋，使载物台的载玻片靠近10×物镜，再用左眼看左边目镜，边看边下调载物台，当看到标本组织的清晰像后，再微调到最清晰。然后调右边目镜。这时就不去调粗，而是用细调焦螺旋，仅调右目镜上的上下移动螺纹，使右目镜焦距调到视野中标本组织像最清晰为止。这时，左、右两目镜即能适应双眼的同焦。

(5) 调瞳距。将双目镜筒用双手拿住，边往里外伸缩，边用双眼观察视野标本，使两个视野合并到一个圆视野为止。

(6) 调视场光阑。收缩视场光阑，将集光镜向上升到顶后，接近载物台往下降，直至看到多边形的视场光阑像为止，转动调中螺丝将视场光阑调正中，然后将视场光阑像多边

形边缘放大到视野圆的外切。

(7) 调孔径光阑。取下目镜，放入辅助望远镜，旋动它直至看清孔径光阑像为止。调节对中螺丝，使孔径光阑处在正中。再开大孔径光阑到60%～80%。也可按刻度标记计算，如利用物镜10×，其数值孔径为0.25，即0.25×80%=0.2，就将孔径光阑调在刻度的0.2上。如是物镜40×、数值孔径为0.65，即0.65×80%=0.52，就调在刻度0.52上。

(8) 放入照相目镜。选用配置好的照相目镜（目镜上有“PHOTO”），放大倍数为10×。

(9) 选用物镜。可选用平消色差物镜（N PLAN，PLAN）、萤石物镜（半平场复消色差PL FLUOTAR）物镜或平场复消色差物镜（PLAPO），但以后者为最好。

(10) 调双直线。用调标本焦点照相的那只眼睛，边观察取景筒，边调节取景筒上螺旋，直至双十字线的双线间分开得非常清晰为止。

(11) 取景。以“24×36”的方框内选取组织部位作为拍摄范围。

(12) 装入底片。打开摄影装置上相机后背，按顺序插入胶卷，左手按着片头送入收片轴，使胶片卷入收片轴，稳妥后，关上后盖，等待2～3s后即听到马达转动齿轮声，它将胶卷片头送入收片轴绕转柱，约拉过胶卷上24个齿孔（三张画面长度），相机正面上的画幅记数窗口即呈现出“01”数字。

(13) 放滤光镜。用黑白全色片拍一般H.E染色组织片用绿色滤光镜（灯泡电压一般用6～9V）；日光型彩色片用DLF滤光镜（灯泡电压要调在10.5V以上）；灯光型彩色片不用滤光片，而只将灯泡电压调在10.5V以上。

(14) 核对。在曝光前要核对双十字线，取景范围，对标本焦点、电压数、ASA（胶卷感光度）、CAL（曝光指数）、AUTO（自动曝光模式）、FIX（手控曝光模式）检查无误后再拍摄。MPS 30/60型自动曝光控制器开机后的默认方式是自身识别胶卷的感光度，CAL为1.00，曝光模式为AUTO。

(15) 曝光。按MPS 30/60型自动曝光控制器的“EXPO”键，边按键边观察相机的供片轴是否响动，画幅数字窗口是否显示出递增数字，如有响动和显示递增数字则表示自动曝光控制器运转正常，以后继续拍摄2～36张，即按第（12）～（16）步常规进行。如没有响动或不递增数字，即出故障，要解决后再继续工作。每拍摄一张应记录好标本名称、拍摄内容和放大倍数等。

(16) 倒片。胶卷拍完后，相机会自动倒片，直至全卷倒完。如一卷只拍了十几张不拍，需要将拍过胶卷部分取出来，这时要按相机正面上的倒片黑按钮进行倒片，记录当时拍的张数，以供下次接着拍剩余胶卷，当转到有片头响声后，才能打开相机后盖，取出胶卷。摄完的胶卷要用黑纸或底片盒装好，待冲洗。底片盒上要注明拍摄内容、拍完日期。

第二节 洗印和放大

一、底片冲洗

1. *显影罐法*

用显影罐进行底片冲洗的方法，如图6-8所示。如图6-8（a）所示，将在暗室中装好感光片的圆轴槽，浸入显影液中，转动2～3次后，再将圆轴槽一上一下地浸入与离开药水的动作。反复 2～3 次后，使在底片上黏附的气泡被药水推动移去。全过程时间约 5～6s。如图 6-8（b）所示，将圆轴槽提上，立刻又将其浸入药水，转动 2～3 次后，暂时停止 30s。

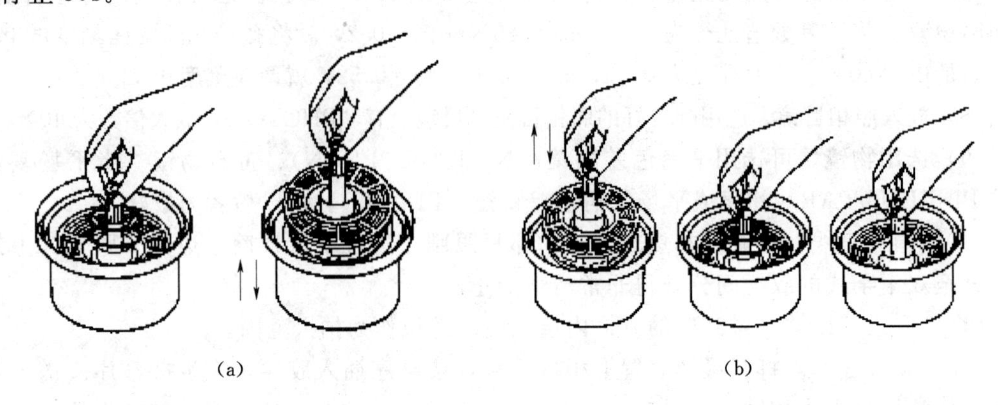

(a)　　　　　　　　(b)

图 6-8　用显影罐进行底片冲洗

操作流程如下：

（1）显影：采用化学的方法（已感光的乳剂与显影液起化学反应），使底片上的潜影成为可见影像（不稳定）的过程。显影前最好先向罐中倒入 20℃左右的清水，浸洗 1～2min，使底片的全部药膜均匀浸湿后倒出清水。

（2）停影：停显液的作用，一是制止显影后底片乳剂膜中残存的显影液继续发生作用，防止底片显影过度产生斑痕或灰雾等现象；二是防止显影液内碱性物质带入定影液，并与定影液中的酸性物质或矾类作用产生亚硫酸铝的沉淀。常用停显液为 1.34%醋酸水溶液，摇动几下，约 0.5min 倒出停显液。

（3）定影：用定影剂溶解感光乳剂中未感光的卤化银，使不稳定影像变为稳定影像的过程。加入等定影液，约 15～20min 后倒出。

（4）清洗：定影后的底片上还残留许多硫代硫酸钠或银的络合物，必须经充分水洗，以避免底片发黄或变色。中速流水冲洗，胶卷在水中时间不少于 20min；用于制作单色幻灯片的电影正片，水洗干净后即可转入染色处理，至少要 30min 以上。

（5）晾干：科研底片或暂时不染色的幻灯底片，水洗后可用片夹夹住胶卷两端，其中一端悬空，一端夹于绳杆上；拭干底片上的水珠，置通风阴凉而无灰尘处晾干。

2. 盆中显影法

（1）取 3 只搪瓷盘或塑料盘，排成一排，依次加入 20℃显影液、停影液和定影液。要注意设法使温度保持在 20℃左右，如有空调设备最理想。

（2）要求暗室内全暗，除彩色片外也可在暗红或深暗绿色的安全灯下操作。

（3）取出底片使药膜面向上，迅速而均匀地浸入显影液中，然后不断使盆中药液移动，显影时间根据底片情况而定。显影结束后，用洗相夹夹住底片边缘，投入停显液中约 30s，再取出放入定影液中约 15～20min，这时可开灯，检查底片上乳白色是否完全消除，再放 15min 就可取出，在流水中冲洗半小时以上。最后用夹子夹住底片晾干。

二、放大技术

照片放大是利用透过底片的光线，通过放大镜头的集光作用，把底片的影像放射到放

大机外面。这时在与放大机中心轴垂直的某一平面上，即形成与底片相同且倍数较大影像。若这个平面是放大纸，由于的感光作用，就能将这个影像记录下来。放大机结构，如图6－9所示。

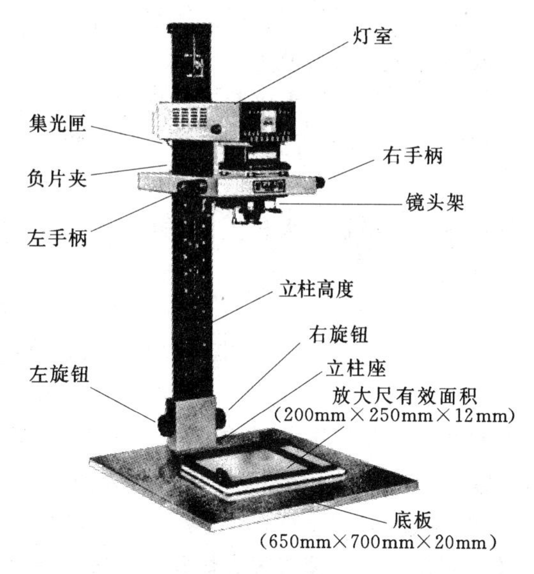

图6－9　摄影放大装置

1. 放大纸的选择

（1）放大操作首先要确保底片密度的反差能选配适当的放大纸和印相纸，然后根据需要放大尺寸来调整机身的位置。

（2）放大纸的选配也相当重要。目前国产放大纸分为4个号：1号（性能软）；2号（较软或中性）；3号（较硬）；4号（硬）。一般是底片反差偏小时，选用偏硬的放大纸，就可得到适中的照片；如底片反差偏大时，则选用偏软的放大纸，也可得到反差适中的照片。常用3号放大纸。

（3）选好放大纸后剪小块纸作几次不同曝光时间和纸型的试放，从而确定正式的放大纸型和曝光时间。放大时，纸要稍大于放大尺寸。曝光计时最好用定时器。

2. 使用放大机的注意事项

（1）底片和感光纸的平面必须同镜头相平行；底片的中心必须对着镜头的光轴。

（2）底片要摆在放大机中央部位，并用黑纸将底片四周透光部位遮挡起来。

（3）调焦时要开大镜头光圈，所用的成像白纸厚度应与所用的放大纸厚度相等。对清楚焦点后将光圈收缩，使画面中央和四周都能达到一定清晰度。一般大光圈对焦，小光圈曝光。

（4）在放大曝光的过程中，不得使放大机受震动。

（5）大批量放大照片，电源上要装有稳压器，并使用电子自动曝光器曝光。

（6）放大机内部，镜头与集光镜必须保持清洁，不得有灰尘。

3. 放大照片的显影

冲洗用搪瓷盆或塑料盆进行，并列放好3只盆，依次倒入20℃左右的显影液、停影液、定影液。

（1）显影：取曝光后的放大纸，将药膜面向下，浸入显影液中，用夹子按动照片背面，使乳剂膜完全浸入显影液中，并不断拖动放大纸。

（2）停显：待所有细微部分都均匀地显现出来后用洗相夹取出放大纸，移入停显液中，漂洗10～20s。

（3）定影：移入定影液中约15min。

（4）漂洗：放在水中充分漂洗，约1h。

（5）上光：从水中取出放大纸，平放在上光板上，影像面朝上光板，放在上光机电热器上烘干，照片自动胶落。

(6) 存放：用切刀把照片边缘裁齐，登记编号，装袋或装册保存备用。

4. 照片放大倍数的确定

照片上物像的放大倍数可用两种方法确定：

(1) 照片上物像的放大倍数=显微摄影放大倍数×放大机的放大倍数。

(2) 在显微摄影时，把测微尺放在载物台上，用拍摄样品同样的倍数拍摄标尺，然后像样品底片那样在放大机上同样放大，洗出照片，用照片的标尺可直接测量所摄样品的大小。

第三节 显微摄像系统

传统的显微摄影一般使用传统的相机，将镜头去除，装在显微镜上，拍摄显微镜下看到的切片；或者使用专门的照相显微镜，它们有自己的专用片盒，可以拍35mm胶片，也可拍一次成像和4英寸×5英寸页片，对焦、光圈、曝光全在显微镜上操作完成，除了连续照明外，甚至装有闪光灯和色温表，自动曝光系统既可点测光也可中心重点测光，曝光补偿、倒计数显示等一应俱全。

传统的显微摄影有着和传统相机一样的缺点：拍摄的照片不能立拍即现，必须经过冲洗；在数字化成电子文档的时候细节有损失；等等。

数码显微摄像系统，通过将摄像机CCD或数字照相机与显微镜相连，可以把显微图像传送到电视和电脑中，使清晰生动的显微图像呈现在人们面前，实现显微图像的数字化管理。显微摄像系统适用于生物类电化教学、科学研究、图像分析存储等。

普通的显微镜都只能通过眼睛进行观察，而当在镜下找到一个目标位置后再去找另外一个目标时，第一个目标的往往会因为移动样品之后很难再重新找到，这样就导致很多数据的丢失，特别是当需要对这些数据进行比较的时候，因为没有原始数据进行对比使我们很苦恼。显微镜摄像头的研发成功解决了广大研究者的苦恼问题，通过显微镜摄像头抓取到每次观察的样品图像，这样就能很好地保存第一手的原始数据，不仅可以作为实验的数据进行对比，还能永久地保存下来作为一份有价值的参考数据。显微摄像头分为数字摄像头和模拟摄像头两大类。

1. 模拟摄像头

模拟摄像头可以将视频采集设备产生的模拟视频信号转换成数字信号，进而将其储存在计算机里。模拟摄像头捕捉到的视频信号必须经过摄像头特定的视频捕捉卡将模拟信号转换成数字模式，并加以压缩后才可以转换到计算机上运用。目前随着数字信息技术的迅速发展，模拟信号摄像已渐消退。显微摄像系统主要配置的是数字摄像系统。

2. 数字摄像头

数字摄像头可以直接捕捉影像，然后通过串行口、并行口或者USB接口传到计算机里。现在市场上的摄像头基本以数字摄像头为主，而数字摄像头中又以使用新型数据传输接口的USB数字摄像头为主。除此之外还有一种IEEE1394a接口类型的摄像头，此款产品必须与视频采集卡配合使用，目前不是主流。模拟摄像头的整体成本较高，USB接口的传输速度远远高于串行口、并行口的速度，个人电脑的迅速普及，因此现在市场热点主

要是 USB 接口的数字摄像头。各种显微摄像头如图 6－10 所示。

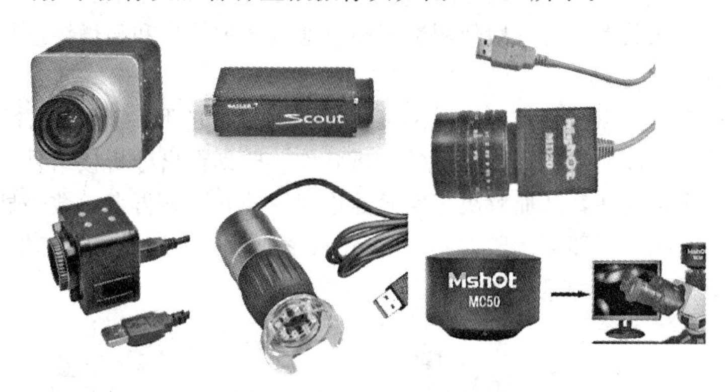

图 6－10 各种显微摄像头

3. 数字摄像头工作原理

景物通过镜头生成的光学图像投射到图像传感器表面上，然后转为电信号，经过 A/D（模数转换）转换后变为数字图像信号，再送到数字信号处理芯片（DSP）中加工处理，再通过 USB 接口传输到电脑中处理，通过显示器就可以看到图像了。

4. 图像传感器芯片

芯片（sensor）是组成数码摄像头的重要组成部分，根据元件不同分为 CCD(charge coupled device，电荷耦合元件）和 CMOS(complementary metal-oxide semiconductor，金属氧化物半导体元件）两种。CCD 主要应用在高端摄影摄像技术方面，而 CMOS 应用于较低影像品质的产品中。

目前 CCD 元件的尺寸多为 1/3 英寸或者 2/3 英寸，也有 1/1.8 英寸的。在相同的分辨率下，元件尺寸较大的灵敏度比较高，成像效果也比较好。

CCD 的优点是灵敏度高、噪音小、信噪比大。但是，生产工艺复杂、成本高、功耗高。

CMOS 的优点是集成度高、功耗低（不到 CCD 的 1/3)、成本低。但是，噪音比较大、灵敏度较低、对光源要求高。在相同像素下，CCD 的成像往往通透性、明锐度都很好，色彩还原、曝光可以保证基本准确；而 CMOS 的产品往往通透性一般，对实物的色彩还原能力偏弱，曝光也都不太好。

CCD 和 CMOS 两者各有优点，实用情况也不一样。一般用于明场拍摄，对成像要求不是很高的，建议选择 CMOS 摄像头就可以了；但对于弱光拍摄用户来讲，特别是荧光拍摄的用户，选择 CCD 摄像头则比较合适。

5. 图像质量（像素）

最佳的摄像头分辨率与镜头的数值孔径、光波波长、摄像头芯片大小相关。

6. 显微镜与显微镜摄像头的连接

普通的显微镜需要添加显微镜摄像头，必须添加一个数码显微镜接口。如果是三目显微镜的话，就可以用第三目镜上面的标准 C 接口直接和显微摄像头的 C 接口连接（一般正规的厂家生产的显微摄像头都是标准 C 接口的)。当然，添加摄像头后也需添加一台电脑，这样也就是把普通的显微镜改造成一台高性价比的数码显微镜。

数码显微摄影在装置上，一般使用数码相机通过各种接口和显微镜进行组合，然后把数码相机和计算机相连。

数码显微摄影的优点在于，可即时浏览拍摄，拍摄后的照片即时观看，减少废片率；另外，拍摄后的照片即时传入到计算机的分析软件，即刻得出分析接结果，大大缩减了因冲洗照片而耽误大量时间，从而解决了实验的连续性的问题；再者，数码显微摄影拍摄的图片为数字化的文档，可即刻用于 PowerPoint 教学或日后的编辑出版工作。

配置数码摄像头的各种显微镜，如图 6-11 所示。

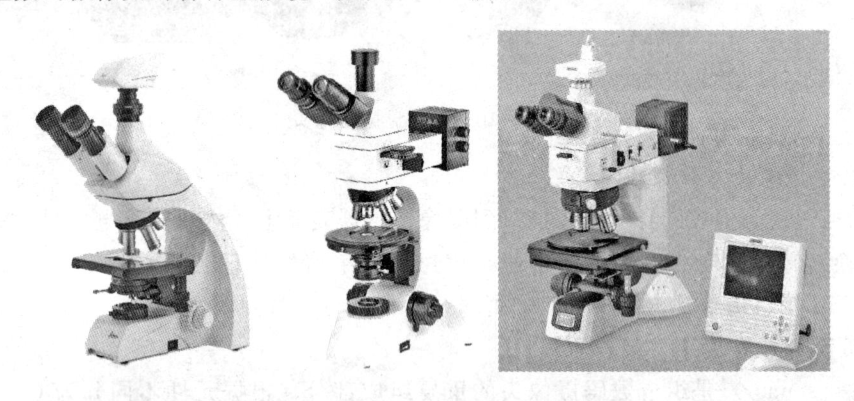

图 6-11 配置数码摄像头的各种显微镜

7. 显微图像分析软件

先进的数码显微摄像系统除了显微镜和数码摄像装置之外，通常配置有各种图像分析软件。采用最先进的显微图形成像技术、图形处理技术与精密硬件配置，从系统信号的捕获、图像数据的处理、特殊部位的标注、采集图片的文字说明、数字化存储以及打印输出全部实现彩色化、自动化、信息化，可形成完善的图文数据文献资料库，并可实现培养细胞的动态观察及成像。数码显微摄像系统操作简便，能使用普通显微镜者即能上机。由于选用大屏幕显示器，以实时方式动态显示图像，免除了观察显微镜的不便和辛苦。

图像分析系统具有人机交互界面友好、操作简单、图像处理功能强大、图像清晰度高等优点，在图像采集前后可非常直观方便、动态地调节图像指标，内嵌的图像处理功能可

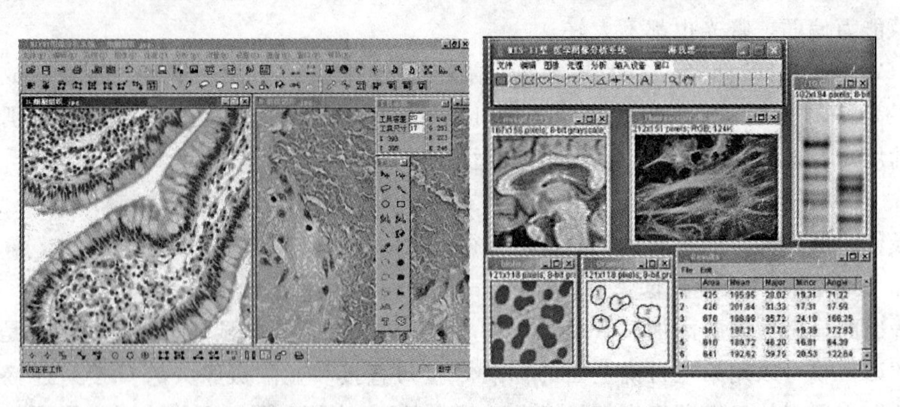

图 6-12 不同显微图像分析软件呈现的显微摄像图像

实现图像的剪裁、旋转、尺寸调整、图像组合、平衡等，并具有清晰效果、柔化边缘提取、柔化效果、底片效果、斑点消除边缘提取、招贴画效果、重点部位标识、重点部位文字说明等图像处理功能，如图 6－12 所示。图像测量功能可非常精确地测量管径、长度、色度（灰度）等多项具体指标。

第二篇 生物制片技术

第七章 一 般 准 备

第一节 实 验 室 守 则

为了使实验做得顺利和正确，避免在工作中发生忙乱或差错，必须严格遵守下列各项规则。

（1）工作前必须制订详细的工作计划。应备有记录本，记下当天或几天内的工作日程。必须安排得当，避免和其他工作发生冲突。在工作过程中，要随时将实验结果详细地记录下来，不能单凭记忆。

（2）实验室、用具和实验者双手，必须保持清洁。盛药剂的玻璃器皿一定要清洁和干燥，用过后须立即洗净。

（3）用具要放在一定位置，试剂应排列有序。凡盛有化学药品、试剂和溶液的瓶上，必须贴标签，注明名称、成分、配制日期等，千万不要凭记忆及感觉去辨认。

（4）几种主要试剂如纯酒精、油类、酸类等，在取用时应将量筒及吸管分别标明，分开使用，不可用一支量筒或吸管吸取各种试剂。倾倒试剂时，应把标签贴近手心，以免药剂玷污标签。

（5）取用酸类时应特别小心，避免接近眼、鼻等。在稀释时，只准将酸慢慢倒入水中，切不可将水倒入酸中。

（6）在称量药品时，在秤盘上应先垫白纸，以便保护量具和防止药剂相混。

（7）用过的药瓶、酒精灯、染色缸等须立即塞紧或加盖，切勿忘记，并忌“张冠李戴”。

（8）利用显微镜检查未制成的切片，要防止染料或试剂玷污镜头和镜台。也不要用高级显微镜观察。

（9）节约药品，切勿浪费。用过的废酒精、二甲苯等要分别倒在一定的瓶中，以便回收处理后再用。

（10）所有固体废物、酸类、染料等应倒在废物缸内，不可倒在水槽中。

（11）能损坏桌面油漆的试剂（如酒精、二甲苯、酸、碱等），注意不要撒在桌上。

（12）在离开实验室前，应将一切用具拭净，物归原处，并关闭水、电及煤气供应。

第二节 玻璃器皿的清洁

一、玻璃器皿的清洁

在开始工作之前，必须将应用的玻璃器皿彻底洗净，其方法如下：

（1）将玻璃器皿放在肥皂水中煮沸约 30min。

（2）用清水冲净后晾干。

（3）在清洁剂中浸 10min 左右。

（4）再用清水冲净晾干后待用。

清洁剂的配法如下：

重铬酸钾	20g
浓硫酸(工业用)	100mL
清水	100mL

将重铬酸钾溶解于清水中，然后将浓硫酸一滴一滴加入，不使发热。配好后可盛在有玻璃塞的玻璃容器内，以防氧化变质。此液可反复使用，一直到变为黑色为止。

二、新旧载玻片及盖玻片的清洁

新载玻片和盖玻片可在 2%的盐酸酒精（95%酒精 100 份加盐酸 2 份）中浸泡几小时，再用流水冲洗干净，然后取出浸于 95%酒精中备用。

陈旧或不适用的切片标本，如欲再用其载玻片和盖玻片，清洁步骤如下：

（1）将不适用的切片标本在肥皂水中煮沸 5～10min。

（2）在热水中洗去残留的树胶和糨糊。

（3）清水冲洗。

（4）在清洁剂中浸 30min。

（5）用清水洗去余留的清洁剂。

（6）用蒸馏水洗净。

（7）在 95%酒精中浸几分钟，即可取出擦干备用。

盖玻片很薄，在清洁时须特别小心。在擦拭时应一只手夹住盖玻片的两边，另一只手持清洁纱布用大拇指及食指同时擦拭盖玻片的两面，两指用力须均匀，着力点也应一致。

第三节 溶 液 的 配 制

溶液大多数以水为溶媒，其浓度随溶媒容量和溶质重量而定。溶液的浓度通常用下列三种方法来表示。

一、百分比溶液

百分比溶液指浓度用溶质对全部溶液量的百分比表示。

1. 稀溶液的配法

例 1　1%的番红水溶液：将番红 1g 溶解于 100mL 的蒸馏水中（一般溶液如不说明溶媒是什么，即指水溶液）。

例 2　0.1%固绿酒精溶液：将固绿 0.1g 溶解于 100mL 的 95%酒精中。

2. 浓溶液的配法

配制高浓度的溶液，应在 100mL 的水中减去溶质重量的水。例如，15%的食盐水溶液，则应以 100−15=85，即量取 85mL 的水加入 15g 食盐。

二、克分子溶液

浓度用 1L 溶液中所含溶质的克分子数表示，用这个方法表示溶液的浓度称为克分子溶液（molar solution），常以 M 代表。例如，0.2*M* 溶液即为 1L 溶液中含 0.2 克分子溶质的溶液。

例如：0.5M 蔗糖溶液，配制方法如下。

（1）先计算蔗糖的分子量（$C_{12}H_{22}O_{11}$=342.2）。

（2）再称取 0.5 克分子的蔗糖 $C_{12}H_{22}O_{11}/2$，即 171.1g。

（3）投入容积为 1L 的量瓶中（瓶颈上有刻线标明容积到此线上恰等于 1L）。

（4）注入蒸馏水使蔗糖溶解，水加到刻线为止。

三、当量溶液

浓度用 1L 溶液中所含溶质的克当量表示，这种溶液称为当量溶液或规定溶液（normal solution），以 N 表示。例如，1 升溶液中含 1 克当量即称为 1 当量溶液（1N），如含 0.1g 当量即为 1/10 当量溶液（0.1N）等。

在配制当量溶液时，其当量的计算因各种化合物（酸、碱、盐）而异。酸的当量是以酸分子中可被金属取代的氢原子数去除。碱的当量等于其分子量被碱中金属的原子价去除。至于盐类的当量，可用其分子中金属的原子数及金属的原子价去除分子量求得。

例如：

HNO_3（分子量 63）的当量等于	63/1=63
H_2SO_4（分子量 98）的当量等于	98/2=49
$Ca(OH)_2$（分子量 74）的当量等于	74/2=37
$Al_2(SO_4)_3$（分子量 342）的当量等于	342/(2×3)=57

其配制步骤与克分子溶液相似，不过是把在第二步称取的克分子量换以克当量而已。

附：

（1）酒精稀释法。实验室中有各级浓度的酒精，如 35%、50%、70%、83%、95%。冲淡的酒精，常用 95%酒精（不许用纯酒精）和蒸馏水配合而成。其稀释的方法如下：

1）先将已知百分比的高浓度酒精倒入量筒，其分量和将要稀释酒精的百分比相等。

2）将蒸馏水加至与先前高浓度酒精的百分比数一样为止。

例 1：从 95%酒精稀释为 35%时，可在量筒中倒入 95%酒精 35mL，然后用蒸馏水加到 95mL，即得到 35%的酒精。

例 2：从 70%酒精稀释为 30%时，可先将 30mL 的 70%酒精倒入量筒，再用蒸馏水加到 70mL，就得到 30%的酒精。

市上销售的酒精，其浓度约为 95%~96%，它能与水在任何比例下混合。有些酒精内含杂质，加蒸馏水稀释时即成乳白色混浊；这种酒精须蒸馏后再用。

（2）药品规格表。在实验时，应节约药品，不多用，也不越级应用。所谓越级应用是

指用化学纯（三级品）的却用了分析试剂（二级品）。现将药品规格列表于后（表 7－1）。

表 7－1　　药 品 规 格 表

规　格	代　号	级　别
实验试剂	LR	四级
化学纯	CP	三级
分析试剂	AR	二级
保证试剂	GR	一级

第四节　实　验　计　划

制片技术的实验计划，不仅对初学者很重要，就是对一个熟练的制作者来说也是不可忽视的。对初学者来说，由于实验计划的制订需要比较丰富的知识和经验，所以在开始时比较困难，应该在教师的指导下进行。

学习制片技术，最终目的是要在科学试验与生产实践上解决某些理论和实际问题。因此，在制订实验计划时，首先要考虑到制片的目的，其次是选择制片的标本，而后才是确定具体的制作方法。例如，制玉米茎的横切面，其目的在于观察维管束的结构，那么就应选择较老的茎作标本。又如，作某一种叶子的生态解剖，所选择的标本就不应该采自同一地点，应该在不同环境条件下多采几份才好作比较。由此可见，制片目的与标本选择有密切联系，有时甚至两者是需要同时决定的。

最后，可以根据目的要求及所选的标本确定具体制片的方法。一般讲，制片技术的方法虽然很多，但对某一材料来说可能都不是十全十美的。因此，在制订计划时，不妨多选几种方法，以便比较。但也必须注意经济原则，包括时间与经费，不能一味贪多求全。例如，制作蛙肠横切面生物装片，二甲苯、二氧六圜和叔丁醇等方法都已有成功的经验，那么就可选用前一种试剂，因二甲苯的价格比二氧六圜和叔丁醇要便宜几倍，这样就可避免浪费时间和物力。如果所选的标本过去没有做过，就不妨多采用几种方法作比较。如两种方法效果差不多，但所用药品价值相差很远，那就应该选低廉的药品来做。

方法一经选定，在计划中还须将所用的药品、用具等名称及数量逐一列入，然后再订出具体的工作日程。

前面已经讲过，制订实验计划需要比较丰富的知识和经验，所以，在订计划之前必须要阅读参考文献，深入钻研。对初学者来说，尤其应多请教指导教师和辅导人员，这样才能订出比较完善和精密的实验计划。

第五节　日 程 与 记 录

制片常常是一个连续的过程，从标本的采集、固定、切片、染色到封藏为止，往往要连续几天。如果事前没有一个工作日程、没有妥善的安排，就有可能和其他工作发生冲突，或造成半夜出勤。有时甚至单凭记忆，把前后顺序颠倒或超过了规定时间，这样就会对工作带来损失。因此，预先编制一个日程表是实验工作所必需的，这样就可避免上述缺点，每天到实验室就可按表行用，就实记录，不致出差错。

除编制日程表外，还必须将工作过程中实际情况连同日程表都详细地记载在记录本上。在工作过程中，有时往往由于某些原因改变日程表上所预计的时间和条件。例如，原订包埋是在56℃下进行的，但正在进行中温度突然上升到60℃，或者在纯酒精中延长了一小时，这些就必须按照实际情况记下来（表7-2），不能再按原计划记载了，这是非常重要的。因为，如果结果不好，就可检查在实际工作中发生的问题所在，总结失败的经验。如果结果良好，也可从记录上总结出成功的经验。所以，日程表和翔实的记录对制片工作来说，是一件非常重要而且必须长期坚持不懈的工作。这些记录不仅要翔实，而且还要作为档案保存起来。

生物制片过程记录举例，如表7-2所示。

表7-2　　制片记录表

<table>
<tr><td colspan="2">材料</td><td colspan="5">蚕豆根尖（潮湿木屑箱中培养，室温10～15℃，7～10d）</td></tr>
<tr><td colspan="2">固定液</td><td colspan="5">铬醋酸中液（室温14℃）</td></tr>
<tr><td colspan="2">固定时间</td><td colspan="5">2003年3月24日9：00</td></tr>
<tr><td colspan="2">冲洗</td><td colspan="5">2003年3月25日9时～26日11时</td></tr>
<tr><td rowspan="4">脱水</td><td>酒精（%）</td><td>15</td><td>35</td><td>50</td><td>70</td><td>83</td></tr>
<tr><td>时间</td><td>26/3 11：00</td><td>12：30</td><td>14：00</td><td>15：30</td><td>27/3 9：30</td></tr>
<tr><td>酒精（%）</td><td>95</td><td>100</td><td>100</td><td></td><td></td></tr>
<tr><td>时间</td><td>11：00</td><td>12：00</td><td>13：00</td><td></td><td></td></tr>
</table>

<table>
<tr><td rowspan="2">透明</td><td>1/2纯酒精+1/2二甲苯</td><td>二甲苯</td><td>二甲苯</td><td>二甲苯</td><td>二甲苯+石蜡（38℃）</td></tr>
<tr><td>14：00</td><td>15：00</td><td>15：30</td><td>16：00</td><td>16：10</td></tr>
</table>

浸蜡	29/3 8：30、9：20、10：10换三次，熔点54℃，温箱56℃
包埋	29/3 11：00
切片	时间：2/4 14：00　厚度：10μm　室温：15℃

染色：海登汉苏木精

（1）2%铁矾水溶液	5/4	15：00
（2）流水冲洗		15：15
（3）0.5%苏木精		15：20
（4）水洗，苦味酸分化		15：30
（5）流水冲洗		16：30
（6）脱水透明		17：00
封藏：		17：40

结果	良好
备注	

第八章　一般方法概述

要在显微镜下研究一般生物体的内部构造，在自然状态下是无法观察的。因为整个动植物体大部分都是不透明的，不能直接在显微镜下观察，一定要经过特殊的手续，使要观察的材料先减少它的厚度及体积，使光线能透过，之后才能作显微镜观察。为了适应这个需要，就产生了显微制片技术。

普通应用的有两种方法：一种是切片法，即用刀片将标本切成薄片；另一种是非切片法，用物理或化学的方法，将生物体组织分离成为单个细胞或薄片，或者将整个生物体进行整体封藏。运用切片法时，生物体组织间的各种构造仍能保持着正常的相互关系，对于某一部分的细胞和组织也能观察得很清楚；不过，因为切得很薄，在一个切片上就不能看到整个的组织，有时甚至一个细胞也被分开在两个切片上。非切片法则仍能保持每个单位的完整，但是，彼此间相互的关系（整体封藏除外）就不一定看得清楚了。

现将进行制片的过程提要如下：

1. 切片法（以常用的石蜡切片法为例）

从生物体取出组织→固定→冲洗（从各种固定液取出后）→脱水（在逐渐加浓的酒精中）→透明→浸蜡透入（用包埋剂）→包埋、切片→贴片（黏附切片于载玻片上）→脱水→复水（经各级酒精至降至水）→染色与复染→脱水→透明→封藏。

2. 非切片法（以整体封藏法为例）

固定→冲洗（遇必要时）→整体染色→分化与退染→脱水→透明→封藏。

第一节　切片法

最简单的切片法是将新鲜植物材料夹在木髓中用刀切成薄片，这叫做徒手切片法。其后渐渐改进，有各种方法产生，如石蜡切片法、火棉胶切片法、冰冻切片法等。方法虽不同，但经过的步骤大同小异。现将主要过程概述如下。

1. 杀生与固定

这是制备各种切片的第一步，虽然手续很简单，将一片组织投入一种固定液中即可，但是，在选择标本和固定液时，就有很多讲究，不可轻率从事。

杀生与固定虽为两个不同的步骤，但是，只需用一种固定液就能完成这两个手续。

固定的目的在于，保存组织中各细胞的形态结构和生活时相似。欲达到此目的，必须对固定液的选择、固定材料的性质和大小、固定的时间以及研究的目的等都应加以注意。

2. 冲洗

经过一定时间的固定后就须冲洗。除酒精外，组织中的固定液必须彻底洗净。冲洗的手续，应依固定液的性质而定。例如，水溶液常用清水和低度酒精来洗，酒精溶液则用同等强度的酒精冲洗。冲洗的时间，大约12～24h，隔1～2h换一次，如果用水洗最好用流水。

3. 脱水

除少数标本从水溶液中取出后直接封藏作暂时的检查外，大部分材料，特别是作永久标本保存者，必须从组织中除去水分，这个手续叫做脱水。如果材料须包埋在石蜡中，则脱水更为必要，因为这种包埋剂不能与水混合。

酒精是最常用的脱水剂，因它和水的亲和力很强。脱水须慢慢进行，无论从水移入酒精还是从酒精移入水中，均须避免剧烈的扩散现象出现，以保证标本不被损坏。由于上述理由，在实验中须配就一组酒精，渐渐增高其浓度，如15%、35%、50%、70%、83%、95%等，以为脱水之用。如果所用的材料很柔弱，酒精的分级就更应靠近。

4. 保存

在固定与冲洗之后，脱水至70%酒精时，如估计不能完成一定的步骤，可在其中停留过夜，到次日再继续进行；也可以在其中长时间保存，直到需用时为止。如果保存的时间在几个月以上，最好保存在等量的甘油、蒸馏水和95%酒精混合液中。

5. 染色

除了很少一部分固定剂可使固定的组织产生视觉上的差别外，大部分的组织须经染色后才能使分化的情况显现出来。所用的染料，对被染的组织多少有些选择作用，某些部分染色很清楚，某些部分一点也染不上。这些情况一方面由于所用的固定剂不同所致，另一方面是因为染料本身的化学性质（酸性、中性和碱性）的差异。例如，有些染料可染细胞核，有些染料能染细胞质，都是由于染料性质不同的关系。

6. 透明

大部分组织，虽然切成薄片，但仍不甚透明。所以，作为在显微镜下观察的材料，一定要经过透明剂处理后才可应用。在切片方面，透明在两种情况下进行。首先，透明是在组织脱水后、浸蜡前进行。其目的不在于为了显微镜观察，而是作为从脱水剂进入包埋剂的桥梁，因此，透明剂必须既能与酒精混合，又能和石蜡融合无间。二甲苯即具此种性质，故被选为常用的透明剂。其次，透明是在片子脱水与封藏之间进行。其目的除了作为脱水剂进入封藏剂的桥梁外，尚有使标本透明而便于观察的作用。由于组织已切成薄片，很易透明，所以需要的时间不长，数分钟就可以了。

7. 封藏

当组织已被透明后，下面的一步就是封藏，即在适当的封藏剂中保存起来。常用的封藏剂有树胶和甘油胶等。如果被封藏的材料是直接从水中或水溶液中取出的，则常用甘油胶作为封藏剂；如果经过了酒精脱水，则用树胶为封藏剂。

第二节　非切片法

在显微镜下观察的材料，除用上述切片法制作外，另有各种制片法，并不需要用刀切成薄片。常用的非切片法有：整体封藏法、涂布法与压碎法、伸展法、解离法与梳离法。这些方法都因各种材料的性质和研究的目的不同而被采用，所以各自的应用范围也就受到

了限制。例如，整体封藏法，很小的材料（如藻类及小昆虫等），不需要分离时才用它。涂布法，仅对含有大量水分或完全为液体的组织或器官适用，因为含有足够的水分才能将组织的各部分散开。用解离法时，所用的材料（如木材）的各个组成部分一定要很小，而且连接这些组成部分的物质又容易被溶解。因有上述种种限制，所以非切片法可以说是切片法的一种辅助方法，应适当地配合使用。

第九章　材料的采集、分割与麻醉

第一节　植物材料的采集与分割

一、材料的采集

如果要保存组织和细胞中的各种细致结构，在采集和准备杀生的时候就须注意下列各项：

（1）需选择健全而有代表性的植物。

（2）在采集标本时尽可能地不要损伤植物体或所需要的部分。

（3）如果所得材料应立刻杀生与固定，须依照后面的步骤去做。如果不能即刻固定，那么须尽量防止它变干、损伤和生霉。因搬运或储藏而损坏的材料，不能再用。

（4）已经压制的干标本可以将它放在水中浸软后再做切片，但只能用为观察维管束排列等较大的构造，不能作精细的研究。

现在将采集各类植物和不同器官时应注意的事项分述如下。

（1）叶。采集叶的时候，应该用刀片将叶柄切下来，不能将它摘下或压挤叶柄。如果不能立刻固定，可将叶片夹在潮湿的纸内，放在采集箱或其他紧密的容器内。带回来的叶子如有枯萎现象，须先使之潮湿，恢复原状后再固定。

（2）茎。带有叶子的茎，采回来后可放在盛水的花瓶或其他容器内养几天。如果在野外采集，一时不宜用上法保存时，可以将茎切成很长的几段，用湿纸包起来，放在采集箱内带回实验室；但应注意不要折断和压碎。

（3）根。采集根及其他地下器官时，不要用力将根拔出来，以免柔软的皮层与中心柱分离而使皮层留在地下；一定要先把泥土翻开将根挖出来，将泥土洗净，然后用湿纸包好拿回来。

（4）花。将整个花或花序摘下来，包在潮湿的纸内，然后贮藏在紧密的容器内，放在阴凉处，果实的采集与贮藏也可以这样。

（5）苔藓植物。采集这些材料时，应将一大簇植物连底土一起采。然后放在潮湿的容器内，使它变膨胀，并使底土达到饱和状态，这样就能将整个植物体分离出来。防止任何损伤，把它放在解剖镜下，将所需的部分解剖出来固定。

（6）藻类。将藻类带水一起采集，放在阴凉处。许多丝状藻类拿回到实验室中将会很快地衰老而死亡，所以采到后须立刻固定。

（7）肉质菌类。许多大的肉质菌类可以包在蜡纸里贮藏一段短时间，但不可太久，否则容易损坏，小的菌类应夹在潮湿的纸内，再包上蜡纸，但时间不可大长，固定愈快愈好。

（8）病理材料。采集病理标本时，应该特别注意不能将寄生的组织损伤，要防止枯萎、发霉和其他细菌的侵害。为和正常无病组织相区别，在采集时，除了病理标本外，正

常的组织也须采集，以便将来作比较观察。

二、材料的分割

在介绍一般方法的时候，曾提到杀生与固定要愈快愈好，务必使各细胞立刻停止生命活动，而不使其原生质有崩解现象产生。普遍应用的固定液对于植物体外表的角质、木栓质等的穿透很慢，但对于被切割的表面，则穿透速度快得多。所以，在固定材料的时候，应将所需要的部分分割到最小块、段或片，以达到立刻杀生与固定的目的。

分割柔软而新鲜的材料，可用刀片切开。一般分割叶片时，如果叶片狭窄不超过5mm，则可沿中肋横切，每片长约3～5mm［图9-1（a)］。如果叶片比较宽阔，可分割为许多小片［图9-1（b）～（d)］，选择其中含有主脉和侧脉的固定。此外，如固定蕨类或有病叶子，则须选用包含有孢子囊及菌孢的材料。

图9-1　叶片分割法

草本植物的茎、根和叶柄或其他圆筒形的器官分割时，常切成盘状，再分成许多小块，放在潮湿的纸上。等到分割完毕后，立刻放入固定液中。如茎的直径不超过2毫米，而其表面有高度角质化，则可切成长约2mm的小段；如果其表面非角质化，而且穿透容易，则可切10mm长小段［图9-2（a)］。任何一种圆筒状器官，其直径为5mm时，应将它切成5mm长；其直径为1mm时，则可将它的厚度切成2～5mm。直径较大的茎，可切为5mm厚，且可分割一半成四分之一，或分为楔形［图9-2（b)、(d)］。

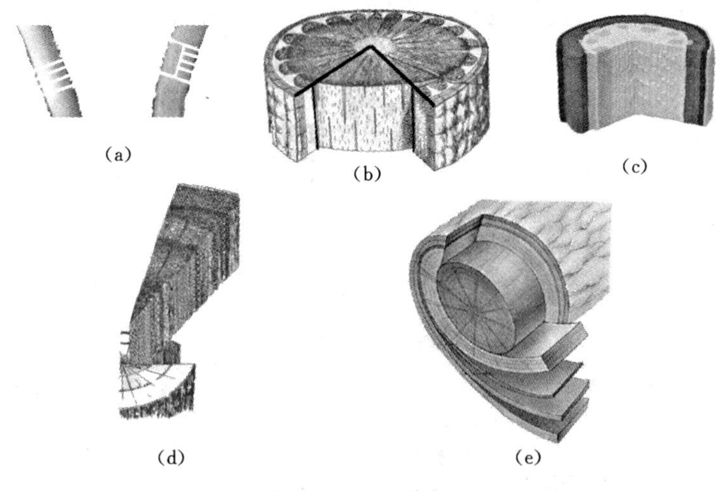

图9-2　茎的分割法

木质小枝的直径在 5mm 以内时，可切成 15mm 长。较粗的枝条其割取长度宜较短，因这种枝条表面已木栓化，能阻止固定液的穿透。将小枝切成段时不能用修枝剪或小刀，因为这样粗鲁地割切，会损坏形成层、韧皮部、皮层、木栓形成层，结果在切片或染色时，外面这些部分就会分离，所以最好用锐利的刀片迅速将它切开。

要作木材的横切面、切线切面和放射线切面，常用伐下完整无损的木条和大枝。其直径在 10cm 以上的，切成 2～3cm 厚的小盘状，用湿布包回实验室，然后沿射线方向，将它分割为楔形小块［图 9－2（c）、（e）］再加以整修，保留一块带有几圈年轮的液材、形成层及其外面各部分。这样再用刀片将内外、左右各面修切整齐，投入固定液中。

第二节　动物的麻醉与材料的割取

从动物体上割取组织块，就不像植物体那么容易，因为动物要活动，在它活着的时候就不容易下手。但是，制片所用的材料最好是在活着的时候取得，尤其是细胞学方面的研究，对于材料新鲜的程度要求十分严格，因此，要尽量割取生活着的动物组织块。例如，取蝗虫的精巢，可将活的蝗虫腹部剪开，将精巢取出，立即投入固定液。较大的动物，即使绑在解剖台上，也会引起剧烈的骚动，不易动手，所以必须采取适当的措施。

如果是一般的组织学切片，要求不太产格，那么就可将动物先杀死，然后取其组织。例如小白鼠、青蛙等小动物可用断头法。较大的动物，如兔子可用木棒猛击头部使它昏倒，或用空气栓塞法，即用 50mL 的注射器，向心脏输入空气使动物痉挛而死。无论用哪种方法杀死，在割取材料时，应愈快愈好，否则动物体的细胞成分、结构及分布等就会发生变化。

在一般情况下，可以在把动物麻醉以后割取材料。但必须注意，所用的麻醉剂应以不影响细胞的结构为宜。通常较大的动物用氯仿或乙酸作为麻醉剂，也可应用氨甲基酸乙酯［尿烷或乌拉坦（urethane）］进行静脉注射，剂量一般按动物体重每公斤用 1g。各类动物所用的麻醉剂列表，如表 9－1 所示。

表 9－1　各类动物的麻醉方法

动物种类	麻醉方法
原生动物	木醋酸蒸气
圆虫类	氯惹酮
环形动物多毛纲	5%～10%酒精，0.1%氯醛合水，1%～3%氯惹酮、氯化镁、硫酸镁、氯仿
水蛭类	氯惹酮
甲壳类	1%氨基甲酸乙酯、氯惹酮
软体动物	1%氨基甲酸乙酯、1%～5%可卡因 0.1%～0.5%氯醛合水、1%羟胺、10%氯化镁或硫酸镁
水生昆虫类虫	0.5%氨基甲酸乙酯
文昌鱼	滴入氯惹酮
鱼类	0.5%氨基甲酸乙酯
两栖类	有鳃者用氯惹酮或 0.5%氨基甲酸乙酯，陆生者用乙醚
爬行类、鸟类、哺乳类	氯仿、乙醚、注射氨基甲酸乙酯

第十章 固定与固定液

第一节 固定的目的与性质

固定的目的在于保存组织内细胞的形态、结构及其组成，使其与生活时相似。因此，在杀生之后，不仅要使生物体立即死亡，而且还要使每个细胞差不多同时停止生命活动，才能达到上述目的。此外，在固定后还须考虑材料的某些性质：如使组织变硬，增强内含物的折光程度，以及使某些组织或细胞内某些部分易于着色等。因此，杀生与固定这两个步骤看来似乎很简单，即将材料投入固定液后就可完成，但若仔细研究则很复杂，非重视不可。因为以后的各步骤进行是否顺利和成功，首先要看固定是否圆满，所以，对各种固定液的性能，必须加以深入研究，才能得到良好的效果。

第二节 固定液的种类与性能

一、单纯固定液

杀生与固定的常用药剂中，最重要的有乙醇、福尔马林、醋酸、苦味酸、铬酸、重铬酸钾、升汞和锇酸等 8 种。在这些固定液中可根据它们对蛋白质的作用（主要指对白朊的作用而言）而分为两大类：能使蛋白质凝固者，如乙醇、醋酸、苦味酸、升汞和铬酸；不能使蛋白质凝固者，如福尔马林、锇酸、重铬酸钾和醋酸等。其中，苦味酸、升汞和铬酸对两种蛋白质，即细胞内的白朊（清蛋白）（alhumin）和细胞核内的核蛋白（nucleoprotein）都能凝固。乙醇虽能凝固白朊，但不能沉淀核蛋白；而醋酸则相反，不能凝固白朊，但能凝固核蛋白；福尔马林、锇酸和重铬酸钾，对两种蛋白质都不凝固。现将这 8 种单纯固定液的性能分述如下。

1. 乙醇（ethyl alcohol）C_2H_6OH

适合固定的浓度：70%～100%。

乙醇通称酒精，是很重要的组织保存剂，但并不常用。在 95%和 100%的酒精中保存易使组织收缩变硬，一般只保存在 70%酒精中。如欲永久贮存，仍须与甘油等量混合后使用。酒精可凝固白朊，但不能沉淀核蛋白。所以，经酒精固定的标本对核的着色不良，不适合对于染色体的固定。酒精能溶解大部分类脂物（lipids），所以要研究细胞内的类脂物就不能用酒精固定。一般固定高尔基体、线粒体的固定液，都避免用酒精。

酒精进入组织的速度很快。经酒精固定的组织容易变硬，收缩也很剧烈，比原组织的缩小 20%。

酒精单独使用时，可作为组织化学制片的固定液，通常以 95%或纯酒精为宜。若与福尔马林、醋酸或丙酸混合使用，则效用很大。

酒精也是一种还原剂，它能氧化为醋酸，所以一般不与铬酸、锇酸和重铬酸钾等氧化剂配合为固定液。

2. 福尔马林（formalin）37%～40%的甲醛 HCHO

适合固定的浓度：10%福尔马林（3.7%～4%甲醛）。

福尔马林系甲醛水溶液，亦称甲醛水，市上出售的约合 37%～40%甲醛。甲醛为无色气体，溶于水就成甲醛水溶液。固定和保存时所用的溶液，是指福尔马林的百分比，而不是甲醛。例如，10%福尔马林溶液是 10mL 的福尔马林加上 90mL 的水配成的，所以实际上仅含 3.7%～4%的甲醛。

福尔马林易被氧化为甲酸（formic acid），故常带酸性，它的 pH 值常在 3.1～4.1 之间。欲得中性福尔马林，可加吡啶（pyridine）、碳酸钙或碳酸镁使之中和。例如，在 100mL 的 25%福尔马林中加 5mL 的吡啶，可使它的 pH 值上升到 7.0；10%的福尔马林可被过量的碳酸钙中和为 pH 值 6.4；如果用碳酸镁则 pH 值 7.6。冲淡的福尔马林（如 10%）比浓的（40%）更易氧化，为了保持它的中性，可在冲淡的贮藏液瓶中放几小块大理石。

福尔马林必须为无色透明，若贮藏较久或存放在温度低的地方会变成混浊，甚至形成白色胶冻状沉淀物，成为高度聚合的形式（n=100 以上），这种沉淀物为三聚甲醛（paraformaldhyde）。这样，由于它已变性，较精细的工作就不能用了。若加入少许甘油则能阻滞它的聚合，沉淀物加热则可溶解。如加热后仍不溶解，则可用等量的热水（约 60～70℃），每 1L 水中溶以 8g 碳酸钠或 4g 氢氧化钠，将这种溶液倒入福尔马林中搅拌，然后在温暖室内放置两三天，沉淀物就会消失。这时福尔马林液淡了一倍，稀释时要相对地减少一半。含有杂质的福尔马林，通常加热至 98.7℃蒸馏，可得 30%的纯净福尔马林。

福尔马林不能使白朊及核蛋白凝固，但能保存类脂物，可用于高尔基体及线粒体的固定，不过，通常很少单独用它来固定这些细胞组成。若单独使用时，比如测定细胞内 DNA（脱氧核糖核酸）含量常用 10%的中性福尔马林进行固定。

用福尔马林固定后，组织硬化程度显著，收缩很少。不过，经过酒精脱水，石蜡包埋后，有强烈的收缩。

福尔马林的透入速度中等。固定后组织不用水洗，可直接投入酒精中脱水。但是，经长期固定的标本，须经流水冲洗 24h，否则就会影响染色，特别是在测定 DNA 含量时尤应注意。经福尔马林固定的细胞，碱性染料的染色比酸性染料好，故细胞核的染色也较细胞质为好。

福尔马林作为单纯固定液，以贝克（Baker）改订液为好。其配方如下：

福尔马林(37%～40%甲醛)	10mL
无水氯化钙的 10%水溶液	10mL
蒸馏水	80mL

加氯化钙可改变固定液的渗透效应，更好地保存细胞的原形。

3. 醋酸（acetic acid）CH_3COOH

适合固定的浓度：0.3%～5%。

常备溶液：10%。

醋酸，又名乙酸，为带有刺激性的无色液体。纯醋酸在16.7℃以下就会凝成冰状固体，故名冰醋酸。它能和水等混合，为许多混合固定液的成分之一。醋酸溶液虽不能凝固细胞质中的蛋白质（白朊），但能凝固细胞核内的蛋白质（核蛋白），所以，对染色质或染色体的固定与染色都很好。醋酸不能固定类脂物，因此在固定线粒体及高尔基体时不用高浓度的醋酸。若使用，也仅用0.3%以下的低浓度。醋酸也不能保存碳水化合物。

此液的穿透速度很快。它对适合于固定大小的材料，只需固定1h。用它固定，一般可使细胞膨胀和防止收缩，同时因为它不能凝固细胞质中的蛋白质，所以组织不会硬化。由于它具有这两种特性，因此常和酒精、福尔马林、铬铅酸等容易引起变硬和收缩的液体混合，以达到相互平衡的作用。

4. 苦味酸（三硝基苯酚，picric acid）$C_8H_2(NO_2)_3OH$

适合固定的浓度：饱和水溶液。

常备溶液：饱和水溶液，约为0.9%～1.2%。

苦味酸是一种极毒的黄色结晶，极易爆发。为防止火灾的危险和取用方便，在实验室中可配成饱和水溶液贮存。它在水中的溶解度为0.9%～1.2%，亦可溶于酒精（4.9%）、氯仿、醚、苯（10%）及二甲苯。

苦味酸可沉淀一切蛋白质，该沉淀为苦味酸与蛋白质的化合物，不溶于水。它对类脂物无作用，也不能固定碳水化合物。

此液的穿透速度较醋酸及酒精为慢。固定后，细胞的收缩明显，经酒精脱水和浸蜡包理埋更是继续收缩，其收缩程度可达60%以上，但并不带来组织的硬化。

用含有苦味酸的固定液固定后，材料不必经水冲洗，可直接用70%酒精洗去其黄色，使着色容易。如欲将组织中的黄色去净，则可在70%酒精中加入少量的碳酸锂或氨水。在一般情况下，并不需要将全部黄色除去，即使有少许颜色残留于组织中，亦无妨碍。

此液亦可用为染色剂。

5. 铬酸（chromic acid）H_2CrO_4

适合固定的浓度：0.5%～1%。

常备溶液：2%或10%。

铬酸为二氧化铬（chromium trioxide，CrO_3）的水溶液。三氯化铬为红棕色的结晶体，极易潮解，其容器必须严密封紧。它易溶于水及酸，但不溶于酒精。

铬酸为一强氧化剂，故不可与酒精及福尔马林等还原剂混合。如果两者混合一起，就很快地还原成绿色的氧化铬（Cr_2O_3），并失去其固定作用。

铬酸常用于细胞学研究材料的固定，很易凝固所有的蛋白质，所产生的沉淀不溶于水。尤适合于核蛋白的固定，增强核的染色能力。铬酸对脂肪无作用，对其他类脂物作用未定。能固定高尔基体及线粒体。

此液的穿透速度慢。一般大小的组织，要固定12～24h。硬化中度，收缩较显著，经酒精脱水，能继续收缩，但硬化程度不增加。

材料经铬酸固定后，宜置于暗处，以免蛋白质溶解。铬酸因沉淀作用强烈，故很少单独使用。固定后的组织，必须经流水冲洗21h；用大量静水洗也可，但必须时时换水，一直到组织中不含铬酸为止。如冲洗不干净，或直接投入酒精中，则将被还原为绿色的氧化铬，并发生沉淀，使染色困难，特别对洋红的着色影响尤大。

6. 锇酸（osmic acid）OsO_4

适合固定的浓度：0.5%～2%。

常备溶液：2%。

锇酸亦称四氧化锇（osmium tetroxide），为淡黄色结晶，能溶于水，虽称酸，但非酸类，其水溶液呈中性反应。它是一种价值昂贵的药品。市上出售的，常密封在一个小玻璃管中，有1g装和0.5g克装两种。锇酸溶液很容易被有机物质还原成为黑色，失去效用。所以，在配制时须十分小心，蒸馏水须纯净，还须贮存在洗净的有玻璃塞的滴瓶中。在配制前须将玻管外商标洗去，并用酒精将有机物洗掉，然后在清洁剂中浸泡10min，再用蒸馏水冲洗几次，待干后再投入滴瓶中加入一定量蒸馏水，连同小玻管在瓶中击碎。为了使保存的时间较长，可将2%的锇酸混合在2%的铬酸溶液中，即将0.5g的锇酸溶解在25mL的2%铬酸中，这样就比较稳定，也容易取用。

为了防止锇酸水溶液的还原，也可进行以下操作：①加入少量的碘化钠；②在100mL的1%的锇酸水溶液中，加入10滴5%的氧化汞；③加入适量的高锰酸钾，直到溶液变成玫瑰色为止；如以后溶液又变为无色，可再加入更多的高锰酸钾。配就的锇酸容易挥发，故须密盖，外包黑纸，藏于暗处或冰箱中。它所挥发的气体能损害眼睛及黏膜，所以工作时不要接近面部。

锇酸使蛋白质成均匀的胶状固定而不发生沉淀，更可防止经酒精时蛋白质所起的凝固。锇酸是类脂物唯一固定剂，常用于线粒体及高尔基体的固定。锇酸被细胞中的油精（olein，存在于多数脂肪中）还原成氢氧化锇［$Os(OH)_4$］成黑色沉淀，这样脂肪才不为多数脂溶剂（如苯）所溶解。但是，它仍消溶于二甲苯，故制片时，最好以苯代替二甲苯，可得较好的结果。

锇酸的穿透速度很慢，因此经此液固定的组织常有固定不均匀的缺点，即表面固定过度而里面又得不到固定，以致染色困难，所以被固定的材料要切得愈小愈好。当固定的材料出现棕黑色时，即表示固定已完成。经此液固定的材料能保持组织柔软，且能防止组织经酒精时继续硬化。

经此液固定后的材料，须经流水冲洗12～24h，到完全洗净为止。若切片后发现内部仍现黑色，可在等量的3%过氧化氢和蒸馏水混合液中漂白，否则在脱水时遇酒精即被还原而发生沉淀。

锇酸虽为一种很好的固定剂，特别是用于细胞学方面材料的固定效果更好；但由于它的价格贵，一般实验不常应用。最近由于电子显微镜技术的发展，制作超薄切片时常用此液固定，同时作电子染色。

经锇酸固定的组织，能增强染色质对碱性染料的着色能力，而减弱细胞质的着色能力。

7. 升汞（氯化汞，mercuric chloride）$HgCl_2$

适合固定的浓度：饱和或近似饱和水溶液。

常备溶液：饱和（约为7%）溶液。

升汞又称氯化汞或二氧化汞，为白色剧毒的粉末或结晶，以针状结晶者为纯洁。它能溶于水、醇、醚及吡啶中，通常固定用饱和水溶液，有时也用70%酒精为溶剂，从不单独用作固定剂。

升汞能使一切蛋白质发生强烈的沉淀作用，所沉淀的蛋白质不溶于水。此液虽不破坏类脂物及碳水化合物，但对它们亦无固定作用。

此液的穿透速度快，但不及醋酸；对组织的收缩较少，但能继续在酒精和石蜡中收缩。因此，固定液中含有升汞时，在石蜡中包埋愈快愈好。其硬化程度中等，次于酒精及福尔马林。

应用含升汞的固定液固定后的组织，冲洗液依溶媒的不同而定。水溶液固定者可用水洗。用酒精溶液的，可用同量百分比的酒精冲洗。两者均必须冲洗干净，否则因升汞留于组织中成黑色无定形的或针状结晶（其化学组成尚不清楚），在切片时会损伤切片刀。

最后这些沉积物会聚集到切片表面，有碍于观察，也有碍于作冰冻切片。用酒精漂洗，若不能将它完全洗去则可在酒精中加一滴碘酒，酒精即成茶色，此时可将一部分黑色结晶除去；数小时后，由于碘与汞结合，茶色即消失，这时可再加几滴碘酒，一直到加入碘酒后不再褪色即表明沉淀物已完全洗去。这个消除的过程（$2HgCl + I_2 \rightarrow HgCl_2 + HgI_2$），可能是由于汞被氧化成的碘化汞（$HgI_2$）易溶于酒精所致。若汞去净后棕色的碘仍留在组织内，则可延长在70%酒精中浸泡的时间，或用5%硫代硫酸钠（$Na_2S_2O_3$）处理，就会很快地消失。

经升汞固定的组织，用洋红、番红、苏木精等染色都很好。染色质能强烈地被碱性染料着色；而细胞质的结构也都能被酸性染料与碱性染料着色。

8. 重铬酸钾（potassium dichromate）$K_2Cr_2O_7$

适合固定的浓度：1%～3%。

常备溶液：3%和5%。

重铬酸钾为一种橙色结晶，有毒，能溶于水，不溶于酒精。它也是强氧化剂，因此不能与酒精、福尔马林等液混合贮存。这种药品在植物显微技术上不常用，但为研究线粒体时所常用的固定剂之一。它对脂肪无作用，对线粒体的作用因情况不同而异。它能使蛋白质均匀的固定，而不沉淀。

重铬酸钾固定的情况，因混合液的pH值不同而异。此液本不能沉淀蛋白质，但在溶液中加入醋酸酸化后能使之产生铬酸；pH值在4.2以下时可固定染色体，并使细胞质和染色质沉淀如网状，使线粒体溶解。如果此液中未加入醋酸（未酸化），pH值在5.2以上时，染色体被溶解，染色质网亦不再出现，细胞质被均匀地保存着，并能固定类脂物，使它们不被溶解于脂溶剂，所以可把高尔基体及线粒体等固定起来。由此可见，酸化与未酸化的重铬酸钾的作用是根本不同的，在选择固定液时须加注意。

此液的穿透速度慢而弱。固定后组织收缩很少，有时反稍膨胀。不过，经酒精脱水和石蜡包埋后，其收缩程度显明。

固定的材料须经流水冲洗12h或用亚硫酸洗涤。若直接进入酒精，则将形成氧化铬（$Cr_2 0_3$）沉淀于组织中。

除上述8种药品外，尚可用氯仿、碘等多种固定剂，但不常用。

二、混合固定液

上面叙述的单纯固定液各有优缺点，单独使用不能很好地达到固定的目的，因此，必须配制混合固定液。例如，酒精与醋酸在单独使用时效果不很好，若两者用适当的比例混合后，就成为很好的固定液。

现将一些常用的混合固定液列举如下。

(一) 酒精—醋酸混合液

1. 卡诺氏液（Carnoy's fluid）

(1) 适用范围：动物一般组织、肝糖等，亦用于细胞学。

(2) 配方：

1) 纯酒精　3 份
　冰醋酸　1 份
2) 纯酒精　6 份
　冰醋酸　1 份
　氯仿　3 份

配方 1) 实际上是法梅氏液（Farmer's fluid）。

(3) 处理：普通固定时间为 12～24h，有的也可缩短。例如，动物组织固定 1.5～3h 后，即移入纯酒精再透明。根尖固定 15min，花药固定 1h。如测定细胞核内 DNA 的量，常用配方 1)。如固定昆虫卵及蛔虫卵则用配方 2)，固定完毕可用 95％或纯酒精洗涤，换两次就尽快地移到石蜡中。

(4) 性质：这两种固定液穿透力均强而快。纯酒精固定细胞质，冰醋酸固定染色质，并能防止组织由酒精所引起的高度收缩与硬化。为了不同目的，纯酒精与冰醋酸的比例可作适当的调整，如 6：1 或 9：1，纯酒精也可改为 95％酒精，其比例则为 1～3：1。

2. 吉耳桑氏液（Gilson's fluid）

(1) 适用范围：肉质菌类，特别是柔软胶质状的材料，如木耳。也适用于无脊椎动物材料。

(2) 配方：

　60％酒精　50mL
　冰醋酸　2mL
　80％硝酸　7.5mL
　升汞　10g
　蒸馏水　440mL

(3) 处理：固定 18～20h，用 50％酒精冲洗。在组织中的升汞必须洗掉。

(4) 性质：混合液保存 24h 后即失效。

(二) 酒精—福尔马林混合液

(1) 适用范围：植物切片，特别适用于观察在花柱中的花粉管。动物组织中的肝糖。

(2) 配方：

　福尔马林　6～10mL
　70％酒精　100mL

注：10%的福尔马林特别为固定肝糖用。

（3）处理：材料可在此液中长期保存。固定后可直接在70%酒精中冲洗两次，然后继续脱水。

（三）福尔马林—醋酸—酒精混合液（FAA）

（1）适用范围：植物组织除单细胞及丝状藻类外均适用，也适于昆虫和甲壳类的固定。但不适于作细胞学研究。

（2）配方：

50%或70%酒精	90mL
冰醋酸	5mL或较少
福尔马林	5mL或较多

（此液配制时，其分量的差异甚大，视材料性质而异。例如固定木材，可略减冰醋酸，略增福尔马林；易于收缩的材料，可用增冰醋酸。）

如用于作植物胚胎材料，则其配方可改为：

50%酒精	89mL
冰醋酸	6mL
福尔马林	5mL

（3）处理：

1）一般柔软材料，特别是苔藓植物，可用低度（50%）酒糟。

2）固定时间最短需18h，也可无限期延长，木质小枝至少固定一周。

3）冲洗时材料可直接换入50%酒精中洗一两次已足，唯木质材料应在流水中冲洗48h，并在酒精（50%）和甘油溶液（1∶1）中浸2～3d，使它软化。

（四）铬酸—醋酸混合液

1. 铬醋酸溶液

（1）适用范围：容易穿透的植物组织，如藻类、菌类、苔藓、蕨类植物的原叶体，以及苔藓的孢蒴等。

（2）配方：

10%铬酸水溶液	2.5mL
10%醋酸水溶液	5.0mL
蒸馏水	加至100mL

（3）处理：固定12～24h或更长。藻类和原叶体可缩短为几分钟到几小时。固定后流水冲洗12～24h。

2. 铬醋酸中液

（1）适用范围：植物组织，如根尖、小的子房或分离出来的胚珠。

（2）配方：

10%铬酸水溶液	7mL
10%醋酸水溶液	10mL
蒸馏水	加至100mL

（3）处理：为易于穿透，有时在此液中加2%的麦芽糖或尿素，或0.3%～0.5%皂草

苷（saponin）。固定 12～24h 或更长。固定后，流水冲洗 24h。

3. 铬醋酸强液

（1）适用范围：植物组织，如木材、坚韧的叶子、成熟的子房等。

（2）配方：

10%铬酸水溶液　　10mL

10%醋酸水溶液　　30mL

蒸馏水　　加至 100mL

（3）处理：如有需要可分别加麦芽精、尿素或皂草苷。固定 24h 或更长。固定后，流水冲洗 24h。

（五）铬酸—醋酸—锇酸混合液

这 3 种酸的混合液，最初由弗累明所配制，通称为弗累明式固定液（Flemming type fluid）。适于植物组织的固定，但由于其中组成之一锇酸价值太贵，一般实验不常使用。同时，由于含有锇酸，在冲洗后，如黑色不褪，还需在等量的过氧化氢和蒸馏水中漂白。

1. 弗累明氏强液（Flemming fluid，strong）

（1）适用范围：植物组织，染色体。

（2）配方：

1）甲液：

1%铬酸水溶液　　15mL

冰醋酸　　1mL

2）乙液：

2%锇酸水溶液　　4mL

（3）配制：甲液和乙液须在用时才混合，混合液只能在黑色瓶中保存一个短时期。

（4）处理：固定时间为 12～24h。流水冲洗 24h。

2. 弗累明氏液［按泰娄（Taylor）的配法］

（1）适用范围：植物组织，染色体。

（2）配方（表 10-1）：

表 10-1　　弗累明氏液

配　方	强	中	弱
10%铬酸水溶液	3.1mL	0.33mL	1.5mL
2%锇酸溶于 2%铬酸水溶液	12.0mL	0.62mL	5.0mL
10%醋酸水溶液	30mL	3mL	1mL
蒸馏水	11.9mL	6.27mL	96.6mL

（3）配制：用时才配制，否则醋酸将破坏铬、锇酸溶液所保持的性质。

（4）处理：固定时间为 24h 或更长。流水冲洗 24h。

3. 泰娄氏铬酸—醋酸—锇酸混合液

（1）适用范围：植物细胞学、根尖和涂布法的固定液。

（2）配方：

10%铬酸水溶液	0.2mL
2%锇酸溶于2%铬酸水溶液	1.5mL
10%醋酸水溶液	2.0mL
麦芽糖	0.15g（可变）
蒸馏水	8.3mL

（3）配制：配制时分量还可减少。麦芽糖的用量随不同材料而异。

（4）处理：固定时间15min～24h。

（5）性质：对保存染色体的结构有独到之处。加入麦芽糖的目的在于，保存染色体的随体和避免消除染色体的缢痕。

4. 泰娄氏改订彭达氏（Benda's）液

（1）适用范围：研究花粉母细胞减数分裂前期最好。

（2）配方：

10%铬酸水溶液	3.11mL
冰醋酸	8滴
2%锇酸溶于2%铬酸水溶液	12.0mL
蒸馏水	41.9mL

（3）处理：同前。

（六）铬酸—醋酸—福尔马林混合液（CRAF）

这3种药品混合在一起所配成的各种固定液，通常称纳瓦兴式液（Navaschin type fluid）。

1. 纳瓦兴氏液（Navaschin's fluid）

（1）适用范围：植物组织及细胞学的研究。

（2）配方：见表10-2。

（3）配制：在使用之前，才将甲、乙两液等量混合。

（4）性质：当两液混合后几小时，溶液的颜色逐渐改变，数天后铬酸还原成绿色的氧化铬。在这种情况到达以前，杀生与固定的作用已完成，故无妨碍。这种性质改变的溶液，对材料的硬化和保存仍有作用。在此液中保存5年的材料，作切片仍有很好的结果。

（5）处理：固定时间为24～48h，固定后可直接在70%酒精中洗几次，再继续脱水。

2. 纳瓦兴式液Ⅰ～Ⅴ

（1）适用范围：这5种固定液对一般细胞学及组织学都适用。如何选择，视材料的柔嫩或坚韧的程度而定，柔嫩而含水多者可选低浓度固定液Ⅰ或Ⅱ，坚韧者可选高浓度Ⅳ或Ⅴ，其中以Ⅲ式为最常采用。Ⅴ式即为兰多耳夫氏改订液（Randplph's CRAF）。

（2）配方：见表10-2。

（3）配制：在使用之前才将甲、乙两液等量混合。

（4）性质：同上。

（5）处理：用这5种固定液固定的时间为12～48h。Ⅰ～Ⅱ号液固定的可在水中冲洗，Ⅲ～Ⅳ号液可在35%酒精中冲洗，Ⅴ号液固定后可直接移入70%酒精中换几次，每次相隔约半小时，待绝大部分固定液洗去后，再移入83%酒精中脱水。

3. 桑弗利斯液（Sanfelice fluid）

（1）适用范围：染色体和有丝分裂的纺锤体。

（2）配方：见表 10－2。

（3）配制：在使用之前，才将甲、乙两液等量混合。

（4）性质：同前。材料最后收缩的程度，比其他固定液为少。

（5）处理：固定时间为 4～6h，流水冲洗 6～12h。

表 10－2　　　　纳瓦兴式固定液

常备液		纳瓦兴式液	Ⅰ	Ⅱ	Ⅲ	Ⅳ	Ⅴ	桑弗利斯液
甲液	1%铬酸		40	40	60			
	10%铬酸	15				8	10	13
	10%醋酸		15	20	40	60	70	
	冰醋酸	10						8
	蒸馏水	75	45	40		32	20	79
乙液	福尔马林	40	10	10	20	20	30	64
	蒸馏水	60	90	90	80	80	70	36

注　为了使甲、乙两液等量混合，将各式数字稍改，但其含量不变，表中数字的单位为 mL。

（七）苦味酸—福尔马林—醋酸混合液（PFA）

首先应用此混合液者为布安（Bouin），它即为著名的布安氏液。此液在动物切片技术方面应用甚广，但在植物方面应用有限，因它易使材料变脆，切片时有困难。其后埃伦（Allen）和萨斯（Sass）等将原式作了许多改变，这些改订液也适用于固定植物组织。

1. 布安氏液（Bouin's fluid）

（1）适用范围：动物组织及植物组织的根尖和胚囊。

（2）配方：见表 10－3 布安原式。此混合液很稳定，配制后可长期使用。

（3）处理：动物组织固定时间 24h，也可以在此液中长期保存。固定后可直拉移入 70%酒精中，彻底洗净，直到无黄色为止。也可在其中加几滴氨水或饱和碳酸锂，则黄色去得快些。植物材料的固定时间为 12～48h，但不宜于长期贮存。从固定液中取出，也不需用水洗，直接在 20%酒精中洗几次，即可继续脱水。

2. 埃伦氏改订液 B—15(Allen's B—15)

（1）适用范围：哺乳类组织，特别对染色体的固定最适合。植物组织，特别是对芽的固定有良好的结果。对细胞分裂中期和后期染色体的固定特别好。

（2）配方：见表 10－2 中的 B—15。

（3）配制：在使用前，先将甲液加热到 37℃，然后加入 1.5g 铬酸，搅拌均匀后，再加尿素 2g，此时即可将材料投入，并保持温度在 37～39℃。配制时所用药品必须纯净，如福尔马林不纯，加尿素后将有沉淀；如配合后出现黑色而不是红棕色，可能是福尔马林或铬酸不纯。

（4）处理：此液配制后须立刻应用，一般在 1～4h 内可完全固定，但材料仍可在其中过夜。可直接在 70%酒精中洗涤，时时更换，直到无黄色为止。如在酒精中加少许碳酸

锂或氨水，则黄色去除较快。

（5）性质：此混合液中的铬酸易被福尔马林还原，所以在配制后约半小时即转变为绿色，很快就失去效用。

3. 埃伦氏改订液 B—3(A11en's B—3)

（1）适用范围：直翅目昆虫的生殖细胞染色体的固定。

（2）配方：将甲液加 1g 尿素后，稍加温并搅拌到完全溶解为止。用时可在 5mL 此液中加 50％的铬酸水溶液 4 滴。

（3）处理：同前。

4. 萨斯氏改订液（Sass' modified Bouin's fluid）

（1）适用范围：百合科植物的芽和花药，也适用于植物胚胎学材料的固定。

（2）配方：见表 10－3 中的 S—I 和 S—Ⅱ。

（3）配制：在使用前将甲、乙两液等量混合。

（4）处理：同前。

（5）性质：同前。

表 10－3　布安—埃伦式固定液

常备液		布安原式	布安—埃伦式			
			B—15	B—3	S—Ⅰ	S—Ⅱ
甲液	苦味酸饱和溶液	75	75	75	20	35
	福尔马林	25	25	15	10	10
	10％醋酸				20	
	冰醋酸	5	5	10		5
乙液	1％铬酸				50	50
	铬酸		1.5	1		
	尿素		2	1		

注　除铬酸及尿素的单位为 g 外，其余均为 mL。

（八）升汞混合液

1. 绍丁氏液（Schaudinn's fluid）

（1）适用范围：原生动物及类似的低等动物，具鞭毛的单细胞藻类；植物的精子和游动孢子。

（2）配方：

1）甲液：

升汞饱和水溶液　　66mL

95％酒精　　33mL

2）乙液：

冰醋酸　　1mL

（3）配制：在使用前，才将甲、乙两液混合。

（4）处理：若为涂布片，可在 40℃下固定 10～20min。亦可将此液加热至 70℃，直接将材料固定在载玻片上。固定时间约 6～16h。在 50％或 70％酒精中洗几次，其中加入碘溶液少许，可除去其中沉积的升汞。

2. 津克尔氏液（Zenker's fluid）

（1）适用范围：为一般动物组织的优良固定液。经它固定的组织，细胞核及细胞质染色颇为清晰。

（2）配方：

1）甲液：

升汞	5.0g
重铬酸钾	2.5g
硫酸钠	1.0g
蒸馏水	100mL

2）乙液：

冰醋酸	5mL

（3）配制：先将升汞及重铬酸钾溶于水中，加热后方能全部溶解。在临使用前才将冰醋酸加入；否则，它将过早地与重铬酸钾起作用。

（4）处理：固定时间为12～24h（小块组织6～8h）；在流水中冲洗12～24h，洗去重铬酸钾；然后，在脱水至70%酒精时，加少量碘液，以除去汞。

3. 黑吕氏液（Helly's fluid）

（1）适用范围：一般动物组织，尤适用于细胞线粒体的固定。

（2）配方：

1）甲液：

升汞	5.0g
重铬酸钾	2.5g
硫酸钠	1.0g
蒸馏水	100mL

2）乙液：

中性福尔马林	5mL

（3）配制：同前。甲、乙两液用时才混合，以5mL福尔马林代替5mL冰醋酸。如换以10mL福尔马林，即成马克西莫夫氏（Maximov）液。

（4）处理：固定12～24h，流水冲洗12～24h，再继续脱水。如作线粒体的染色，则在水洗之前再浸入重铬酸钾饱和水溶液48h(37℃)。

4. 海登汉氏沙萨液（Heidenhain's suea fluid）

（1）适用范围：动物的正常与病理组织，用于组织学及细胞学。

（2）配方：

升汞	4.5g
氯化钠	0.5g
三氯醋酸	2.0g
蒸馏水	80mL
福尔马林	20mL

冰醋酸　　　　4mL

（3）处理：固定时间为3～24h。固定后组织可直接在95%酒精中洗。去汞处理可在染色前进行。

（九）重铬酸钾（无升汞）混合液

1. 夏姆皮氏液（Champy's fluid）

（1）适用范围：一般动物和植物组织，主要用于线粒体。

（2）配方：

3%重铬酸钾水溶液　　　7份

1%铬酸水溶液　　　　　7份

2%锇酸水溶液　　　　　4份

（3）处理：固定时间24h。

2. 雷果德氏液（Regaud's fluid）

（1）适用范围：固定植物或动物组织的线粒体。

（2）配方：

3%重铬酸钾水溶液　　　　80mL

福尔马林　　　　　　　　20mL

（3）配制：配制后必须立即使用。固定线粒体时，须将福尔马林中和至pH值6.5。

（4）处理：先在此液内固定4d，每天更换新鲜的固定液；然后移到3%重铬酸钾溶液中8天；取出在流水中冲洗24h。但最近报告中指出：固定时间可缩短为24～48h，而且还可免去在重铬酸钾中处理的过程。

3. 斯米思氏液（Smith's fluid）

（1）适用范围：适合于固定多印黄的材料。

（2）配方：

重铬酸钾　　　　5g

福尔马林　　　　10mL

蒸馏水　　　　　87.5mL

冰醋酸　　　　　2.5mL

（3）配制：配制后须立即使用。

（4）处理：固定24h后，在流水中冲洗过夜。

第三节　固定液的作用与选择

一、固定液的作用

固定液的作用表现在对材料体积的改变、硬化的程度、穿透的速度以及对染色的影响等方面。这些作用的大小、好坏都依所固定的材料性质而定。同样一种固定液对某一材料来说是良好的，但对另外一些组织就不一定适用。也就是说，它的作用是依材料的具体条件而定的，也与固定的目的有关，所以在选择固定液时都应注意。

现将几种主要固定液的性质与作用列于表10-4中。

表 10－4　　几种主要固定液的性质与作用提要

固定液名称	性 质 概 要	穿透速度及固定时间	洗涤法	组织收缩与膨胀	硬化程度	染色影响
酒精	1. 还原剂，不与氧化剂混合使用； 2. 沉淀白朊与球朊，使其变性成不溶性； 3. 沉淀核糖及肝糖，唯溶于水； 4. 溶解类脂物，故能损害线粒体及高尔基体	1. 块； 2. 1～3h	不需冲洗，本身就是脱水剂	收缩显著	显著	1. 一般染色困难； 2. 用苏木精明矾洋红染色良好； 3. 对白朊及球朊染色较易
福尔马林	1. 还原剂； 2. 不能使白朊及核蛋白凝固； 3. 能保存类脂物，可用作线粒体及高尔基体的固定	1. 中等； 2. 2～4h	直接在 70% 酒精中洗	1. 最初收缩很少； 2. 经酒精脱水及石蜡包埋后，有强烈的收缩	高度，为很好的收缩剂	1. 对苏木精染色良好； 2. 染色质易染碱性染料； 3. 细胞质着色困难
醋酸	1. 能凝固核内的核蛋白； 2. 为染色质良好固定剂； 3. 不能固定类脂物； 4. 不影响细胞质	1. 极快； 2. 约 1h	直接投入 50% ～ 70% 酒精	组织膨胀	不硬化且可防止经酒精时的硬化	无影响
苦味酸	1. 可沉淀一切蛋白质； 2. 对类脂物无作用； 3. 不能固定碳水化合物	1. 中等； 2. 3～5h	直接投入 50% ～ 70% 酒精	收缩显著	硬化甚少	易染色
铬酸	1. 弱酸，氧化剂，不与还原剂混合； 2. 凝固一切蛋白质成不溶性	1. 缓慢； 2. 12～24h	流水冲洗 24h，须完全洗净	1. 细胞质收缩显著； 2. 核收缩不显著	中度	碱性染料染色适宜
锇酸	1. 氧化剂，非酸类，呈中性反应； 2. 合蛋白质成均匀胶状，固定不发生沉淀； 3. 对细胞质固定好，对细胞核不良； 4. 为类脂物唯一固定剂，能固定线粒体及高尔基体； 5. 能被油精还原成黑色	1. 很慢； 2. 1～2d，固定不均匀	流水冲洗 12h，材料需用双氧水漂白后再染色	稍膨胀，但在以后过程中可能会收缩	轻度	对细胞质染色有阻碍作用
升汞	1. 沉淀一切蛋白质，且不溶于水； 2. 对类脂物及碳水化合物无固定作用； 3. 作用剧烈，很少单独使用	1. 快； 2. 1～2h	在 70%酒精中加碘液作洗涤剂，直到滴入碘液后不再褪色为止	1. 收缩不明显或稍膨胀； 2. 经酒精及包埋后会收缩	中度	洋红、番红、苏木精染色均佳

续表

固定液名称	性质概要	穿透速度及固定时间	洗涤法	组织收缩与膨胀	硬化程度	染色影响
重铬酸钾	1. 氧化剂； 2. 不沉淀蛋白质，但能使它作均匀的固定； 3. 对脂肪无影响，对线粒体的作用视酸化程度而定	1. 慢而弱； 2. 约数天	流水冲洗24h	收缩不明显； 经酒精及包埋后会收缩	慢	1. 线粒体染色好； 2. 苏木精及洋红染色易
卡诺氏液	1. 纯酒精固定细胞质，冰醋酸固定染色质； 2. 能溶解类脂物	1. 极快； 2. 0.5～1h	移入95%或纯酒精中换两次	因含醋酸，收缩减少	无硬化	无影响
FAA	1. 为固定剂，亦为保存剂； 2. 固定一般植物组织，不作细胞学固定用	1. 快； 2. 2～24h	直接移入50%或70%酒精中	因含醋酸，收缩不显著	硬化作用好	无影响
纳瓦兴氏液	1. 氧化剂与还原剂配合后，不久失效； 2. 为植物组织学及细胞学的优良固定剂	12～24h	直接移入50%或70%酒精中	收缩不显著	硬化作用好	对染色质的染色良好
布安氏液	1. 染色质固定良好； 2. 动物组织应用广，也适用一般植物组织	动物材料1～2h； 植物材料12～24h	直接移入50%或70%酒精中	收缩不显著	不显著	易染色，尤以海登汉氏苏木精为佳
津克尔液	固定一般动物组织，适用于组织学及细胞学的研究	6～8h	流水冲洗12～24h，再在70%酒精中加少量碘液去汞	不显著	不显著	染色良好

二、固定液的选择

良好的固定液必须具备的条件：

(1) 穿透组织的速度快。

(2) 能将细胞中的内含物凝固成为不溶解的物质。

(3) 不使组织膨胀或收缩，保持原形。

(4) 硬化组织的程度适中。

(5) 能增加细胞内含物的折光度，易于鉴别。

(6) 能增加媒染作用及染色能力。

(7) 具有保存剂的作用。

上述这些条件是比较理想的，实际上，不仅单纯固定液不能完全具备，即使混合固定液也只能达到近似理想的标准。所以，在选择时，还必须根据材料的性质及制片的目的来决定选择哪种条件比较好的固定液。

第四节 固定时的注意事项

固定时，必须注意下列各点：

(1) 所用材料必须新鲜，采集和分割后要立刻固定，不得延误。

(2) 所固定的植物材料，如外面有毛或其他不易穿透的物质存在时，可先在含酒精的溶液（如卡诺氏液）中固定几分钟，然后再移入水溶的固定液中，这样就可得到较好的结果。

(3) 如材料固定后不立即下沉，可将其中气泡抽出。最简易的方法是将材料和固定液一并倒入 10mL 大小的注射器中，抽几次，即可使材料下沉。

(4) 固定材料体积的大小，以不超过直径 5mm 为准；材料与固定液的比例，以 1∶20 为准。

(5) 一般固定液，都以新配的为好，配就后均应贮存在阴凉处，不宜放在日光下。

(6) 有些混合液由甲、乙两液合并者，一定要在使用前才混合。如混合太早，固定时就没有作用了。

(7) 材料固定完毕后，必须在容器外贴上标签，并随同材料在溶液中投入相应的标签，以免相互混淆。标签上的文字，应用黑色铅笔或绘图黑墨水书写；一般蓝墨水会易褪色，故不宜应用。

第十一章　冲洗、脱水与透明

第一节　冲　　洗

材料自固定液中取出后，须立即冲洗，使其中含有的固定液全部除去，一直到洗净为止。所用的冲洗液应依固定液的性质而定。例如：铬醋酸液、弗累明氏液等须在流水中冲洗较长时间；FAA、布安氏液等可直接在50％或70％酒精中洗涤。详细处理过程，已在第十章固定液中提过，不再重述。

一、水冲洗法

一般的冲洗方法，如图11－1所示。将固定液倒掉后，材料移入指管并加入半管水，用纱布将管口扎住，倒置在贮水的水槽内，这样就可使指管半沉半浮在水中，经流水冲洗12h到一昼夜后，就能达到冲洗的目的。在这里须注意水流不宜太急，以免冲坏材料。

水洗器为马口铁制成的长方形水槽；自来水自龙头经橡皮管（G）流入槽底；S为侧壁的缺口，流水由此排出；V为指管，内盛材料（t）及标签，管内盛水的深度以能将指管半沉半浮度；m为纱布。

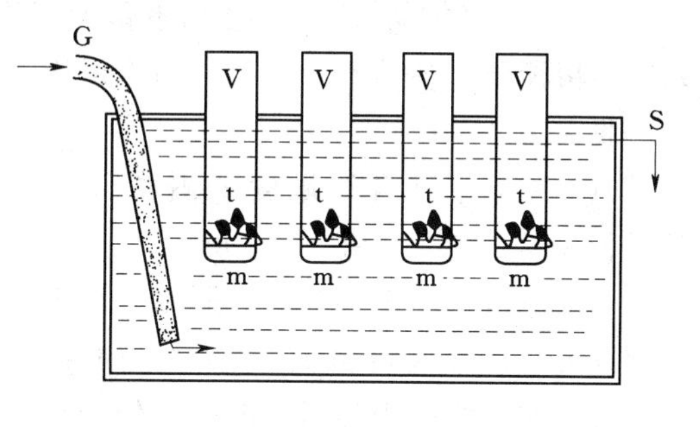

图11－1　用于固定后材料的水洗器

二、酒精洗涤法

材料自固定液中取出后，可直接投入贮有适度酒精的小瓶中。材料与酒精的比例，应以1∶10为准。洗涤次数与时间的长短，依组织块的大小和性质、固定液的种类和固定的时间等条件而定。组织块较大而坚韧、固定时间较长的，则洗涤的时间也较长。

一般在开始换洗的一两次中，每次的间隔可短些，约20～30min；以后几次可延长到1～3h；最后可在70％酒精中过夜。

第二节　脱　　水

一、脱水的目的

脱水的目的在于使组织中的水分完全除去，并使组织变硬。各种材料经固定与冲洗后，组织中就含有大量水分，而材料又逐渐变软，不能直接投入石蜡中包埋。因为水和石蜡是不能溶合的，一定要经过脱水剂将水分脱净，透明剂透明后，才能进入包埋阶段。由此看来，这一步骤在整个制片过程中是很重要的，如脱水不干净，就会影响结果，甚至完全失败。

实验室中进行的生物组织材料脱水，通常在放置不同浓度梯度的脱水剂中进行。目前，生产性生物制片或大批量生物试验制片，采用自动脱水机（图 11－2）完成。

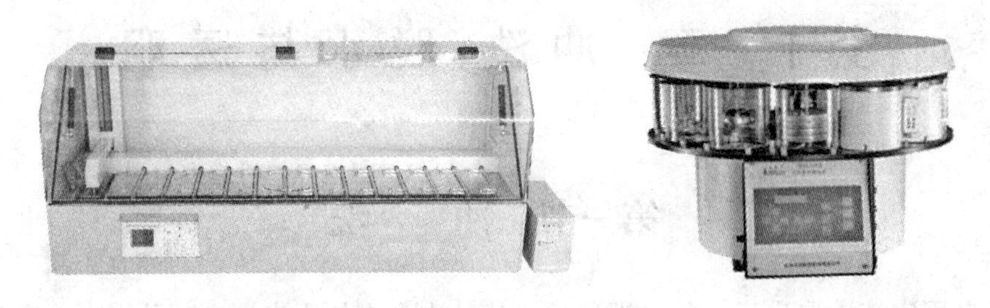

图 11－2　生物组织材料自动脱水机

二、脱水剂及其脱水法

最常用的脱水剂为乙醇。此外尚有丙酮、二氧六圜、正丁醇和叔丁醇等。乙醇与丙酮为非石蜡溶剂，所以在包埋前一定要经过透明剂透明。二氧六圜、正丁醇和叔丁醇等为石蜡溶剂，所以不需另用透明剂透明。现将各种脱水剂的脱水法分述如下。

（一）乙醇

乙醇的性质在第十章已讲过。在市上出售的酒精，有两种不同浓度，即 95％和纯酒精（100％）。在脱水时，一般都不能直接投入这两级浓度的酒槽中；在实验室中常用 95％酒精稀释为各种不同级度。切不可用纯酒精来冲淡，因它的价格贵。

脱水法如下：

（1）配制下列各级浓度的酒精（配法见第七章第三节溶液的配制）：15％、35％、50％、70％、83％、95％、100％。

（2）一般经水洗的材料，脱水可自 35％开始，柔弱的材料自 15％开始。若用酒精洗涤，则可直接移入 50％或 70％酒精中继续脱水。

（3）在每级度中停留的时间，依照材料的大小、性质以及留在固定液中的时间长短和固定液的溶解性而定。一般的标准是：

1）如洋葱、蚕豆等根尖和小片叶子一样大小的材料，每级停留约 30min 到 1h。若用苦味酸固定则可延长为 1h。

2）由 FAA 固定的草本茎，每级停留 2h，木本茎停 4h，较大的木材每级应延长为 8～12h。

3）一段动物组织如小白鼠的肾脏 2～4mm 厚，每级停 1～2h。

4）脱水至纯酒精时，需更换两次，每次 30min～1h；材料大者，可多换一次。由 95％换 100％酒精时，瓶子上的塞子也应更换干燥的，以免有水分渗入。

5）已制成的切片，在染色缸中脱水时，每级停留时间约为 3～10min。

（4）脱水时应顺序前进，级度不宜相差太大，一般应按第 1 项所配各级浓度进行。比较纤细和柔弱的材料，在脱水时酒精级度还可更靠近些。但是，也有一些较坚韧的材料可越级进行。

（5）在脱水时应注意下列几点：

1）在低度酒精中，每级停留不宜太长，否则易使组织变软，助长材料的解体。

2）在高浓度或纯酒精中，每级停留的时间也不宜太长，否则会使组织收缩变脆，影响切片。

3）脱水应彻底干净，否则与二甲苯混合后将呈乳白色混浊，虽可倒回重脱，但效果不好。

4）如需过夜，应停留在70%酒精中。

（二）丙酮（acetone）

丙酮为很好的脱水剂，可以代替酒精。其作用和用法与酒精相同，不过，其脱水力与收缩力都比酒精强。

（三）甘油（glycerin）

甘油亦为脱水剂，常用于藻类、菌类及柔弱材料的脱水，其脱水法详见后面要讲的整体制片法。

（四）二氧六圜（dioxan）

二氧六圜为无色液体，易挥发燃烧，且有毒，应尽力避免吸入它的蒸气。它能与水及酒精在任何比例下混合，能溶解苦味酸及升汞，为石蜡溶剂，因此，脱水至纯二氧六圜后即可进行包埋。其优点是对组织无收缩及硬化等不良后果，所以，容易收缩和变脆的材料。禾本科植物的茎、叶，鱼类和两栖类的卵及卵巢等，均可用它来脱水。

脱水法如下：

（1）配制下列各级浓度的二氧六圜，见表11-1。

表11-1　　不同级别二氧六圜的浓度值

级别	Ⅰ	Ⅱ	Ⅲ	Ⅳ	Ⅴ
浓度（%）	30	50	70	90	100

注　配法：30%=30mL二氧六圜+70mL蒸馏水。

（2）一般材料经水洗或经酒精、丙酮脱水至35%后，即可经Ⅰ、Ⅲ、Ⅴ级进行脱水。经FAA或布安氏液固定的，或脱水到50%酒精后，可移入Ⅲ、Ⅳ、Ⅴ级继续脱水。柔弱的以及易收缩的材料经水洗后，自Ⅰ到Ⅴ级逐级进行。

（3）在每级中停留的时间，也依材料的大小、性质以及固定液的性质而定。但并不十分严格，一般可按下列标准：

1）如根尖一样大小的材料，每级不超过6h。

2）柔弱的或容易引起质壁分离的材料，每级停1～2h。

3）较坚韧易变脆的材料，视材料的大小，每级停1～4h。

4）一般动物组织如卵巢，每级停留1h左右。

5）脱水至纯二氧六圜时，需更换3次，每次1h左右；材料大的，可多换一次，停留的时间也要适当延长。同时也要更换木塞。

（4）为了使纯二氧六圜溶解石蜡方便起见，可在最后换的纯二氧六圜中加入5%～10%的二甲苯或氯仿。

（5）各厂出售的二氧六圜性质不一致，有的能引起轻微的收缩，有的用水冲淡后呈乳白色，表示有杂质存在，用时应注意。

(五) 正丁醇 (normal butyl abcho1)

正丁醇可与水及乙醇混合，亦为石蜡溶剂。用于植物解剖学方面的工作，能得到良好的结果。平常都与乙醇混合成一定的比例后使用。它的优点是很少引起组织块的收缩与变脆。

脱水法如下；

(1) 配制下列各级浓度的正丁醇，见表 11-2。

表 11-2　不同级别正丁醇配料用量　单位：mL

级别	Ⅰ	Ⅱ	Ⅲ	Ⅳ	Ⅴ	Ⅵ
蒸馏水	50	30	15	5	0	0
乙醇	40	50	50	40	25	0
正丁醇	10	20	35	55	75	100

注　配法：Ⅰ～Ⅳ的乙醇可用95%，仅Ⅴ级用纯酒精配。

(2) 材料经水洗后，用酒精或丙酮脱水至 35%后，即按上表从Ⅰ级开始脱水。若为 FAA 或布安氏液固定的，经酒精或丙酮脱水到 50%时可从Ⅱ级开始。

(3) 在每级中停留的时间，按照一般植物组织来说，每级停留约 1h，在Ⅱ级中可过夜。在纯正丁醇中换两次，每次约 2～3h。

(4) 在正丁醇与石蜡的等量混合液中停留 1～3h 后，即可移入纯石蜡中。

(六) 叔丁醇 (tertiary butyl alcohol)

叔丁醇能与水及酒精等溶合，也是石蜡溶剂，是一种理想的脱水剂。其优点与正丁醇一样，对组织无收缩及硬化等弊病，且效果更好。但因价格太贵，一般工作中不常应用。

在脱水时，先将材料在乙醇或丙酮中脱水到 50%，然后经过下列各级脱水和浸蜡。每级停留的时间与正丁醇相似。在最后一次换叔丁醇后，可使等量的叔丁醇与石蜡油混合，经 1～3h 后再移入纯石蜡中。

各级浓度的叔丁醇配法如下（表 11-3)：

表 11-3　不同级别叔丁醇配料用量　单位：mL

级别	Ⅰ	Ⅱ	Ⅲ	Ⅳ	Ⅴ	Ⅵ
蒸馏水	50	30	15	5	0	0
乙醇	40	50	50	40	25	0
叔丁醇	10	20	35	55	75	100

第三节　透　明

组织块或切片在非石蜡溶剂（如酒精、丙酮）中脱水后，一定要经过透明剂透明才能浸蜡包埋或在树胶中封藏。由此可见，透明的主要目的在于，使组织中的酒精或丙酮被透明剂所替代，使石蜡能很顺利地进入组织中，或增强组织的折光系数，并能和封藏剂混合进行封藏。

透明剂的种类很多，常用的有二甲苯、甲苯、苯、氯仿、香柏油和苯胺油等，现分述如下。

（一）二甲苯（xylol 或 xylene）

二甲苯为最常用的透明剂，能溶于醇及醚，亦为石蜡溶剂，但不溶于水。它的透明力强。但是，组织块在其中停留过久，容易收缩变脆变硬。同时，若脱水不净，就会引起不良后果。所以，在应用时，必须特别小心。

为了避免组织收缩，在纯酒精或丙酮脱水以后，并不直接移入二甲苯中，其间必须经过几个级度，逐渐置换。将酒精与二甲苯混合的比例列表如下（表 11－4）：

表 11－4　不同级别透明剂配料比例

级　别	Ⅰ	Ⅱ	Ⅲ	Ⅳ
纯酒精	2/3	1/2	1/3	0
二甲苯	1/3	1/2	2/3	1

在一般制片工作中，材料从纯酒精中取出后，只需经过Ⅱ、Ⅳ两级即可达到透明的目的。比较精细的制片工作才需要经过Ⅰ～Ⅳ级的处理，一般不常用。

材料在每级中停留的时间，视组织块的大小而异，一般自 30min 到 2h 之间。在纯二甲苯中应更换两次，总的停留时间以不超过 3h 为宜。大的组织可多换一次。

二甲苯更常用于切片封藏之前的透明，其优点是不易使染色的切片褪色。切片在其中透明的时间，每级约 5～10min。

如脱水不净，用二甲苯透明后，将发生下列不良后果：

（1）如材料内仍留有微量水分，二甲苯就进不去，因此石蜡也不能透入，切片后将在蜡片上出现空洞，影响结果。

（2）切片内留有微量水分，在封藏以后就会发生乳白色的云雾状，在显微镜下观察时可见许多密集水珠把组织掩盖，切片就作废了。

应用二甲苯透明时，还须注意下列几点：

（1）二甲苯极易挥发，故在切片透明之后，从染色缸中取出封藏，手续要敏捷，不宜久置，否则待二甲苯挥发干净后，组织就变硬发白，即使再加树胶封藏，由于树胶不能混入组织，封藏后也无用处。

（2）二甲苯极易吸收空气中的水分，故在湿度大的天气，贮有二甲苯的染色缸的盖子周缘可涂少许凡士林，以防止水分的渗入。在封片时也不宜将口鼻过分靠近切片，以免水汽侵入，出现白色云雾状。

（3）二甲苯必须保持无水，无酸。若用一两滴石蜡油流入其中，立即出现云雾状，即表示其中已含有水分，不能再用。

（二）甲苯（toluene）

甲苯的一般性质与二甲苯相似，用法亦同。唯沸点较低，透明较慢。但是，组织在其中留置 12～24h，亦不变脆，可代替二甲苯。

（三）苯（benzene）

苯在切片技术上的用途与二甲苯相似，用法也一样，对组织的收缩较少，为很理想的透明剂。唯其沸点更低（80℃），易挥发，且易爆炸。人吸入苯能引起中毒，用时须小心。用其稀释的树胶比二甲苯干得快。

（四）氯仿（chloroform）

氯仿能溶于醇、醚及苯等，仅微溶于水。它亦为透明剂，可以用来代替二甲苯，唯透明力较弱。因易挥发，故在浸蜡后，易将其中残留的氯仿除去。透入力较弱，但不易使组织变脆；故组织留在氯仿内的时间可稍长，两三倍于二甲苯亦无妨碍，极适于大块组织的透明。

如用苯胺油先行透明，再换二次氯仿，每次时间可缩短为5～30min，这样浸蜡就可很快完成。

用氯仿透明与二甲苯相似，亦须经过各个过渡级度。其级度如下（表11－5）：

表11－5 不同级别氯仿配料比例

级别	Ⅰ	Ⅱ	Ⅲ	Ⅳ
纯酒精	2/3	1/2	1/3	0
氯仿	1/3	1/2	2/3	1

（五）香柏油（cedar oil）

香柏油为无色或绿黄色的芳香挥发油，极毒，用时须小心。它能溶于醇，故为经酒精脱水后很好的透明剂。其优点是对组织的收缩及硬化程度比任何透明剂都小，其缺点是透明慢，很小的组织块也须12h以上，且不易为石蜡所代替。

用香柏油透明时，可先将香柏油倒入一干燥的指管中，然后在其上徐徐倒上一层含有材料的纯酒精，这样那个小块材料就逐渐沉入油中变得很透明。盖在香柏油上的酒精可用吸管吸去。为浸蜡方便起见，经香柏油透明的组织，尚须再用二甲苯或苯洗几次换去香柏油，以便加速石蜡的浸透。

最纯净的香柏油，可作油镜上用的浸油，其折射率为1.52。

（六）丁香油（clove oil）

丁香油为淡黄色液体，能溶于醇、氯仿及醚。与酒精混合，不像二甲苯那样须用纯酒精，即使95%酒精也可与它混合。其透明力也比二甲苯大。其缺点是易使植物组织变脆，蒸发太慢不易干燥。

丁香油一般常用在切片封藏之前的透明。并可利用它能溶解染料的能力来进行染色，如亮绿、固绿、橘红G等都可在丁香油中溶成饱和溶液进行二重或三重染色，所以，在丁香油中同时可以达到染色、分化和透明的效果。经过丁香油透明的切片，需再经过二甲苯，以便除去组织中的丁香油，否则将会使染色的色彩不鲜明，而且在封藏后也不易干燥。

（七）苯胺油（aniline oil）

苯胺油本为无色油状液体，若配置空气中或日光下，就很快转变成棕色，能溶于醇及醚，微溶于水。此剂有毒，使用时勿接触皮肤和口部。此液不仅可作透明剂，同时还有脱水剂的作用，从70%浓度酒精开始往上可与它混合。所以，在酒精中容易变硬变脆的材料，如蛙卵和纤维细胞多的植物材料，都可用苯胺油来透明。它与各级酒精混合的比例见

表 11－6。

表 11－6 不同级别苯胺油配料用量

级 别	Ⅰ	Ⅱ	Ⅲ	Ⅳ
乙醇	1 份（70%）	1 份（83%）	1 份（95%）	0
苯胺油	1 份	2 份	2 份	全部

透明时，在每级中停留的时间约为 2～6h，在纯苯胺油中一直到材料全部透明为止。在浸蜡之前，还需经过氯仿或甲苯换洗两次，其时间约较在纯苯胺油中透明的时间长 15～30h。

第四节 药品的回收与再利用

在脱水与透明过程中，所用的药品种类很多，量也很大，其中大部分药品可以回收后再用，以资节约。所以，在实验室中，应预备回收这些药品的空瓶子，贴上显明的标签，将用过的药品分类分等地回收在内，经过适当的处理后就可再用。例如，脱水用的酒糟，用量很大，可以把 60%～83%、95%～100%的分别收集起来，收到一定量后就可进行过滤，并用酒精比重计测定具浓度后，再用来配制各级低度酒精；如浓度较低的，可蒸馏后再用。

纯氯仿和纯苯胺油回收后可用来配制低度的氯仿与苯胺油。二甲苯回收后虽不能再作透明用，但可用来洗片子和溶蜡。

为了防止不同药品错倒在一起无法再用，在每次做过实验后，指导实验的教师应把这些用过的药品分别收藏起来，留着空瓶待下次实验时再回收。这样即使倒错，也只有少量药品作废。

第十二章　透 入 与 包 埋

本章及第十三章、第十四章所述内容，均以石蜡切片法为准。在做实验时，亦应以此法为重点。

所谓石蜡切片法，即先用石蜡包埋组织块，再进行切片和染色的制片法。

用石蜡包埋有许多优点：操作容易；能切成很薄（2～10μm）的蜡片；能切成蜡带，有利于作连续切片。其缺点为：在脱水与浸蜡之后，容易使组织发生收缩；坚硬、易碎或易变脆的材料不很适用，例如果树接枝、植物病理材料，以及眼球和脑的整体切片等，都不采用石蜡法。

第一节　透　　入

在脱水和透明之后，下一步手续就是透入（infiltrational）。所谓透入，就是将包埋剂透入整个组织的过程。现将包埋剂、用具及透入法分述如下。

一、包埋剂与包埋用具

（一）包埋剂

石蜡（paraffin）为最常用的包埋剂，如图 12－1 所示。包埋所用的各种石蜡，其熔点约为 50～60℃，依所包埋的材料不同而异，软的材料用软石蜡，硬的材料用硬石蜡。一般动物材料最常用的石蜡熔点为 52～56℃，植物材料用的石蜡熔点为 54～58℃。如果需要切很薄的片子（4μm 以下），可用熔点 58～60℃的石蜡；较厚的则用熔点 52～54℃的。此外，还必须根据当地当时的气候条件作相应的调整，不能一概而论。

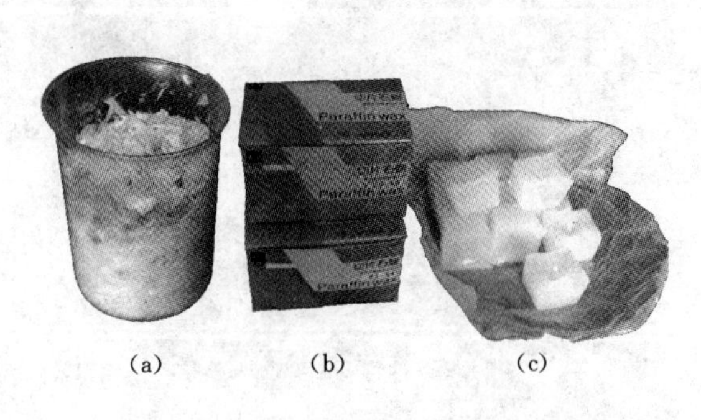

Paraffin wax
Paraffin wax
Paraffin wax
(a)
(b)
(c)

图 12－1　石蜡

(a) 使用后回收的石蜡；(b) 不同熔点的石蜡；(c) 石蜡块

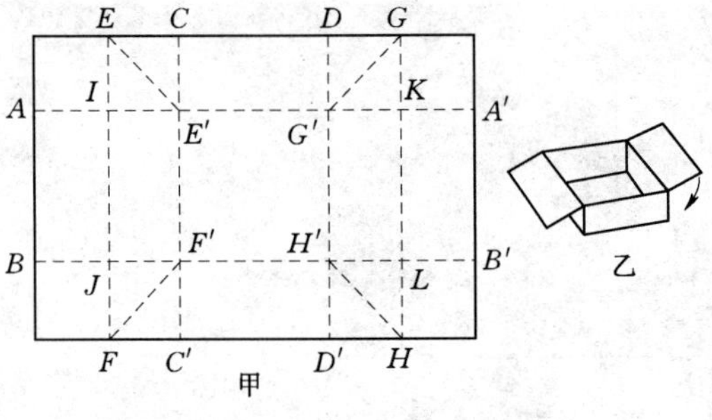

E
C
D
G
A
I
K
A′
E′
G′
F′
H′
B
J
L
B′
F
C′
D′
H
甲
乙

图 12－2　包埋盒折法

石蜡性质的优劣，对于切片的成败有密切关系。性质好的石蜡，必须具备下列条件：熔点已知；结构细致、光滑而均匀；无灰尘、水分及挥发性物质等。

在市上出售的石蜡，性质各有不同，可先行试验，以确定它的优劣。方法为，可先将

石蜡熔化，倒入纸盒中凝成蜡块，如品质优良则具备下列特点：①无气泡，无不透明的点子和裂痕；②蜡块断裂后，其断裂面不是颗粒状；③如果将它切成薄片，不会碎成细粒；④放到温度30～35℃中24h后，无气泡及不透明的结晶状小点出现。

在市上买的大块石蜡，价钱便宜，其缺点是含有灰尘、水分及挥发性物质等，若经过清净后仍可应用。清净法是将石蜡放坩埚中加热到开始冒白烟后移到火焰较小的灯上，继续加热半小时以上，这样可使其中的水分及挥发性杂质逐渐蒸发掉。在进行这一工作时，必须注意不要将石蜡热至发火点，以冒白烟为度。热过的石蜡可倒入一金属罐中，放在温暖处徐徐冷却，这样就可使其中的灰尘等杂质颗粒沉下去。待石蜡的表面已凝为固体时，即可慢慢地将上面的石蜡倒在纸匣或其他容器中，把下面沉淀的杂质留下来。也可在温箱中熔化和过滤（图12－3）。

图12－3 石蜡块在60～65℃恒温箱中熔化

用过的废蜡，一定要收集起来再用，这不仅节约物资，而且这些用过的旧蜡反比新蜡好。如果废蜡中含有二甲苯，可加热使它蒸发干净后再用。

（二）包埋用具

1. 熔蜡炉

在石蜡透入组织过程中，需要加温，并保持一定的温度，使石蜡熔化，逐渐透入组织。可用恒温箱作为熔蜡炉。

2. 温台

为了避免在包埋时石蜡立即凝固，包埋可在温暖的金属温台（包埋台）上进行。可用水浴锅作为温台，以保持石蜡不立即凝固为度，不宜过热。目前市场上已有专用的包埋台。

3. 恒温箱

市上出售的电热恒温箱也可作透入及包埋用，以小型为佳。不过，在实验室人多时进行包埋的情况下，恒温箱的门开闭次数过多，就会使箱内温度迅速下降，石蜡就凝固起来不能包埋。所以，在实际使用时，反不如简易熔蜡炉方便。

4. 包埋盒

在包埋前须先折一纸盒，作为包埋的容器。其折法如图12－2甲所示。

取坚韧光滑、适当大小（视所需包埋材料大小、数量而定）的道林纸，按下列顺序折叠：

（1）折AA'及BB'。

（2）折CC'及DD'。

（3）折CE'与AE'折痕相叠，向外夹出EE'。同样折出FF'、GG'及HH'。

（4）使$\triangle E'CE$与$\triangle E'IE$两三角形相叠，并沿$E'C$和EI重叠的折痕向后转折。同样折其余三只角。

（5）折$EIJF$向外，同样折$GKLH$，即折成所需的纸盒（图12－2乙）。

二、石蜡透入法

植物组织透入的手续较动物的为繁，所需的时间也较长。如果像动物组织一样直接投入石蜡中，往往不能使组织的每个部分都充满石蜡，在切片时将有空隙出现。石蜡全部透入植物组织的时间约而一两天。其法如下：

（1）将组织留在透明剂（如二甲苯）中。

（2）在这种冷的透明剂（亦为石蜡溶剂）上轻轻倒上一层已熔化的石蜡，其分量比例约为 3∶2。

（3）倒入的石蜡即凝成固体，然后将此指管或小杯放在 35～37℃的熔蜡炉内，经一两天到石蜡不再继续熔化时为止。

（4）调节熔蜡炉的温度到 56℃，或移入 56℃的恒温箱中停留 2～5h，换两三次新鲜纯石蜡，使留在组织内的透明剂全部排除后即可包埋。

为了更换方便起见，在熔蜡炉或恒温箱中，可放置三个小酒杯（编为Ⅰ、Ⅱ、Ⅲ），内盛 52～54℃或 54～56℃的纯石蜡。材料自石蜡透明剂混合液中取出后，即可投入Ⅰ号杯中，每隔 1h 移一个杯子。移材料的镊子最好一起放在温箱中。否则镊子插入或移出后，尖端的石蜡容易凝固，造成操作的困难。但是，若同时包埋许多种材料时就不方便，则可改用其他方法。

图 12-4 动物组织材料在 55～60℃恒温箱中透入包埋剂（石蜡）

石蜡透入动物组织的方法稍有不同。材料自透明剂中取出后，应先移入透明剂石蜡等量的混合液中约 15～30min，然后进入纯石蜡中，换新鲜石蜡一次。总的石蜡透入时间，按一般标准约 1～1.5h。如组织块小（约 2mm×3mm×3mm），通过三个杯子的时间合计 30min 就够了；组织块大（3mm×3mm×10mm），不仅每次转换的时间要延长，而且还需多加一只杯子，共需 2h 左右。

在整个透入期间，一定要保持熔蜡炉或恒温箱的温度恒定，切忌忽高忽低。同时还必须注意下列两点：①尽量保持在较低温度中，以石蜡不凝固为度；②力求在最短限度时间内完成石蜡进入的过程。温度过高，或时间过长，都会引起组织变硬、变脆、收缩等，影响结果，如图 12-4 所示。

第二节 包 埋

组织被石蜡透入达到饱和的程度后，就需进行包埋（embedding）。所谓包埋，就是把被石蜡所浸透的组织连同熔化的石蜡，一起倒入一定形的容器（如纸盒）内，并立即投入冷水中，使它立刻凝固成蜡块的过程。

一、包埋的操作过程

（1）待组织块已进入第Ⅲ号杯中，必须做好下列准备工作：

1）将温台及酒精顶灯取出，放在熔蜡炉或恒温箱旁。

2）折包埋用的纸盒。

3）检查恒温箱中所熔的新鲜石蜡是否够用。

（2）在组织块已充分透蜡后，即可进行下列工作：

1）在面盆或水槽内放入冷水备用。

2）点燃温台下的酒精灯或煤气灯，并在其旁放解剖针两个。

3）将纸盒放在温台上。

（3）右手持解剖针，左手从恒温箱中取出盛满熔化石蜡的杯子，并随手将恒温箱的门关闭，杯子在火焰上稍稍加温后立即将石蜡倒入包埋用的纸盒中。

（4）再将Ⅲ号杯取出，并把解剖针在火焰上稍加温后，立即插入杯中，将组织块及标签拨入纸盒中。最好是Ⅲ号杯中在包埋前另换新鲜石蜡，就可将石蜡及其中的材料一起倒入纸盒中。

（5）材料倒入纸盒后，可根据切片的要求，再将两个解剖针加温，插入石蜡中将材料拨到适当的位置。固定时所用的标签，有文字的一面应向下，这样包埋后就可以识别。

（6）轻轻将纸盒两侧的把手提起，慢慢地平放在脸盆或水槽中的水面上，待纸盒内石蜡的表面已凝固，即可将纸盒向一侧倾斜，使冷水从一边侵入纸盒，并立即使它沉入水中，使盒中包埋块迅速冷却。

（7）纸盒在水中经 30min～1h 后即可取出，将纸盒打开取出包埋的蜡块，把所有的标签号码登记在记录本上后，即可贮藏备用。

随着生物制片工艺技术的发展，已开发出了石蜡包埋的自动或半自动机械，整个包埋过程也可以利用这类包埋机来完成。自动石蜡包埋机，如图 12－5 所示。

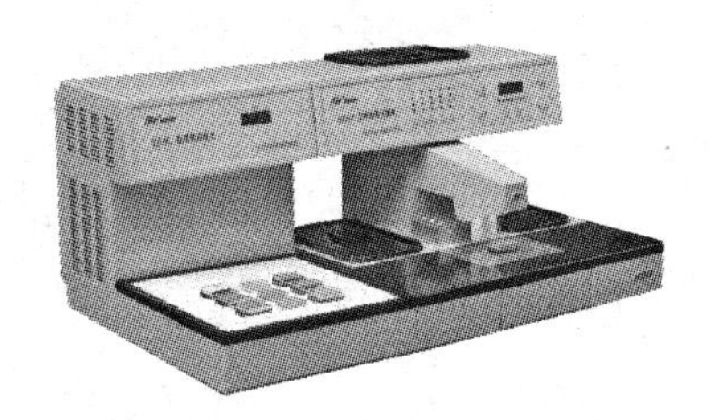

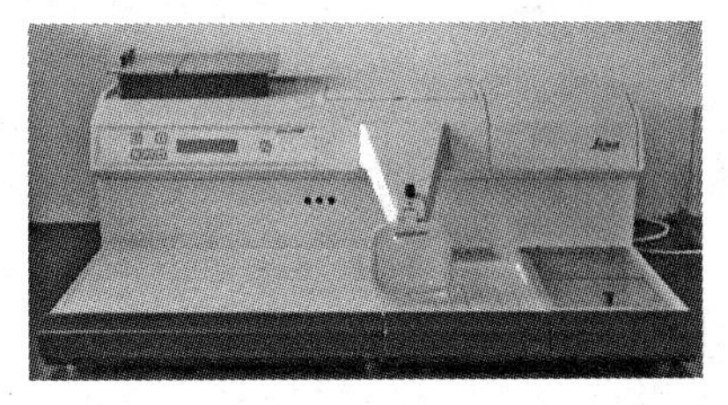

图 12－5　自动石蜡包埋机

二、包埋中出现的问题及其解决方法

1. 问题

包埋后的石蜡块应为均匀的半透明状态，但有时出现白色混浊的结晶部分，这样在切片时就有妨碍。

2. 原因

出现上述现象可能有下列几个原因：

（1）脱水不干净。

（2）组织内部或石蜡中混有透明剂。

（3）石蜡本身品质不良。

（4）组织块倒入纸盒时，周围的石蜡已成凝固状态。

（5）石蜡冷凝得太慢。

3. 解决办法

（1）属于前三个原因者，应在包埋之前就须注意。

（2）属于后两个原因者，应将包埋块再投入第Ⅲ号杯中熔化重新包埋，但必须注意熔化包埋过的石蜡块的熔化时间不宜过长。

第十三章　切 片 与 贴 片

第一节　切　　片

一、石蜡块的固着与整修

在包埋以后，就可进行切片。包埋好的石蜡块装上切片机进行切片前，还需做下列几件准备工作。

（一）石蜡块的固着

一般旋转式切片机上都附带有固着石蜡块用的金属小盘，如图 13－1（a）所示，但其数量有限。所以，除此以外，在实验室中还须备有各种不同大小（1cm×1cm，1cm×2cm，2cm×2cm，2cm×3cm）的台木［图 13－1（b）］。台木与金属盘有同样的作用。无论金属盘还是台木，在固着石蜡块之前，都应在其上涂一层较厚的石蜡，台木的材料必须是较坚硬的，制成后，须在熔化的石蜡中浸一两天才能使用。

现将在金属盘或台木上固着石蜡块的步骤简述如下：

（1）选取所要切片的材料，从包埋的石蜡块上用单面刀片切割下来，注意不可损伤所包埋的组织。

（2）确定切面的方位，用刀片将石蜡块的四面做初步的整修。

（3）点燃酒精灯，并准备一把解剖刀。

（4）左手大拇指与食指间持整修好的石蜡块，材料向上，用其余的三指夹住台木。此时将解剖刀在灯上加温后，即放在台木与石蜡块之间。因解剖刀已加温，遇上下两面的石蜡都会熔化，这时可立即将解剖刀抽出，石蜡块迅速压在台木上。也可仅将台木上的石蜡熔化，迅速把蜡块粘在上面［图 13－1（c）］。

（5）再用解剖刀粘取少许石蜡碎屑，放在刚才固着的石蜡块四周。此时，解剖刀再加温，并迅速将台木四周的石蜡碎屑熔化烫平，以石蜡块牢固地粘在台木上为度。

（6）石蜡块固着后可稍放片刻，让它完全凝固。如需急用，可放在冷水中浸几分钟，再取出整修。

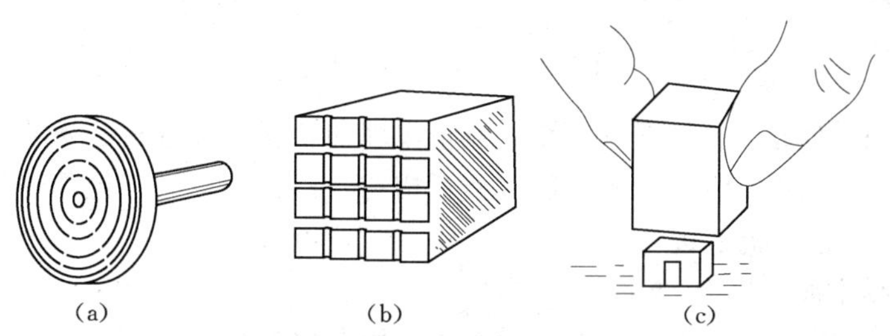

图 13－1　固着石蜡块的方法

（a）切片机上的金属固着盘；（b）木制浸蜡台木；（c）台木与石蜡块相粘

（二）整修

整修蜡块的目的在于：①使切成的蜡带成一直线，不发生弯曲；②每个切片中组织的距离接近，以便于镜检或作连续切片。为了达到第一个目的，在整修时，须将石蜡块上下两面修成平行的面，这样切成的蜡带就成直线；如果上下两面不平行的话，则蜡带弯曲，切片时就会发生困难。其次，如果在组织的上下、左右的蜡留得太多，那么每一切片所占的位置大，在一张载玻片上只能贴几个切片，既不经济，而在镜检时也不方便，特别是连续切片更是如此。所以，在整修时应将上下左右多余的石蜡修掉。但是，也必须注意不要太靠近组织，因为把组织裸露在外又会造成切片时易破碎的不良后果。此外，为了便于识别在蜡带上的每一切片，可将石蜡块的一角切去。

二、切片机与切片刀

（一）切片机

切片机（microtome）是用来作各种组织切片的一种专门设计的精密机械。它的式样很多，性能也不一样，一般可分为两大类型，即滑行式切片机与旋转式切片机。无论哪一种类型，它们的主要结构均可分为下列三部分：①控制切片厚薄的微动装置，也就是很重要的供料装置；②供装置切片刀的夹刀部分；③供装置组织块的夹物部分。现将这两种类型的切片机，举例说明如下：

1. 滑行式切片机

如图 13－2 所示，滑行式切片机的夹刀部分是滑动的；而夹物部分是固定不动的，但可上下升降。这种型式的滑行切片机，它的夹物部分下面就连接着控制切片厚度的微动装置；当夹刀部分在滑行的轨道上向后滑行一次，夹物部上的组织块就被切去一片；当夹刀部再从轨道上退回原处时，微动装置就自动地将夹物部分向上升一片的厚度。切片的厚度可用微动装置上的厚度计来调节，其厚度可调节在 2～40μm 之间。

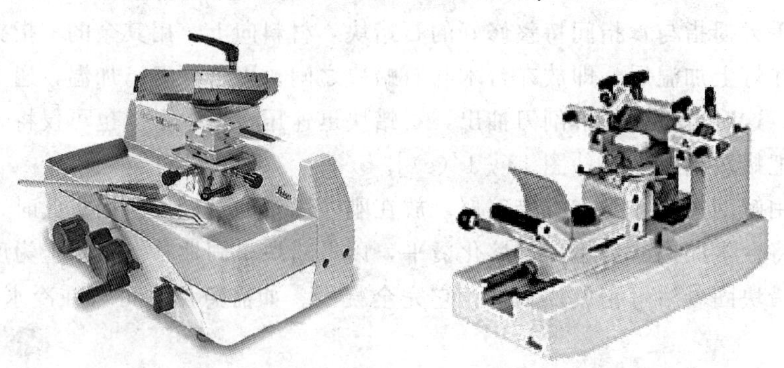

图 13－2 滑行式切片机

滑行切片机的用途很广，不但能切一般未包埋的材料，如木材、木质茎和坚韧的草质茎，也可以用来作火棉胶切片、冰冻切片和石蜡切片。其缺点是不能作连续切片，所以一般石蜡切片不常在这种机上进行。

2. 旋转式切片机

如图 13－3 和图 13－4 所示，旋转式切片机的夹物部分是上下移动、前后推进的，而夹刀部分则固定不动。这种旋转式切片机，它的夹物部分后面也连接着控制切片厚度的微

动装置（图 13－3）。夹刀部在切片机的前面，其刀口与夹物部上的组织块垂直。当旋转轮用手摇转一次，夹物部的水平圆柱体也随着上下来回移动一次。向下移动经过刀口，组织块即被切去一片，然后向上移动，经过刀口后，微动装置就按所调节好的切片厚度，以水平方向将组织块向前推进一片的厚度，这样连续地摇转，石蜡块就被切成连续的蜡带。最薄的可切成 2μm。这种切片机更适于作石蜡切片。装上冷冻装置后，也可作冷冻切片。不同品牌的旋转式切片机，如图 13－5 所示。

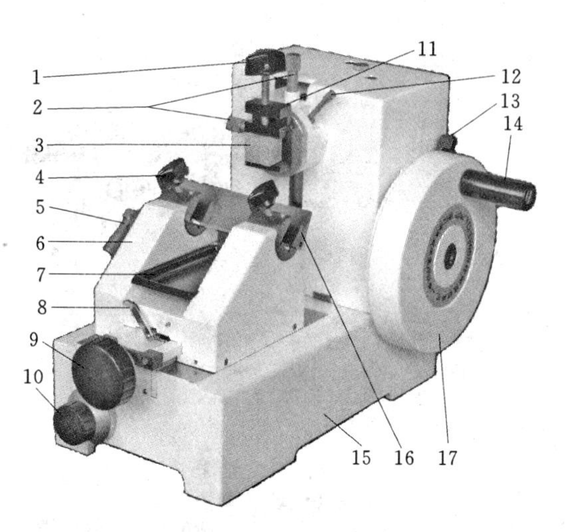

图 13－3　旋转式切片结构图

1—台木夹紧旋钮；2—夹物部角度调节螺丝；3—黏固石蜡块用台木；4—刀片固紧螺旋；5—刀片角度调节柄；6—夹刀部；7—石蜡切落物接盘；8—夹刀部锁紧拨片；9—夹刀部推进旋钮；10—切片厚度旋钮；11—夹物部；12—夹物部锁紧螺杆；13—转轮锁扣；14—转轮手柄；15—机身；16—刀片；17—转轮

（二）切片刀

如图 13－6 所示，切片刀是切片机上非常重要的工具，一般在出售的切片机内均附有适合于该类型用的切片刀。

1. *切片刀的种类*

切片刀的种类很多，由于它的两面结构不同，通常分为下列 3 种类型。

（1）平凹面刀。刀的一面平直，另一面内凹。其凹度深者适合于滑行切片机的火棉胶切片。其凹度浅者［图 13－7（a）］适于旋转切片机的石蜡切片。

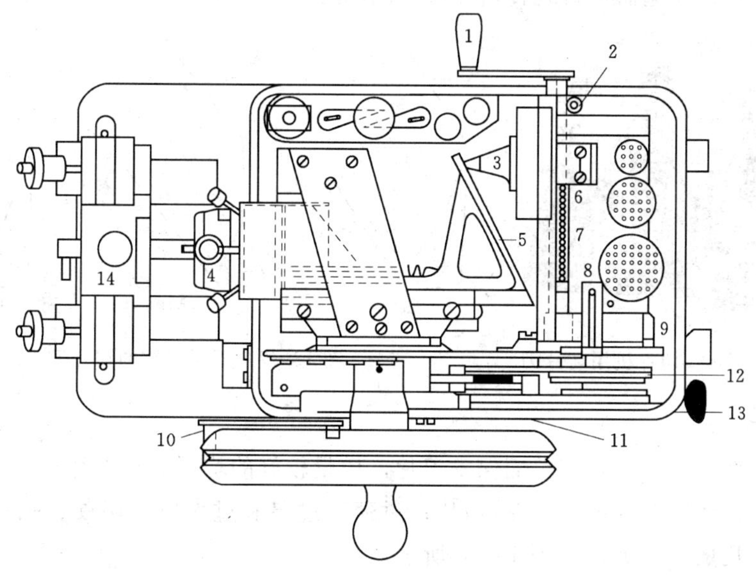

图 13－4　旋转式切片机剖面图

1—供料曲柄；2—推进螺旋；3—供料螺旋顶；4—夹物部；5—倾斜平面；6—供料螺旋帽；7—供料螺旋；8—解除撞塞；9—解除杆；10—闭锁杆；11—摩擦螺帽；12—棘齿轮；13—切片调节螺旋；14—刀架

图 13-5　不同样式的旋转式切片机

(2) 双凹面刀。刀的两面内凹，刀口长而薄 [图 13-7 (b)]，一般切片机不常采用。

(3) 双平面刀。刀的两面平直 [图 13-7 (c)]，适用于滑行切片机及旋转切片机。滑行切片机所用刀片宽而长，旋转切片机所用的短而窄。

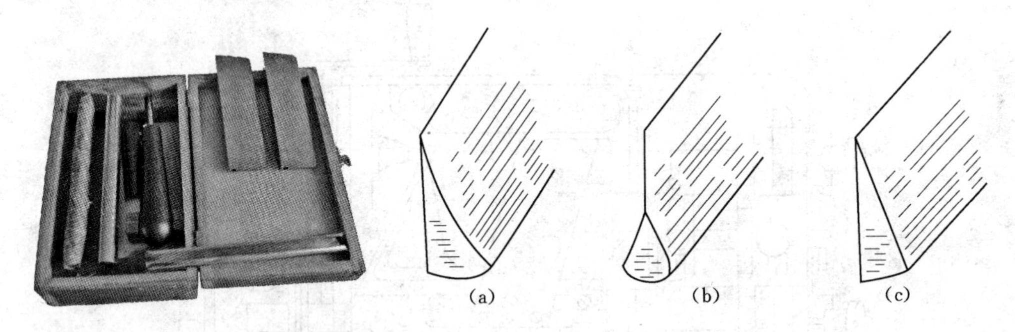

图 13-6　旋转式切片机用切片刀　　图 13-7　不同形式的切片刀口

2. 保安刀片

市上出售的一次性刀片和单面保安刀片，质量较好的均可夹在刀片夹中应用。这种刀片，适于切厚度为 6～18μm 的石蜡切片；过薄、过厚和过大以及坚硬、强韧的材料则不很适用。所需用的刀片夹，如图 13-8 所示。

3. 切片刀的保护

切片刀口很薄，也很锋利，因此刀片本身触及坚硬物体时很易碰伤，而我们在应用时也切忌手指触及刀口、跌落桌上或地面上。触及前跌落都可能造成事故，必须特别小心。

刀面粘上盐分或汗水，或经常带有水分，都容易生锈，所以，用毕之后，须用棉花球蘸酒精将刀面擦净。如粘有石蜡也应当用氯仿或二甲苯拭擦，再用纱布擦干后放入切片刀盒中妥为保存。如在一个较长时期不用，还须涂上一薄层凡士林或液体石蜡以便保护。

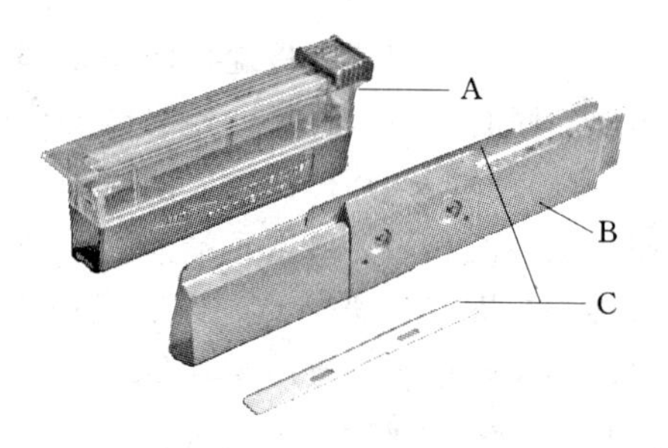

图 13-8　一次性刀片

A—刀片盒；B—刀片夹架；C—刀片

4. 磨刀技术

切片刀使用多次后，刀口往往会变钝，特别是切坚硬材料更易使刀口损伤，甚至产生缺口。因此，在出现这些情况后，可先在显微镜下检查损伤情况及缺口所在，然后再磨刀，以恢复它的锋利状态。

在磨刀之前需准备好磨刀石和滑润剂；磨刀石以平滑无疵的黄石、青石为好。如刀口稍钝，或在石上磨毕后，可再在僻刀皮上（系皮革制成）上僻，滑润剂一般可用水和中性肥皂，也可用液体石蜡或橄榄油等。

磨刀的方法如图 13-9 所示。磨时可先擦上滑润剂将刀口向前及稍向左推动［图 13-9（a）］；待推到磨刀石另一端，即将刀反转（在反转时，刀背可仍按在石上，仅将刀口转过来即可），刀口仍向前及向左拉回［图 13-9（b）］。在石上磨好后，即可再在僻刀皮上僻刀。僻刀时须在刀上加油，刀背向前及向右移动［图 13-9（c）］；反转后仍是刀背向前及稍向右拉回［图 13-9（d）］。这样刀口就恢复原来的锋利状态了，保存备用。

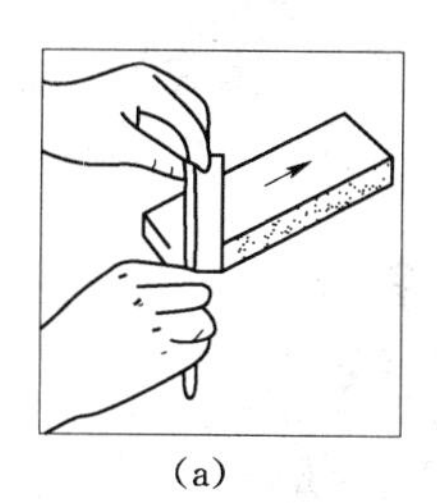

(a)

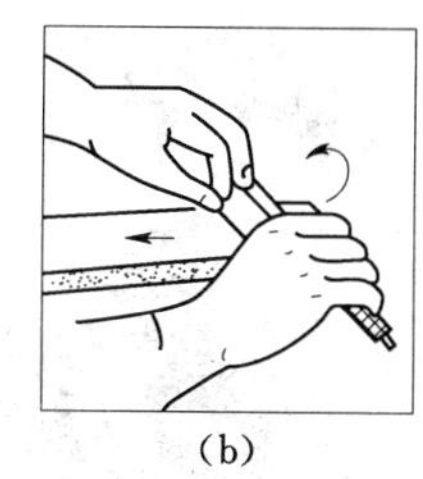

(b)

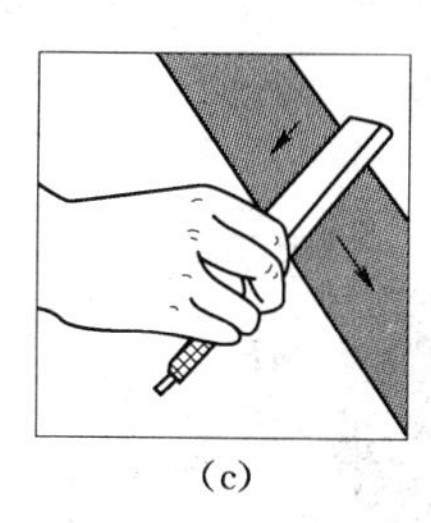

(c)

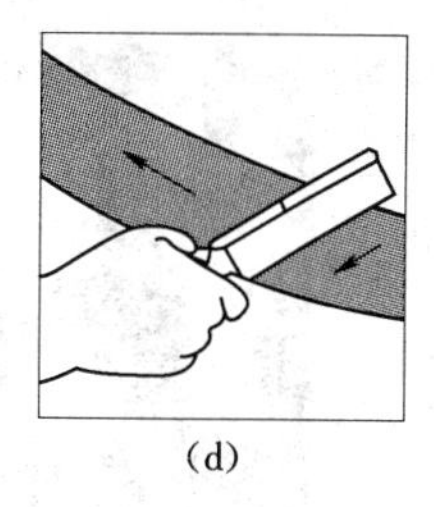

(d)

图 13-9　磨刀的方法

三、切片的方法

1. 滑行式切片机的切片方法

现将使用滑行切片机的方法分述如下：

（1）首先需准备下列各种用具：滑行切片机、切片刀、毛笔两支、培养皿一套、解剖刀或保安刀片一把、酒精及氯仿各一小瓶。

（2）将所要切的材料（未包埋的木材、茎或已包埋的坚硬石蜡块）固定在夹物部分，松紧适宜。材料须深入，仅留极短部分约 2mm 露在夹物部上。

（3）将夹刀部推到顶端，旋松刀片夹的螺旋，将切片刀按规定角度安装妥当，并旋紧螺旋，双平面刀无表里之分。若用平凹面刀时应使平面向下。

（4）调节切片机上的微动装置，使厚度计达到所需切的厚度。一般木材切片可调到 20μm。调节时应注意指针不可在两个刻度之间，否则容易损伤切片机。

（5）将夹刀部慢慢地推向夹物部，使刀口接近组织块。此时应察看材料与刀口上下的距离，同时调节升降器，使材料的切面在刀口之下，以稍稍接触为度。

（6）开始切片，两手应同时分工操作。此时右手推动夹刀部，使切片刀沿滑行轨道来回移动一次。当刀口由顶端向后移动经过材料时，就被切去一片，粘在刀口的上面；当夹刀部由后推回顶端时，夹物部就按规定厚度上升。与此同时，左手持毛笔沾水一面润湿刀，一面将切下的片子粘在笔上，放到培养皿中，在70%～95%酒精中固定。如为石蜡切片，毛笔不要沾水，用干毛笔将蜡片取下。

（7）切片完毕后，切片刀和切片机必须注意清理。切片刀卸下后应用纱布拭干，或用氯仿将刀口上的石蜡屑擦净，然后涂上一薄层凡士林放在盒子中保存。切片机各部分应擦拭干净，并加入少许机油以润滑机件。这时就可将木盖或塑料布套盖上，下次再用。

2. 旋转式切片机切片的方法

现将旋转式切片机切片的方法简述如下：

（1）准备下列用具：旋转式切片机、切片刀或保安刀片与刀片夹各一个、毛笔两支、黑色蜡光纸一张、旧保安刀片一片、氯仿一小瓶。

（2）如系初学，一定要先由经验丰富使用熟练的人在旁指导，研究清楚后才可动手使用。初次使用上述滑行切片机时，也应有人在旁指导。

（3）将已固着和整修好的石蜡块台木，装在切片机的夹物部分。

（4）将保安刀片夹在刀夹上，并装上夹刀部分，刀口向上，要保持一定水平。如系平凹面刀，则平的一面向切片机，凹面向外。同时，还须调整刀片的角度（图13-10）。

图13-10　石蜡块与刀口的角度调节（左：角度大；右：角度小）

1—台木松紧旋钮；2—台木；3—石蜡块；4—刀片；5—刀片松紧旋钮；
6—刀架；7—刀片角度调节器；8—调节角度

（5）移动刀片固定器，将夹刀部与夹物部之间的距离调整好，切不可超过刀口，以石蜡块的表面刚贴近刀口为度，再旋紧切片固定器的螺旋。

（6）按图13-11来调整石蜡块与刀口之间的角度与位置。石蜡块的切面和下边须与刀口平行。如不平行，可调节夹物部上的角度调节螺旋。

（7）如图13-12所示，调整厚度计到所要切片厚度。一般石蜡切片厚度约为6～12μm。

（8）一切都调节好后，就可开始切片。此时右手握旋转轮之柄，摇动一转就可切下一

片。切下的蜡片粘在刀口上，待第二片切下时连在一起，所以，连续摇转就可将切下的蜡片连成一条蜡带。这时左手就可持毛笔（或解剖针）将蜡带提起，边摇边移蜡带，如图13-13所示。摇转的速度不可太急，通常转速以40～50r/min为宜。

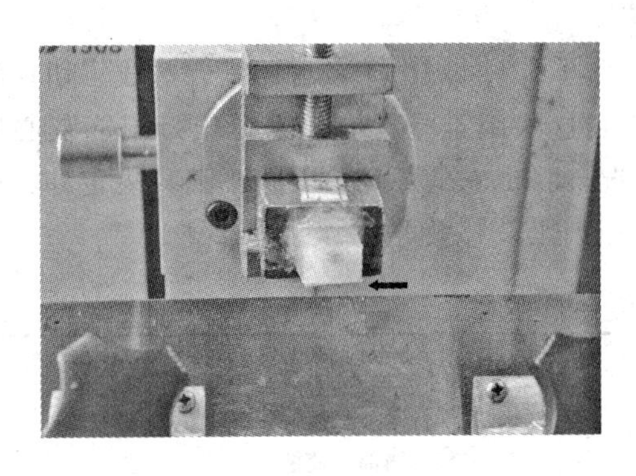

图13-11　刀口与石蜡块边平行
（黑箭头所指）

图13-12　切片厚度调节

1—刀片；2—刀片松紧旋钮；3—刀片角度调节器；4—刀架；5—机座；6—刀架滑槽；7—切片厚度刻度；8—厚度计调节旋钮

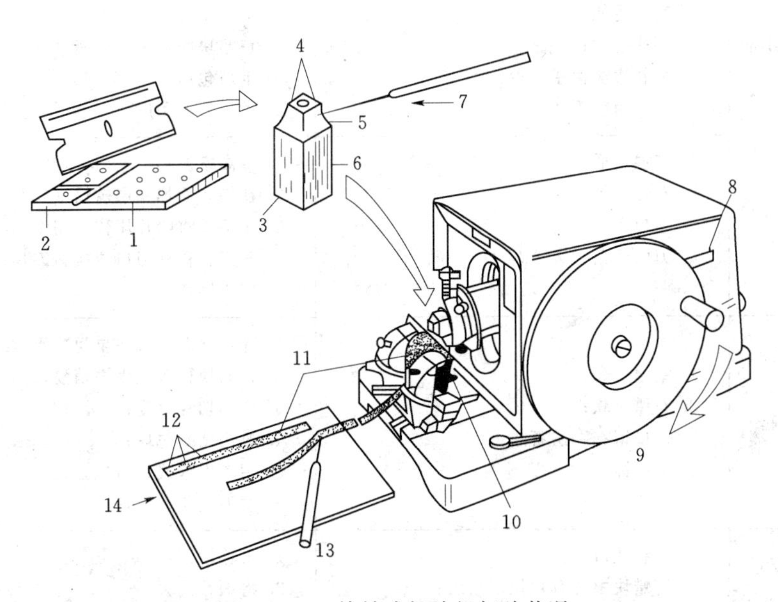

图13-13　旋转式切片机切片状况

1—蜡块；2—切下一块含组织的蜡块；3—台木；4—蜡块修整（四边平行）；5—将蜡块黏附在台木上；6—将黏附有蜡块的台木装在夹物部；7—用修整下的第一线石蜡加固石蜡块；8—用切片厚度调节螺杆设定切片厚度；9—旋转式切片机；10—切片刀；11—虹带；12—切片；13—用毛笔或解剖针移动蜡带；14—黑色蜡光纸

(9) 切成的蜡带到20～30cm长时，即以右手用另一支毛笔轻轻将蜡带挑起，平放在切片机前面的黑蜡光纸上。靠刀面的一面较光滑，应向下，较皱的一面向上。

(10) 切下的蜡片是否良好，在此时可先行检查。其法是用保安刀片先切取蜡片一张，放在载玻片上，加水一滴，然后倾斜玻片，使水流去，即可用放大镜或低倍显微镜检查，察看组织和细胞的轮廓是否完整，其中有无空隙皱褶及碎裂等。

(11) 切片工作结束后，仍应将切片用具擦拭干净，妥为保存。

四、影响切片成败的因素及补救办法

石蜡切片是很不容易掌握的，有时很容易成功，有时则由于各种因素，造成了切片的质量低劣，甚至完全失败。特别是初学的，碰到这些困难是常有的事，千万不能灰心丧气，应该沉着，仔细检查记录及当前的各种情况，找出它的原因，对症下药，决定补救办法。现将切片时经常遇到的一些现象、可能的原因以及补救办法，见表13-1。

表13-1　石蜡切片中的常见现象分析

现　象	可能的原因	补救办法
石蜡弯曲不直 图13-14 (a)	1. 石蜡块上下两边不平行； 2. 石蜡块上下两边各刀口不平行； 3. 刀口锋利不一，局部产生差异； 4. 蜡块的两边硬度不一致； 5. 材料未居蜡块正中央； 6. 材料大而形不正	1. 取下台木，将两边修平； 2. 调节夹物部，使两者平行； 3. 移动刀片，改用新的刀口； 4. 待蜡块冷却后再切，或重新包埋； 5. 用刀片切去部分石蜡，使材料居中； 6. 切去大的一边的石蜡少许
切片分离，不能连成带状	1. 室温过低； 2. 石蜡过硬； 3. 材料边缘留蜡太少； 4. 刀的角度不适合	1. 提高室温； 2. 在蜡块面加一层软蜡 (45℃)； 3. 重新包埋； 4. 矫正刀的角度
切片卷起成圆筒状	1. 室温过低； 2. 石蜡过硬； 3. 刀口太钝； 4. 刀的倾角太大	1. 提高室温； 2. 在蜡块面加一层软蜡 (45℃)； 3. 用毛笔将蜡片压住，切2～3片后即可成带； 4. 磨刀、移动刀口或换新刀片； 5. 减小倾角
切片黏附于切片刀，皱褶在一起 图13-14 (b)	1. 室温过高； 2. 石蜡过软； 3. 刀口留有一层石蜡； 4. 刀口钝	1. 降低室温，或在早晚凉爽时工作； 2. 将蜡块投入凉水中稍浸； 3. 增加切片厚度； 4. 改用硬蜡包埋； 5. 用二甲苯或氯仿拭去； 6. 磨刀或移动刀口
切片纵裂 图13-14 (c)	1. 刀有缺口； 2. 石蜡块中含有颗粒、杂质； 3. 刀口留有碎屑或细纤维； 4. 组织太硬	1. 可移动刀口； 2. 将颗粒挑去； 3. 清洁刀口； 4. 在水中浸泡
切片有横波	1. 刀和台木固定螺丝太松； 2. 刀口倾斜度太大； 3. 刀口有石蜡屑	1. 旋紧螺丝； 2. 调整倾斜度； 3. 用氯仿拭去

续表

现　象	可 能 的 原 因	补 救 办 法
切片厚薄不匀 图 13－14（d）	1. 切片机有毛病； 2. 夹刀不当（倾斜度或大或小）； 3. 未旋紧夹物部螺旋； 4. 石蜡块过大过小	1. 矫正切片机本身的毛病； 2. 对症调整； 3. 将石蜡块在水浸泡
每张切片厚薄不匀	刀口震动所致，原因： 1. 材料太硬； 2. 刀的倾角太大	1. 在蜡块表面涂一层火棉胶； 2. 减小倾角
材料发生裂隙破碎或脱落 图 13－14（e）、（f）	1. 脱水不干净； 2. 有透明剂残留； 3. 石蜡透入时温度过高或时间过长； 4. 由于脱水剂与透明剂的影响，使组织变硬变脆； 5. 材料太硬或太粗	1. 无法补救； 2. 增加浸蜡时间，重新包埋； 3. 无法补救，重做时纠正； 4. 用正丁醇、叔丁醇或二氧六圜等进行脱水和透明； 5. 软化组织，浸泡时间不要过长； 6. 蜡块表面涂一层火棉胶溶液
切片时发生沙沙声	1. 组织过硬； 2. 包埋时温度过高； 3. 冲洗不彻底，材料内留有结晶体（如用升汞固定的）	1. 使一部分材料露出，浸水软化； 2. 材料已毁，无法补救； 3. 无法补救
石蜡块将蜡带抬起 图 13－14（g）	1. 由于摩擦产生静电所致； 2. 石蜡块上附有石蜡碎屑； 3. 刀口上附有石蜡碎屑	1. 增加室内温度； 2. 用保安刀片清除； 3. 用二甲苯或氯仿拭去

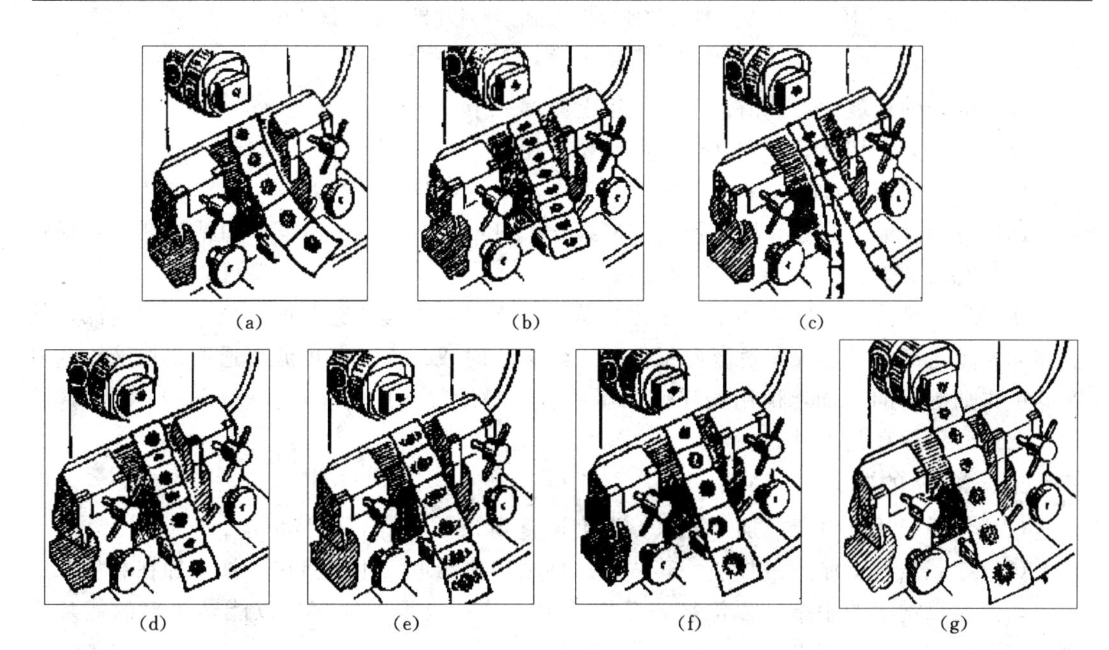

(a)　(b)　(c)　(d)　(e)　(f)　(g)

图 13－14　切片时可能出现的现象

（a）蜡带弯曲；（b）切片皱褶；（c）切片纵裂；（d）切片厚薄不匀；（e）材料脱落；（f）材料裂隙破碎；（g）石蜡块将切片抬起

蜡块在水中浸泡时，组织面须露出，其时间可自半小时到过夜，依材料的坚硬程度而定；有时可在水中加甘油（1 份甘油加 9 份水）或 60％酒精。动物的神经系统材料不宜浸泡，淋巴结及脂肪组织只能浸泡短时间。

第二节　贴　　片

贴片是把切片机切下的蜡带，按盖玻片的大小分割成小段，分排粘贴于载玻片的一个步骤。其要求有二：①贴附牢固，在染色时不易脱落；②使皱褶的蜡片伸展平正。现将贴附切片时所需用具、方法以及影响因素分述如后。

一、用具

（1）烫板。它为石蜡切片伸展器，市上有现成出售的电热烫板、展片机、烘烤片机（图 13－15），也可以自制简易烫板。式样很多，可自行选择或设计制造。

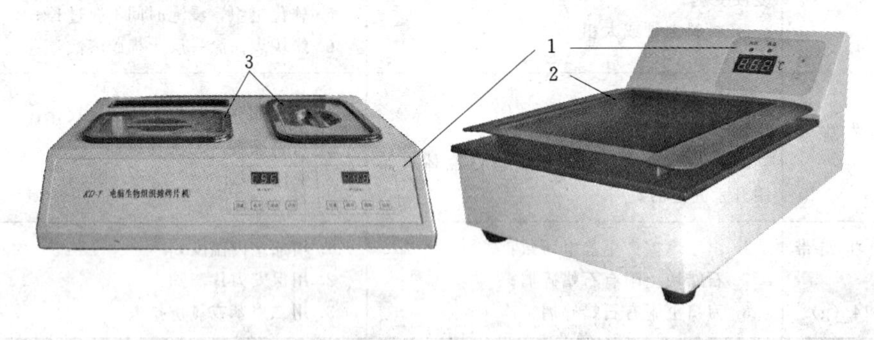

图 13－15　石蜡切片伸展机（左：摊烤片机　右：展片机）

1—温度调节面板；2—展片台板；3—摊烤片槽

（2）清洁的载玻片。其清洁法详见第七章第二节。

（3）解剖刀。切断蜡带和载运或移动蜡片用。

（4）蒸馏水或 4％福尔马林一瓶。

（5）蛋白甘油它亦称为梅氏蛋白（Mayer's albumen），为一种很好的粘片剂，黏附蜡片用。其配法如下：

将鸡蛋一个打破入碗或杯中，取去蛋黄留下蛋白，用筷子充分搅打成雪花状泡沫，然后将它用粗滤纸或双层纱布过滤到量筒中，经数小时或一夜，即可滤出透明蛋白液。此时在其中再加等量的甘油，稍用振摇使两者混合。最后加入麝香草酚（thymol）（1∶100）作防腐用。可保存几个月到一年。

二、粘贴的方法

（1）将烫板插上电源或加入温水，温度调整到 35℃左右，保持恒定。

（2）在载玻片上涂蛋白甘油。其法是用细玻璃棒蘸取一小滴蛋白甘油，加在载玻片的中央，然后以洗净的手指加以涂抹，范围不要太广；也不可太多，以能贴足够的蜡片为度，多余的粘片剂应拭去。

（3）将已涂蛋白甘油的载玻片放在贮有蜡带的黑纸上，并用滴管加蒸馏水数滴，此时若发现水不均匀分散而聚成滴状，即表示载玻片不清洁，有残留油脂等物在上面。这样的载玻片须重新清洗后再用。

(4) 用解剖刀或保安刀片将蜡带切成许多小段(图13-16)。每段的长短,应以盖玻片的长度为准,一般应比盖被片短的1/5~2/5,因蜡片加温后要伸长约1/5~2/5。在分段时,应从蜡片截角的交界处切开。

(5) 将毛笔上多余的水分挥去,然后以笔尖蘸取已切成段的蜡片,轻轻移到涂有水的载玻片上(须注意此时仍应将蜡片光面向下贴在玻片上),依次排列整齐。此时如发现载玻片上水分不足,可再加上一些。贴的位置应稍靠载玻片的左端,以便为右端空出贴标签的位置。

(6) 将载玻片平平地提起,移到烫板上。此时蜡片因受热而伸展摊平。若有不能伸展的切片,须取下检查原因,加水或用针挑拨后重新加温,以摊平为度。

(7) 已经摊平的切片,可从烫板上取下搁在玻璃棒上,使载玻片稍稍倾斜以便流去多余的水分,或用吸水纸将水分吸去。与此同时,还必须将散开的切片重新用解剖针排列整齐。

(8) 载玻片再度放在烫板上(或在35℃左右的温箱中)晾干。待2~8h后,即可取下编号,放入切片盒中待染。

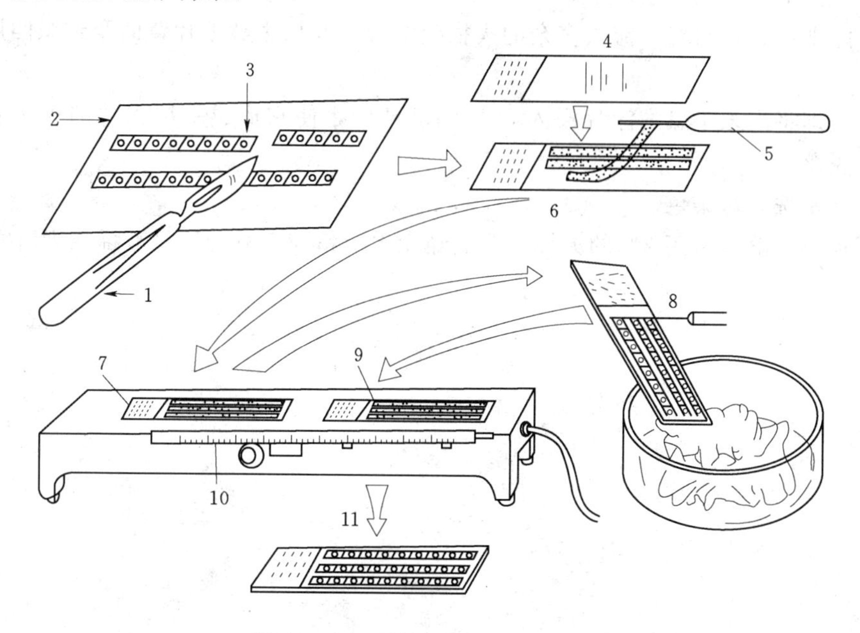

图13-16 石蜡切片展片贴片流程

1—解剖刀;2—黑色蜡光纸;3—将蜡带切成小段;4—在清洁载玻片上涂上一薄层粘片剂;5—用解剖刀将一段蜡带移到载玻片上;6—移蜡带前在载玻片上滴加蒸馏水以漂浮蜡片;7—蜡片置于展片台上摊片;8—蜡片伸展完毕后去掉多余的伸展液(蒸馏水);9—去水后的载玻片放回烫板上烘片;10—烫板;11—烘干后的载玻片

三、切片脱落的原因及防止的方法

石蜡切片在染色过程中,有时可能从载玻片上掉下来。其脱落的原因很多,现将一些主要的因素列举如下:

（1）所用的载玻不清洁。

（2）粘片剂已腐败变质。

（3）粘片时将滑面朝上。

（4）切片厚而小。

（5）组织过硬。

（6）切片皱褶未能充分伸展。

（7）贴片后尚未完全干燥（组织部分呈现白色）。

防止办法：

（1）针对上述每个原因作相应的措施。

（2）涂以0.5%～15%的火棉胶。

具体方法如下：

（1）将粘贴的切片在二甲苯中溶去石蜡。

（2）在无水酒精中充分洗涤。

（3）取出平放桌上，趁酒精未干之前，在切片表面涂一层0.5%～1%的火棉胶溶液，或把切片在火棉胶溶液中浸一下。

（4）随即将载片斜置，流去多余的火棉胶溶液，并拭去载玻片背面及组织四周的火棉胶液。

（5）立即将尚未干燥的涂片浸入83%的酒精中，使它形成一层很薄的火棉胶层，以防止切片脱落。

（6）经水洗后再染色。

所用火棉胶溶液可用2%的火棉胶溶液经无水酒精与乙醚的等量液稀释到所需浓度。

第十四章 染料与染色

第一节 染 料

生物学上用的染料，按其来源可分为两大类，即天然染料与人工染料。前者数量少，为天然产物，取自动物和植物。而后者的种类多，为人工制造，多数由煤焦油中提出，故又称煤焦油染料（coal，tar dyes）。

一、天然染料

在目前生物学切片技术方面应用的天然染料有洋红、地衣红、苏木精和靛蓝洋红等，其中最常用者为洋红与苏木精。

（一）洋红（carmine）

洋红又称胭脂红或卡红。将雌性胭脂虫干燥后，磨成粉末提取出胭脂虫红（cochineal），和明矾一起煮沸后除去一部分杂质，即成胭脂红。用洋红配成的溶液，其染色力可保持几年，如出现混浊现象，可过滤后再用。

洋红染剂的配法很多，现将几种常用的介绍如下。

1. 贝林氏（Belling's）铁醋酸洋红（iron-aceto-carmine）

（1）配方：

洋红	1g
冰醋酸	90mL
蒸馏水	110mL

（2）配法：将90mL冰醋酸加入到110mL蒸馏水煮沸，然后将火焰移去立刻加入洋红1g，使之迅速冷却过滤，并加醋酸铁或氢氧化铁（媒染剂）水溶液数滴，直到颜色变为葡萄酒色，必须注意不能加得太多，否则洋红即会沉淀。若无醋酸铁，用下法配制亦可。

当洋红加入煮沸的醋酸后，再倒入烧瓶中，上接回旋冷凝器，用铁架安装好，然后用酒精灯继续加热2h，冷却过滤后装入滴瓶中备用，其效果很好。

此液常用于植物细胞，特别是花粉母细胞的涂抹法染色和压碎法染色，结果良好且手续简便。

2. 硼砂洋红（alcoholic borax carmine）

（1）配方：

4%硼砂水溶液	100mL
洋红	2～3g
70%酒精	100mL

（2）配法：

1）取2～3g洋红粉末加到100mL的4%硼砂水溶液中，煮沸30min。

2）将此液静置3d后用等量的70%酒精冲淡，再静置24h后过滤。

此染色剂适宜于细胞核的染色及整体标本的染色，染色时间约3～4d，染色后用酸酒精（100mL的70%酒精加入盐酸3～5滴）处理，直到它显鲜艳透明的红色为止。取出再用70%酒精冲洗。

3. 梅耶氏（Mayer's）明矾洋红（carmalum）

（1）配方：

洋红酸（carminic acid）	1g
明矾（硫酸铝铁）	10g
蒸馏水	200mL

（2）配法：

1）将明矾放入水中加热溶解。

2）将洋红酸加入明矾水溶液中。

3）加入0.2g水杨酸或麝香草酚，以防腐。

4）澄清或过滤即成。

此剂可作长期染色，无染色过度之弊，适用于藻类、吸虫等，又能适用于各种固定液的染色。

（二）地衣红（奥辛，orcein）

地农红是自茶渍地衣（Lecanora tinctoria）中提出，可以用来代替洋红制成铁醋酸地衣红，其配法与铁醋酸洋红相同，用法亦相似。用来作花粉母细胞及根尖等的固定和染色。其优点为细胞质着色较浅；效果较铁醋酸洋红为佳。亦为动物组织的弹性纤维染料。

（三）苏木精（hematoxyliu）

苏木精系自苏木（Hematoxylon campechamum）中提出，为最常用的染料之一。苏木精不能直接染色，必须曝露于通气之处，使它成为氧化苏木精或称苏木素（hemateiu）后才能应用。这个氧化过程称为成熟。苏木精一定要成熟后才能应用。同时被染材料又须经媒染剂作用后才有着色力，所以，在配制苏木精染剂时，都有媒染剂在一起。

苏木精为淡黄色至锈紫色的结晶体。用苏木精溶液染色后，在分化时组织所染的颜色因处理的情况而异。若经酸性溶液（如盐酸酒精）分化后则呈现红色，但经水洗后仍可恢复至青蓝色；碱性溶液（如氨水）分化后为蓝色；水洗后呈蓝黑色。

一般实验室中常用的苏木精溶液有下列数种。

1. 海登汉氏（Heidenhain's）铁苏木精

（1）配方：

1）甲液（媒染剂）：

铁铵钒（或铁明矾，即硫酸铁铵）	2～4g
蒸馏水	100mL

（用黑纸包好，保存在冰箱中，以防止沉积物出现在瓶壁上）

2）乙液（染液）：

10%苏木精酒精溶液	5mL

蒸馏水　　　　　　　　100mL

（2）配法：

1）甲液必须在用时配制，保持新鲜。铁明矾应为紫色结晶，若为黄色即不能用，如需配成永久贮藏液可按下列配方配制：铁明矾（紫色结晶）15g；硫酸 0.6mL；冰醋酸 5mL；蒸馏水 500mL。

2）乙液在使用前 6 周配制，将 0.5g 苏木精溶解于 5mL 的 95%或无水酒精中，置于轻塞的瓶中让它充分氧化。用时再加 100mL 蒸馏水。此液配妥后可保存 3～6 个月，但不能与甲液混合，否则即变坏。即使在应用时，甲、乙两液也不能混合。

2. 德拉菲氏（Delafield's）苏木精

（1）配方：

1）甲液：

苏木精　　　　1g

纯酒精　　　　6mL

2）乙液：

铁矾（硫酸铝铁）饱和水溶液（约 1∶11）　　　　100mL

3）丙液：

甘油　　　　25mL

甲醇　　　　25mL

（2）配法：

1）将甲液一滴一滴地加入乙液中，并随时用玻棒搅动。

2）然后曝露于阳光和空气中约 1 周到 10d。

3）加入丙液。

4）将混合液静置 1～2 个月至颜色变深为止（此时可过滤）。此液成熟后须置于阴冷处紧塞瓶口，可长用保存使用。使用时可将染剂 1 份用 3～5 份蒸馏水稀释，则染色后分化更明显。通常用酸酒精进行脱色与分化。

3. 埃利希氏（Ehrlich's）苏木精

（1）配方：

苏木精　　　　　　　1g

纯酒精（或 95%酒精）50mL

冰醋酸　　　　　　　5mL

甘油　　　　　　　　50mL

钾矾（硫酸铝钾）　　约 5g（饱和量）

蒸馏水　　　　　　　50mL

（2）配法：

1）将苏木精溶于约 15mL 的纯酒精中，再加冰醋酸后搅拌，以加速其溶解过程。

2）当苏木精溶解后即将甘油倒入并摇动容器，同时加入其余的纯酒精。

3）将钾矾在研钵中研碎并加热，然后将它溶解于水中。

4）将温热的钾矾溶液一滴一滴地加入上述染色剂中，并随时搅动。

5）此液混合完毕，将瓶口用一层纱布包着小块棉花塞起来，放在暗处通风的地方，并经常摇动以促进它的成熟，直到颜色变为深红色为止。成熟时间约需 2～4 周。若加入 0.2g 碘酸钠，可立刻成熟。

4. 哈里斯（Harris's）苏木精

（1）配方：

1）甲液：

苏木精 0.5g

95%酒精 6mL

2）乙液：

钾矾或铵矾（硫酸铝铁） 10g

蒸馏水 100mL

氧化汞 0.25g

冰醋酸 几滴

（2）配法：

1）将 0.5g 苏木精溶解于 5mL 的 95%酒精中。

2）溶解 10g 钾矾或铵矾于 100mL 的蒸馏水中，并加热煮沸。

3）将上述两液混合煮沸半分钟，并加入 0.25g 氧化汞。

4）很快地在冷水浴锅中冷却。

5）冷却液过夜后用双层滤纸过滤，并加入冰醋酸几滴，以加强核的染色。此液配制后可保存一两个月。

5. 梅耶氏（Mayer's）明矾氧化苏木精

（1）配方：

氧化苏木精（苏木素，hematein）* 1g

95%酒精 50mL

明矾 50g

蒸馏水 1000mL

麝香草酚 少许

[*也可用苏木精代替，配成梅耶氏明矾苏木精，但须成熟后（约数月）才能应用。]

（2）配法：

1）将 1g 氧化苏木精加热溶解于 50mL 的 95%酒精中（如用量不多，可将各种药品的分量按 1/10 用量来配制）。

2）50g 明矾溶于 1000mL 的蒸馏水中。

3）把氧化苏木精倒入明矾水溶液内，冷却后过滤。

4）在滤液中加麝香草酚一小块，以防生霉。

此液配好后能立即应用，并可长期保存，对菌藻植物的细胞核染色特别有效。

上述这些苏木精染液，若使用已久逐渐失去染色能力时，可用下法使它更新。将陈旧的苏木精染液倒入烧坏中，一面用玻棒搅拌，一面进行加温煮沸，一直蒸发到原有量一半时为止。这样即可延长它的染色能力。但是，若使用过久，只能染成淡红色时，则不能

再用。

二、人工染料

由于最初的人工染料是从苯胺（aniline）制成的，所以常称之为苯胺染料（aniline dyes）。然而，后来有许多新的染料并不是从苯胺中提出，也不是苯胺的衍生物，其化学成分多少与煤焦油中含有的物质有关，因此，正确的名称应为煤焦油染料。

这些染料从它们含有的主要化学成分来说，可分为碱性染料、酸性染料和中性染料。碱性染料如番红、结晶紫，能染细胞核；酸性染料如固绿、曙红，能染细胞质；中性染料如赖特（Wright）和吉姆萨（Giemsa）血液染色剂。

所谓酸性染料和碱性染料，并不是指染色液的氢离子浓度而言。例如，碱性染料结晶紫溶液是酸性反应；而曙红为酸性染料，但其染色溶液则是碱性反应。又如，中性红是一种碱性染料，但其染色液呈中性，遇酸现鲜红色，遇碱则是黄色。

由此可知，酸性染料和碱性染料既不是用来表明化学反应，也不是指市上所出售的染料是属于酸类或碱类。两者的主要区别是，染料的主要有色部分是阳离子或阴离子。若为阴离子即为酸性染料，若为阳离子即为碱性染料。若它们的阳离子和阴离子都有颜色则称为中性染料（又称复合染料），是两种染料发生化学结合而成，一般都是盐类。

现将生物学切片技术上常用的人工染料列表如表 14-1 所示。

表 14-1 常用煤焦油染料的性质、溶剂溶解度及染色反应一览表

染料名称	性质	溶剂			溶解度（%）		主要染色反应				
		水	酒精(%)	丁香油	水	95%酒精	木质	非木质	细胞核	细胞质	其他
酸性品红	—	×	70	—	12～12.5	0.15～0.3	—	红	—	红	指示剂
碱性品红	+	×	95	—	0.3～2.4	3.7～9.1	—	—	紫红	—	孚尔根反应
苯胺蓝(WS)	—	×	50	—	3.7～4.8	0.17～0.18	—	蓝	—	蓝	—
俾斯麦棕	+	—	70		1.36	1.08	—	棕	—	—	—
结晶紫	+	×		×	1.68	13.87	紫	—	紫	—	—
曙红 Y	—		95	—	44.20	2.18	—	—	—	红	—
真曙红 B	—	—	—	×	11.10	1.87	黄—橙	—	红	淡红	—
固绿	—		95	×	16.04	0.33	—	绿	—	绿	—
亮绿	—		95	×	20.35	0.82	—	绿	—	绿	
亚甲蓝	+	×	30		3.55	1.48	蓝		蓝		细菌染料
甲基绿	+	×	95		4.80	0.75	绿	—	绿	—	翁娜反应
焦宁	+	×	95		8.96	0.60	—	—	—	红	翁娜反应
桔红 G	—		100	×	10.86	0.22	—	橘红	—	橘红	
中性红	+	×			5.64	2.45			红	黄	活体染色
番红	+	×	50—95	×	5.45	3.41	红		红		
苏丹红Ⅲ	—		70		0	0.15					脂肪染剂
苏丹红Ⅳ	—		70		0	0.09					

注 “+”表示碱性染料，“—”表示酸性染料，“WS”表示水溶。

第二节　染　色

一、染色的理论

为了使初学者能顺利地选择和合理地使用各种染料，在讲染色方法之前先介绍一些染色的理论。根据目前情况来说，对生物体的各种组织或细胞组成（染色质）能进行染色的原理，一般仍然是以它们的物理现象或化学现象为依据。现分述如下：

（一）物理作用说

此说对一切染色现象的解释，都是以各种物理作用为基础的。

1. 吸收作用说

吸收作用说又称溶液学说。此学说认为某些组织能被染色主要是由于吸收作用所致。组织的染色与溶液的颜色相同，而与干燥染料的颜色不一定完全一致。例如，品红在干燥状态时为绿色，而其溶液呈红色；组织在染色后也呈红色，即使变干燥，其红颜色仍不变。所以，对某种组织的染色可以溶液说来说明。这种解释似乎过于简单，不能用来说明某些鉴别染色现象。

2. 吸附作用说

吸附作用是固体物质的特性，它能从周围溶液中吸附住一些细小的物质微粒（化合物或离子）。各种蛋白质或胶体有不同的吸附面，因此可以吸附不同的离子。也就是说，对离子的吸附有选择性，即有的容易被某些物质吸附，有的则不容易吸附。这样就可解释鉴别染色现象，但仍不能说明当某种染料平均进入细胞组成之后，有些可被提取出来，而另外一些就难于提出。

3. 沉淀作用说

为了解决上述困难，又提出了沉淀作用说。此说认为染料借吸收作用与扩散作用进入细胞后，有时由于细胞内含有酸类、碱类或其他化学物质而发生沉淀，因此就不能被简单的溶媒提取出来。沉淀作用虽有可能发生化学作用，但一般不认为在染料与组织之间有真正的化学结合。

（二）化学作用说

这一说的主要理论根据是染料的性质有酸性、碱性和中性之分。在细胞组成中，原生质的性质也各有不同。这样，原生质的碱性部分（例如细胞质），容易与含有阴离子的酸性染料发生亲和力而结合；而原生质的酸性部分（例如染色质），容易和含有阳离子的碱性染料亲和而发生作用。又如某些类型的细胞（例如红血细胞），具有特殊的性质，能与中性染料发生亲和力而结合。由此，可以看出，细胞组成染色的强弱，与细胞组成及染料的性质有密切关系。两者之间的亲和力强，染色也就深；亲和力弱或无，染色也就弱或无。换句话说，组织或细胞组成染色的深浅或有无，完全是由于所起的化学反应不同所致。

上述这两个主要的染色理论，均不能完全用单一理论解释所有的染色现象。例如，如果完全用物理作用来解释孚尔根（Feulgen）反应就发生困难，因为孚尔根反应确实证明染料（无色品红）与细胞组成之间有化学反应产生；但若完全以化学作用来解释，则有些

事实又很难说明。如果染色全为化学的结合而产生了新的物质，那又如何能解释组织经染色后，若长时间浸于水中或酒精中将会部分或全部褪色？

由此可见，染色的机制是很复杂的，目前了解得不很清楚，不能过早地下结论。染色可能既是一个化学的，又是一个物理的现象。它是由于各种组织或细胞组成以及染料的不同而发生不同的结合性质。虽然这样，在我们熟悉了这些理论之后，对我们选择和利用各种染料，还是有一定帮助的。

二、应用染料时的一般注意事项

（一）应用人工染料时的注意事项

应用人工染料的注意事项，可以应用到所有的煤焦油染料。

1. 溶剂

大部分煤焦油染料，可以溶解于水和酒精中。若以酒精作溶剂时，其浓度有30%、50%、70%、95%。一般讲，溶剂浓度为50%较为有利。但在二重染色时，溶剂浓度为95%或溶于无水酒精中更为方便。在水溶液中，除了常用的水溶液外，亦可溶于苯胺水中，其溶解度较大，且具有媒染作用。此外，为便于应用，也有的将煤焦油染料溶于丁香油中，这样染色与透明可以同时完成。

2. 溶液的浓度

在实验室中为工作方便起见，可根据它们的性质、溶解度及染色的顺序，配成下列各种不同浓度的常备液。

（1）0.5%～1%水溶液。配法：0.5～1g染料溶于100mL的蒸馏水中。

（2）0.5%～1%酒精溶液。配法：0.5～1g染料溶于100mL的50%、70%或95%的酒精中。

（3）丁香油的饱和溶液。

3. 应用的方法

煤焦油染料亦如其他染料一样，可以应用累进染色法或退回染色法。但是，因它们的溶解度和不用媒染剂的关系，几乎都是用退回染色法。在分化时，可在溶解该种染料的溶剂（水或酒精）中进行。如果碰到难于脱色的染料，单纯的水或酒精均不能使它很快地脱色时，则可加入0.1%盐酸，即可加速其分化。

一般在染色后常用二甲苯透明。有时为了多一次分化，在脱水完毕后，可用丁香油，使分化与透明同时进行，然后再用二甲苯除去丁香油。

4. 染色与固定液的关系

在许多情况下，固定液对染色的效果有显著的影响。一般讲，煤焦油染料在用含铬酸与锇酸的固定液固定后，染色效果较好。用苦味酸—福尔马林—醋酸混合液固定的，效果较前者为差。如果用苦味酸—福尔马林—醋酸混合液固定后仍用煤焦油染料染色时，则在混合液中可加入少量弗累明氏液；或者以此作为媒染剂，在染色之前可先在弗累明氏液中进行处理，即可得到较良好的结果。

5. 媒染

一般地，煤焦油染料不需要经过媒染剂。但有时为了使组织便于染色，可用苯胺水（将苯胺油4mL加到90mL蒸馏水或80%酒精中，充分摇动混合后在潮湿的滤纸上过滤）

或高锰酸钾液为媒染剂。应用煤染剂时亦和苏木精一样，在染色之前须将切片浸入媒染剂中一定时间。例如，以高锰酸钾为媒染剂时，在1%的水溶液中处理5～10min即可；若以碘为媒染剂时，处理不是在染色之前，而是在染色之后。

（二）应用天然染料时的注意事项

（1）溶剂。天然染料也可溶于水和酒精，但水溶液较酒精溶液更佳；即使用酒精配制时，其浓度也不可超过50%。

（2）溶液的浓度。根据染料及用途的不同，溶液的浓度也不相同。例如，明矾苏木精，经常配成常备液贮藏，用时再冲淡。

（3）应用的方法。洋红和苏木精均可用累进染色法或退回染色法。在过度染色之后，洋红常用微带酸性的水或酒精分化，苏木精亦可在水或酒精中加酸（盐酸或苦味酸）后分化，亦可在弱的媒染液中进行。

（4）染色与固定液的关系。天然染料在苦味酸—福尔马林—醋酸混合液和含有铬酸及锇酸的固定液固定后，均可得到良好的结果。对于这些固定液的选择完全以制片的目的而定。

（5）媒染。天然染料常常需用媒染剂，如铝盐、铁盐、铬盐、明矾、铁矾、铵矾和铝矾等。这些媒染剂有的用在染色之前，例如铁苏木精在染色之前用4%铁矾或氯化铁（$FeCl_3$）作媒染剂；有的媒染剂与染剂混合在一起，如在哈里斯苏木精中铵矾（硫酸铝铵）即为媒染剂，它包含在染料溶液之内。

三、染色的方法

（一）染色的一般注意事项

（1）在染色之前一定要知道染料溶液的性质。在染色之后，常常在同样的溶剂中洗去多余的染料。例如，番红系溶解在50%的酒精中，那么冲洗必须在60%酒精中进行。

（2）在应用酒精溶液时，常常按照它的级度顺序排列，如35%、50%、70%和其他高度酒精。如果组织，特别是柔弱的组织从水中直接移入纯酒精或70%酒精中。都会引起极度的扩散而使组织损坏。

（3）在每种染色方法中，试剂与染色液后面所标注需要的时间，是按常用的材料来确定的，仅供参考。实际上需要的时间，应该依照标本的类型、所用固定液的性质、切片的厚度、本质化的程度、核的稠密等状况而定。延长了染色时间，将需较长的脱色或分化的时间。

初学者必须逐渐累积经验，根据具体情况，学会自己作出各项判断。

（4）用酸酒精分化已染色的标本，必须在显微镜的观察下进行。褪色后，必须彻底洗净，否则会影响后面的染色，本身也容易褪色。

（5）必须记住，退回染色法必须用较长的过染时间，在脱色后将会得到更鲜明的分化。后面我们所介绍的各种染色时间是比较短的，这是为了适应教学的需要。在一般情况下，为了使组织分化更明显，染色的时间还可延长些。

（6）必须注意，在应用各种试剂和染色剂时，应该按照它们的级度顺序依次进行。在两重染色时，所应用的两种染剂必须有正确的先后次序。例如，苏木精必须在番红之前；番红在亮绿或固绿之前。

(7) 切片进行脱水时，应在各种级度的酒精中逐级按顺序进行。脱水太快，不但会损坏组织，而且最后将不能很好地把水脱净，影响最后结果。

(8) 在脱水时，还必须将装有无水酒精的染色缸口的周缘，涂以少量的凡士林，以防止空气中的潮气被吸入，否则也会影响组织的完全脱水。如果脱水不完全，那么在用二甲苯透明时将会有云雾状的情况出现。

(9) 在透明时，当所有的酒精完全被替代后，组织将完全透明而无波状的折射纹出现。

(10) 在封藏时，初学者常常出现的问题是在载玻片上加入了过多的封藏剂，应注意避免。

(11) 最后我们必须认真地忠告初学者，染色的方法虽然很多，但对初学者来说，千万不可贪多。只要能选择两三种最主要的方法，反复练习，一直到能熟练地掌握这些染色技术为止。例如，在动物制片方面，可选用硼砂洋红法、苏木精—曙红对染法和马洛赖氏(Mallory's) 三色法等；在植物切片方面，可选铁矾研苏木精法、番红固绿对染法和孚尔根染色法等。

(二) 染色的一般方法

由于要染的切片尚包在石蜡之中，而所用的染剂又常常为水溶液，因此在染色之前必须再度复水。石蜡切片在二甲苯中溶去石蜡，经过各级酒精，下降到水。经染色后需复水与脱水，上升到二甲苯，然后封藏。这是一个很长的过程，初学者必须熟练掌握一般的复水与脱水的方法，其步骤与方法分述如下。

(1) 将染色缸按图 14-1 排列，并在缸的无槽一面贴上标签。

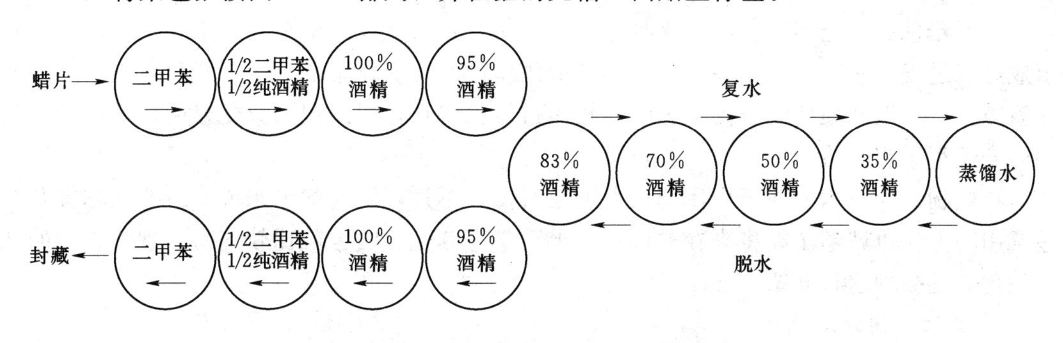

图 14-1 简单组合的染色缸排列方式

(2) 将所需用试剂倒入染色缸中。必须注意倒入的试剂应与标签相符。倒入的量约为缸的 2/3，以淹没切片为度。

(3) 将 2～5 张贴有石蜡切片的载玻片放入复水系的二甲苯中，停留的时间约 3～10min。具体所需时间，应依照切片的厚度及当时室内的温度而定，不能一成不变，例如，在冬季室内温度过低，有时切片在二甲苯中 30min 以上石蜡尚未完全溶化，在这种情况下，应将此染色缸移到温暖处稍稍加热，或放在 37℃ 的温箱中几分钟，以加速其溶蜡。

(4) 将载玻片按图 14-1 的顺序，每次一张从二甲苯中移入等置的二甲苯酒精的缸中。在移动时，应先用镊子把靠近自己的第一张载玻片从缸中提起，使载玻片的右下角与染色缸的边缘轻轻接触一下，以便使附于载玻片的试剂回流到染色缸中。这样就可使载玻片较干，不致带有过多的试剂移到下一个缸内。但必须注意，不能停留过久，若片子完全干燥，又会影响结果。

（5）当所有的载玻片全部移入第二缸后，待第一张片子停留在第二个缸中的时间约3～5min时，再从第一张载玻片开始，将它们依次移入第三缸（即100%的酒精）。以后按此方法继续进行，直到所有的载玻片都陆续经过各级酒精，移到蒸馏水中为止。每级停留的时间约2～5min。

（6）载玻片自水中取出，即可在各种水溶液的染剂中染色，如苏木精染剂、番红水溶液等。在染剂中停留的时间不等，如在苏木精（德拉菲、埃利希或哈里斯）中可染3～6min（或稍减），在番红中可染1～24h。然后按各自的需要在自来水中冲洗或再进行其他处理和对染，详见下段要讲的各种染色方法。

（7）染色完毕后可仍按照图14-1移入脱水系，经各级酒精，再到酒精—二甲苯，最后在二甲苯中透明约5min。

（8）若为二重染色，脱水到83%酒精后，载玻片可移入95%酒精溶解的染剂（如0.1%的固绿）染几秒至1min，然后再继续脱水和透明。

（9）透明后，进行封藏。

（三）各种染色方法

在具体的染色程序中，无论是动物材料或植物材料一般都应用下列两种染色方法，即累进染色法（progressive staining）和退回染色法（regressive staining）。所谓累进染色法，是将被染的材料浸在比较稀释的染剂中，慢慢地使组织或细胞组成染到适合的深度为止，不再褪色。而退回染色法，是将被染的材料较长时间地停留在染剂中，使组织或细胞组成染色过度，然后再用一些化学药剂如酸酒精或冲淡的媒染剂等进行脱色，直到组织分化清晰为止。退回染色法所需染色时间较累进染色法长，但组织的分化显明，所以一般组织的染色都采用此法。

在生物切片技术方面所应用的染色方法很多，不过，对初学者来说，只要能掌握几种最常用的方法也就够了。将来在这些基础上再学习其他方法也就比较容易。现将常用的几种染色方法分别进行介绍。

1. 番红—固绿对染法

适用材料：一般植物组织，特别是分生组织。

染色目的：将染色质、细胞质、纤维素细胞壁与木质化细胞壁区别开。

固定液：含有铬酸的任何固定液均可。

包埋：石蜡。

染色程序：见图14-2。

2. 结晶紫—碘染色法

适用材料：植物的分生组织与小孢子母细胞（切片与涂布法均可用）。

染色目的：染色质与核仁的染色。

固定液：纳瓦兴液（CRAF）或弗累明液。

包埋：石蜡。

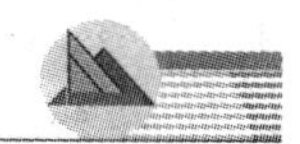

染色程序：见图 14－3。

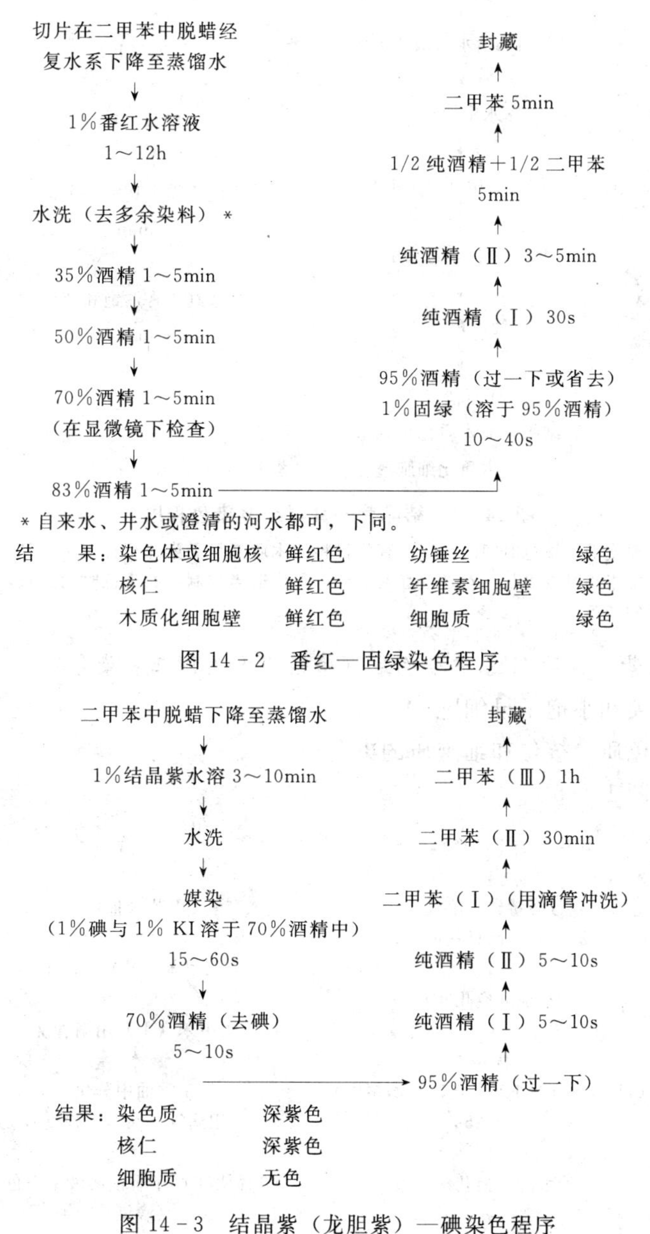

切片在二甲苯中脱蜡经复水系下降至蒸馏水
↓
1％番红水溶液 1～12h
↓
水洗（去多余染料）*
↓
35％酒精 1～5min
↓
50％酒精 1～5min
↓
70％酒精 1～5min（在显微镜下检查）
↓
83％酒精 1～5min
→
1％固绿（溶于 95％酒精）10～40s
↑
95％酒精（过一下或省去）
↑
纯酒精（Ⅰ）30s
↑
纯酒精（Ⅱ）3～5min
↑
1/2 纯酒精＋1/2 二甲苯 5min
↑
二甲苯 5min
↑
封藏

*自来水、井水或澄清的河水都可，下同。

结果：			
染色体或细胞核	鲜红色	纺锤丝	绿色
核仁	鲜红色	纤维素细胞壁	绿色
木质化细胞壁	鲜红色	细胞质	绿色

图 14－2 番红—固绿染色程序

二甲苯中脱蜡下降至蒸馏水
↓
1％结晶紫水溶 3～10min
↓
水洗
↓
媒染（1％碘与 1％ KI 溶于 70％酒精中）15～60s
↓
70％酒精（去碘）5～10s
→
95％酒精（过一下）
↑
纯酒精（Ⅰ）5～10s
↑
纯酒精（Ⅱ）5～10s
↑
二甲苯（Ⅰ）（用滴管冲洗）
↑
二甲苯（Ⅱ）30min
↑
二甲苯（Ⅲ）1h
↑
封藏

结果：	
染色质	深紫色
核仁	深紫色
细胞质	无色

图 14－3 结晶紫（龙胆紫）—碘染色程序

注 这个染色程序也可用于植物病理材料，可使菌类的组织分化得很清楚。

3. 贾克桑（Jackson）结晶紫染色法

适用材料：维管植物的木质组织。

染色目的：染维管束，将木质化与非木质化的细胞壁区别开。

固定液：一般植物材料的固定液均适用。

包埋：石蜡。

染色程序：见图 14－4。

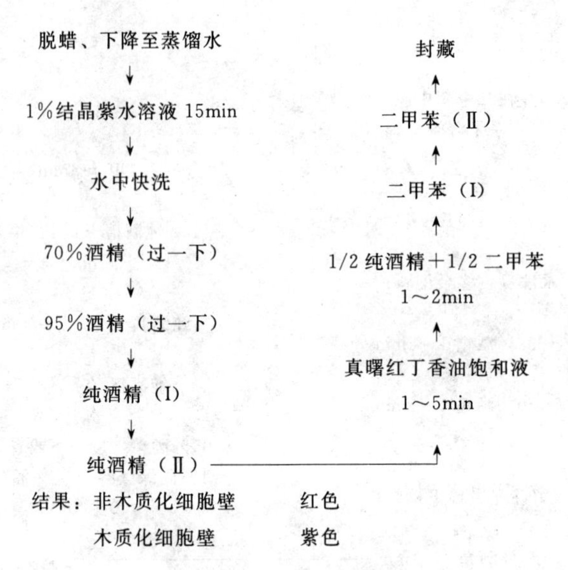

图 14-4　结晶紫—真曙红 B 染色程序

注　这个方法的主要变动是染色时间的长短。有些材料的木质部只需染几分钟就可得到圆满的结果，但有些材料则需染半小时或更长。对真曙红的染色也须作适当控制，如染色时间过长，它可以替代木质化部分所染的紫色。

4. 番红—结晶紫—橘红 G 三重染色法（弗累明氏改订三重染色）

适用材料：根尖和小孢子母细胞。

染色目的：染色质、核仁和细胞质的染色。

染色程序：见图 14-5。

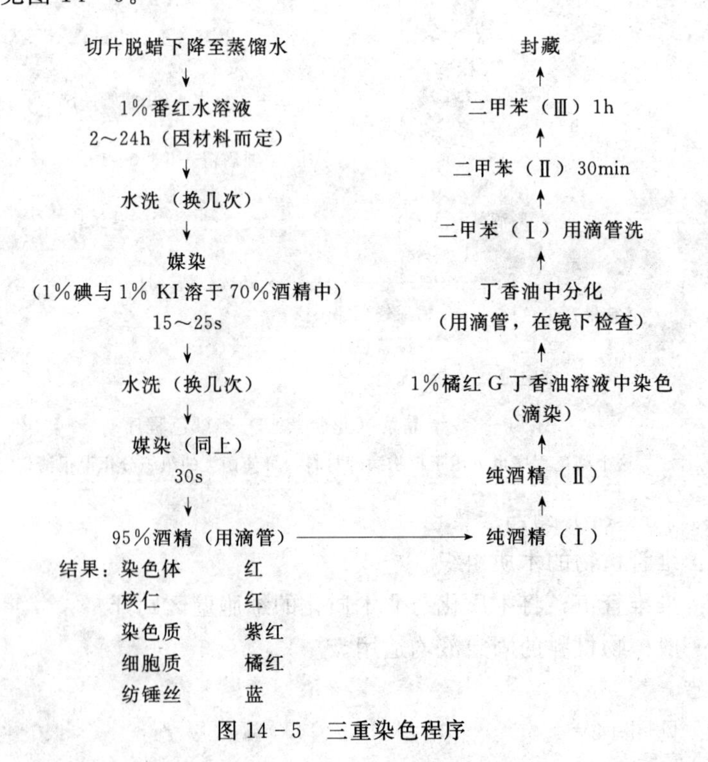

图 14-5　三重染色程序

5. 福斯特（Foster）鞣酸—三氯化铁染色法

适用材料：植物分生组织，依别是生长锥的染色。

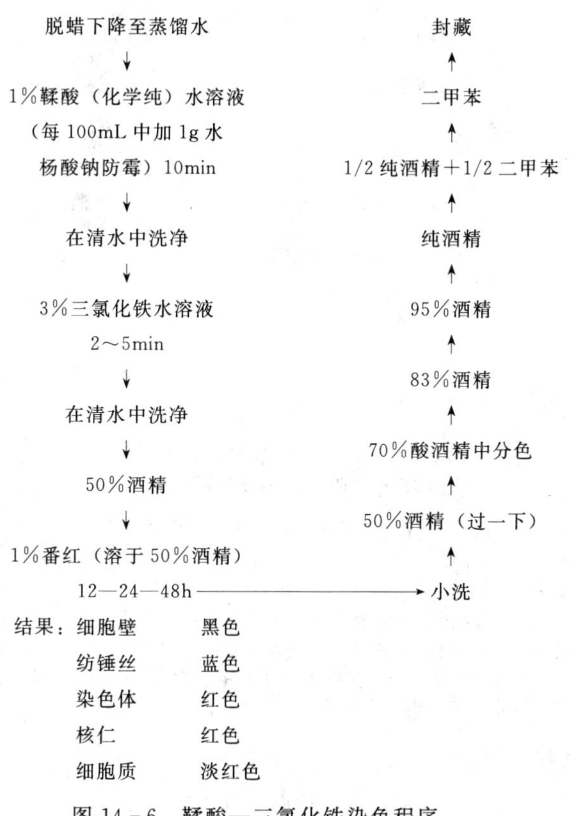

图 14-6 鞣酸—三氯化铁染色程序

注 1. 从三氧化铁中取出，应在显微镜下检查，如分生组织的细胞壁出现黑色或深蓝色，则可前进至下一步，如绿色太浅，则可在自来水中洗净，再回到鞣酸液中。这两个步骤可交替进行，一直到得到满意的结果后才进到下一步。每次交替时，必须在自来水中洗净。

2. 在取得经验后，番红中染色的时间可缩短为 1h，以至 20min。

染色目的：染细胞壁、纺锤丝；染色体和核仁也可染得很好。

固定液：福尔马林—醋酸—酒精混合液，或含有铬酸的固定液。

包埋：石蜡。

染色程序：见图 14-6。

6. 梅登汉铁矾苏木精染色法

适用材料：一般植物组织、藻类、菌类、一般动物组织。

染色目的：一般组织学上及细胞学上的结构的染色，例如细胞核及染色体等的染色。

固定液：植物——一般植物材料的固定液，其中以含有铬酸者较好。

动物——一般动物材料的固定液，其中以津克尔氏液较好。

包埋：各种动植物组织，可包埋于石蜡。若为藻类与菌类，可用威尼斯松节油法（Venetian turpentine method）。

染色程序：如图 14-7 所示。

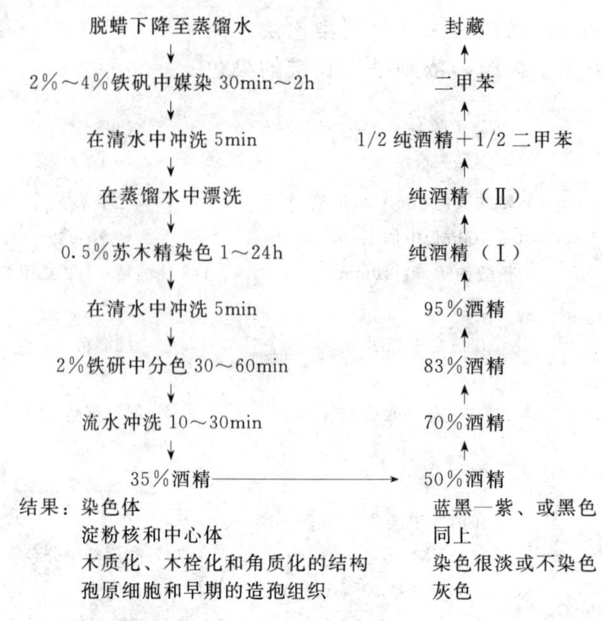

图 14-7　铁矾苏木精染色程序

注　1. 在苏木精中染色的时间因不同材料而异。例如，裸子植物的藏卵器和被子植物的胚囊需染 5～6h；藻类至少染 20h 以上。

2. 染色后分化也可在苦味酸饱和溶液（代替铁矾）中进行。

3. 也可进行对染。如对染剂为水溶液，则可在酒精脱水前进行；如为酒精溶液，则可在同级度酒精前或后进行，对染剂也可溶于丁香油（如橘红 G）。对染可在脱水完毕后进行。

4. 如用番红或橘红 G 对染，则细胞质呈红色或橘红色。

7. 段续川改订梅登汉铁矾苏木精法（时间缩短）

适用材料：根尖的切片，小孢子母细胞的涂布法。

染色目的：观察核分裂的各个时期。

固定液：纳瓦兴氏液（CRAF）、铬醋酸中液、弗累明中液及泰娄（Taylor）改订液。

包埋：石蜡。

染色程序：见图 14-8。

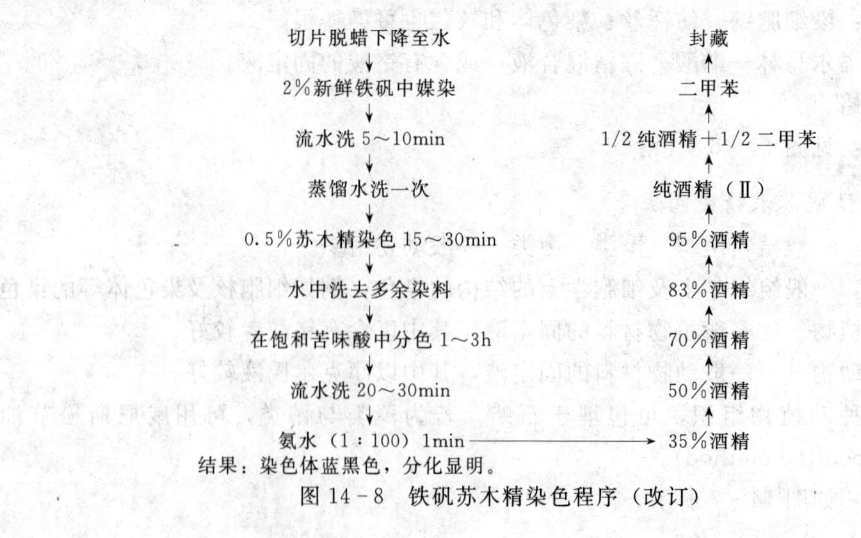

图 14-8　铁矾苏木精染色程序（改订）

8. 苏木精—曙红（H. E.）对染法

适用材料：一般动物组织。

染色目的：细胞核与细胞质的染色。

固定液：一般动物材料固定液均适用。

包埋：石蜡。

染色程序：见图 14－9。

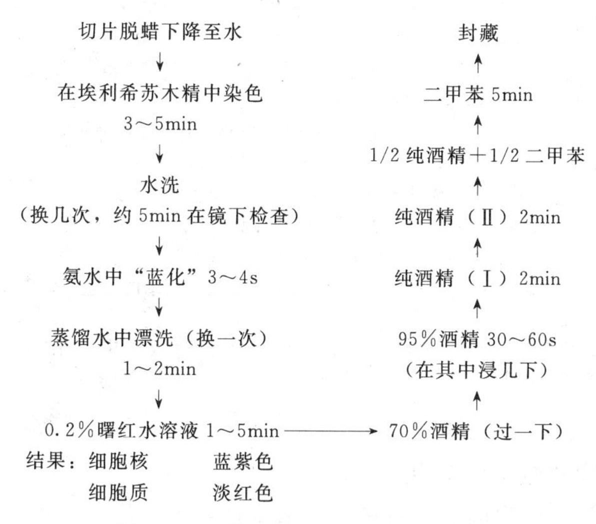

图 14－9 苏木精—曙红染色程序

注 1. 埃利希苏木精也可用哈里斯苏木精或德拉菲耳德苏木精代替。
2. “蓝化”也可在碳酸锂（蒸馏水中加几滴碳酸锂饱和液）液中进行（约需 5～10min）。
3. 在曙红中染色时间长短由它的浓度来决定。例如，在曙红染剂中，每 100mL 中加入 1～2 滴冰醋酸，可促使曙红容易着色，经酒精不易脱色。
4. 如曙红为 95％酒精溶液，在此液中进行对染，则“蓝化”可在 70％酒精配的氨水中进行。
5. 氨水配法：50mL 水或 70％酒精中加 28％ NH_4OH 2～3 滴。

9. 马格赖氏（Mallory's）三色法

适用材料：动物的结构组织。

染色目的：染胶原纤维、网状纤维、软骨、骨、拟淀粉蛋白、细胞核和细胞质等。

固定液：津克尔氏液或其他含升汞的固定液。

包埋：石蜡或冰冻切片。

染色液的配制：

（1）第一染色液（用时以水稀释 10 倍）：1％酸性品红（100mL 蒸馏水加 1g 碱性品红）。

（2）分化与媒染溶液：1％磷钨酸或磷钼酸（100mL 蒸馏水加 1g 磷钨酸）。

（3）第二染色溶液：

蒸馏水	100mL
苯胺蓝（水溶）	0.5g
橘红 G	2.0g
草酸	2.0g

染色程序：见图 14－10。

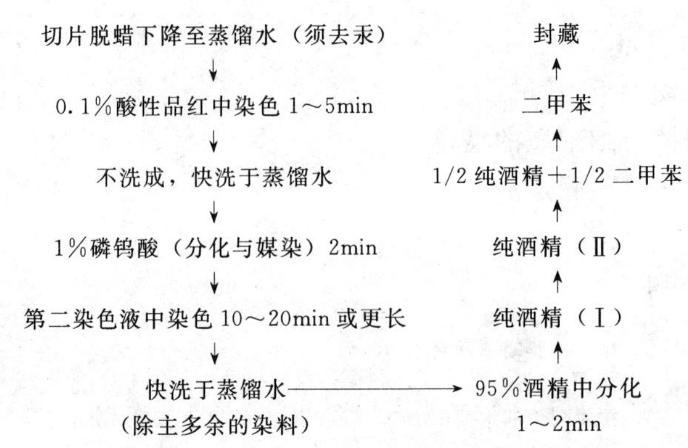

结果：(1) 胶原纤维、网状纤维、拟淀粉蛋白、软骨和骨的基质染成各种不同深度的蓝色。

(2) 细胞核、核仁、细胞质、轴突和神经胶质染成红色。

(3) 红血细胞、髓鞘与弹性纤维染成黄色。

图 14-10 酸性品红—苯胺蓝—橘红G染色程序

注 1. 初学此法染色时，在切片移入二甲苯后，可在显微镜下检查其分化程度，如尚未完全分化，可退回纯酒精中继续分化。成功的片子应出现上述结果中所示的颜色，蓝色在95%酒精中很易被脱掉，在分化时必须十分小心。

2. 上述这些颜色遇碱性物质易褪色，所以应该封藏在酸性封藏剂中。其法为，先将盖玻片在二甲苯的饱和水杨酸液中浸一下，再进行封藏。

10. 孚尔根（Feulgen）染色法

适用材料：动物和植物组织均适用。

染色目的：专门染细胞内的脱氧核糖核酸（DNA）。

固定液：卡诺氏液或10%福尔马林。

包埋：石蜡。

溶液配制：

(1) 1*N*盐酸（HCl）。浓盐酸（比重1.18）82.5mL；蒸馏水917.5mL。

(2) 无色品红（leucofuchsin），亦称席夫试剂（sckifo reagent）。

1) 将0.5g碱性品红加入到100mL煮沸的蒸馏水中，继续煮5min，并随时搅拌。

2) 持冷却到50℃即过滤到具有玻塞的棕色试剂瓶中。

3) 加入1*N* HCl 10mL。

4) 冷却到25℃即加1g偏亚硫酸钾或钠（$K_2S_2O_5$或$Na_2S_2O_5$）。很好地振荡。此时即可将此液用玻塞盖紧，放于暗处，过夜。

5) 次日取出（呈淡黄色）加0.25g的中性活性炭。剧烈振荡1min。

6) 过滤后即得无色品红。

此液配就后，用玻塞塞紧，外包黑纸，贮藏在冰箱中或低温阴暗处。使用时，在染色缸外亦应用黑纸包起来。此液必须保持清澈透明、无色、无沉淀，容器要小。装满后仅留很小的空隙，其中也不应有任何氧化剂，不要过长地曝露在空气中。如有白色沉淀就不能再用。如颜色变红可加入少许偏亚硫酸钾或钠，使它再转变为无色就可再用。

(3) 漂白液。1*N* HCl 5mL；10%偏亚硫酸钾或钠水溶液5mL（或0.5g固体）；蒸馏水100mL。此液应在用时配制。经常保持新鲜。

(4) 固绿对染液。固绿100mg；95%酒精100mL。与无色品红对染时，可将此液稀

释 10 倍。

染色程序如图 14 - 11 所示。

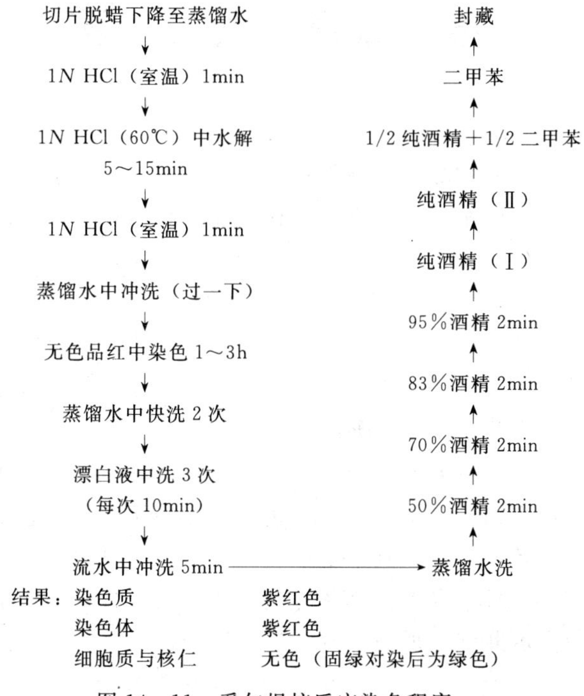

图 14 - 11　孚尔根核反应染色程序

注　1. 水解的温度要保持 60±0.5℃，在恒温箱或恒温水浴锅中进行。

2. 水解时间的长短，随固定液和固定的材料不同而异。如需对照，切片可不经水解。

3. 漂白液必须新鲜，若失去刺激味就不适用了。

4. 如需对染，可在 95％酒精染色之后，再在 95％酒精固绿（0.01％）中染 30～60s，之后移入纯酒精，透明后封藏。

5. 在配制无色品红时，如碱性品红的牌号不同或偏亚硫酸钾不纯，都会影响效果。

第十五章 封 藏

制片的最后一步手续为封藏。封藏的目的有二：①使已经透明的材料，保存在适当的封藏剂中；②应用适合折光率的封藏剂，使材料能在显微镜下很清晰地显示出来。

第一节 封 藏 剂

现将常用的几种封藏剂分述如下。

一、加拿大树胶（Canada balsam）

加拿大树胶得自加拿大所产的胶纵（胶冷杉，Abies balsamea），割伤树皮即分泌而出，经提炼而成为固体的树脂。加拿大树脂色黄，能溶于二甲苯、二氧六圜、叔丁醇、苯和氯仿，但经常以二甲苯为溶媒，其浓度以玻棒一端形成小滴滴下而不生成丝状物为佳。加拿大树胶为最常用的一种封藏剂，其优点是折光率（1.52）与玻璃（1.51）很接近，而与所封组织又不相似，因此观察所封切片时较为清晰。

配就的加拿大树胶可装入特制的树胶瓶中。不用时放于暗处，避免阳光的直接照射。如长期存放，可能逐渐变酸，使切片亦随之褪色。为预防变酸，可在其中加一些小块大理石（为碳酸钙所构成，带碱性）以中和酸性（投入的大理石必须清洁，并用二甲苯清洗）。

二、达马树胶（Dammar balsam）

达马树胶为松柏科植物柳桉（Shorea wiesneri）所分泌的一种白色微带淡黄的半透明的树脂。它能溶于二甲苯、苯、松节油、氯仿和醇。溶解为封藏剂后能长久保持中性，且易干，其效用比加拿大树胶还好，折光率亦为1.52。

其配法如下：溶解25g达马树胶于250mL氯仿和250mL二甲苯中，过滤，待蒸发到100mL，即可应用。

三、尤帕腊耳（Euparal）胶

尤帕腊耳胶配方，见表15-1。

表15-1 尤帕腊耳胶配方

成 分	配 方 一	配 方 二
桉树油（eucalyptol）	2份	2份
三聚乙醛（paraldehyde）	1份	1份
山达脂（sandarac）	4份	3份
樟脑—水杨酸苯脂（camsal）（等量混合）	1份	1份
二氧六圜	2份	

尤帕腊耳胶的配方很多，上述前四种药品可混合在一起配成溶液，其浓度可因山达脂的增加或减少而变，根据需要作适当的改变，也可用二氧六圜来冲淡。

本封藏剂的折光率（1.48）比加拿大树胶低，常用于封藏苏木精染色的切片，其效果较好，且能从95%酒精中取出封藏；如在封藏后盖玻片上出现云雾状，可放在温台上一段时间，待消失为止。

四、威尼斯松节油（Venetian turpentine）

此油系采自欧洲落叶松（Lavix europaoea），易溶于酒精及氯仿，常用于松节油制片法（整体封藏）。由于它易生结晶，使材料损坏，故一般制片很少采用。

其配法如下：将等量的威尼斯松节油与95%酒精很好地混合在一起，待不纯物下沉后，将上清液倒入另一容器内，蒸发到适合的浓度即可。

五、乳酸—石炭酸（lactophenol）

这一封藏剂适用于整体封藏，特别对于藻类、菌类、原叶体以及其他较小的材料的封藏很适合。

其配方如下：

石炭酸(结晶)	1份
乳酸	1份
甘油	1份或2份
蒸馏水	1份

如需使上述封藏剂着色，可加入1%苯胺蓝或酸性品红的水溶液。其配方如下：

乳胶—石炭酸	100mL
冰醋酸	0～20mL
染色剂(1%苯胺蓝或酸性品红)	1～5mL

加入冰醋酸的目的是不使细胞或微丝破裂或崩解，所以需加多少冰醋酸要根据材料的不同性质而定。在每次应用时，须先做试验，直到将乳酸—石炭酸渐渐冲淡到最适合的比例为止。

六、甘油胶冻（glycerin jelly）

甘油胶冻为适用于半永久性片子的含水封藏剂。

其配方如下：

明胶(gelatin)	5g(1份)
蒸馏水	30mL(6份)
甘油	35mL(7份)
石炭酸(溶解于10滴水中)	0.5g每100mL加1g

先将1份质量较高的明胶溶解于6份35℃温水中，然后将其他药品加入，待完全溶解而溶液尚温暖时，用粗滤纸或细丝绢过滤入培养皿中，待冻结后可把它划成小块，贮藏备用。

第二节　封　藏　法

材料透明后，按照下列方法进行封藏。

（1）在面前的桌上，放一张洁净而能吸水的纸。将载玻片从二甲苯中取出放在纸上（必须注意，载玻片放入染色缸时，有切片的一面面对自己，故这时应将面对自己的一面向上）。迅速地在切片的中央滴一滴树胶，千万不能待二甲苯干燥后再进行。

（2）如图15-1所示，用右手持细镊子轻轻地夹住盖玻片的右侧，并把它的左边放在树胶的左边。然后用左手持一解剖针抵住盖玻片左边，右手将镊子松开逐渐下降，慢慢抽出。这样就可使树胶在盖玻片下均匀地展开，并将其中的气泡赶出来。

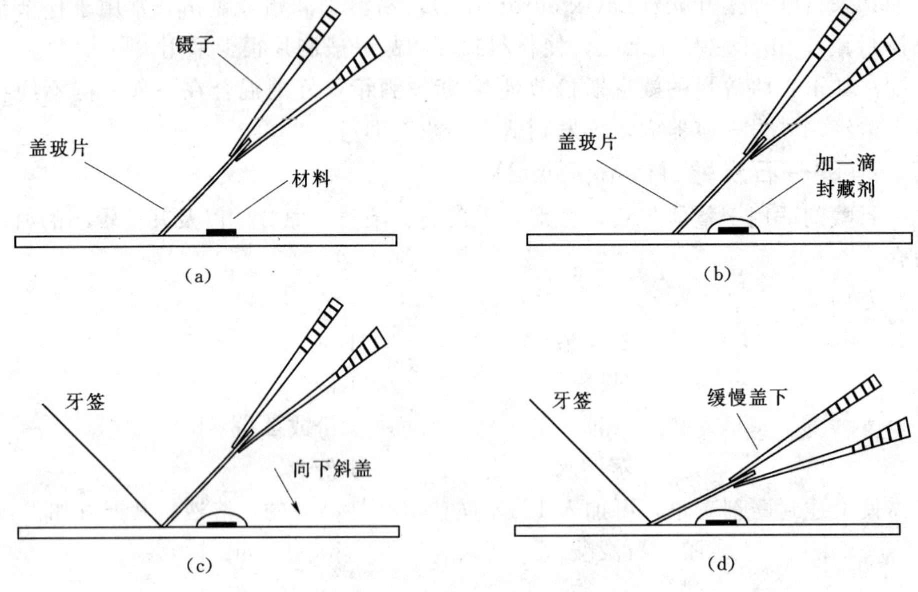

图15-1　封藏图示（斜盖法封藏）

（3）每次封藏时，必须总结经验。根据盖玻片的大小来估计所需树胶的滴数，过多过少都会影响封片质量。树胶过多则从盖玻片下向四周漫出来，太少则将在盖玻片下留有空隙。如发现这些情况，在事后必须加以补救。如树胶过多，可在干燥以后用刀刮去，并用纱布醮二甲苯拭去其残留的树胶。如树胶太少，则可用玻棒再滴一滴树胶在盖玻片的边缘，就会慢慢地吸进去。

（4）如为整体封藏或徒手切片及冰冻切片等，在封藏时应先滴上树胶，然后将材料放在树胶上，如图15-2所示。这样在盖玻片下放时，不致将材料挤到边缘去；如先放材料，再滴树胶，就会使材料被挤到边缘。

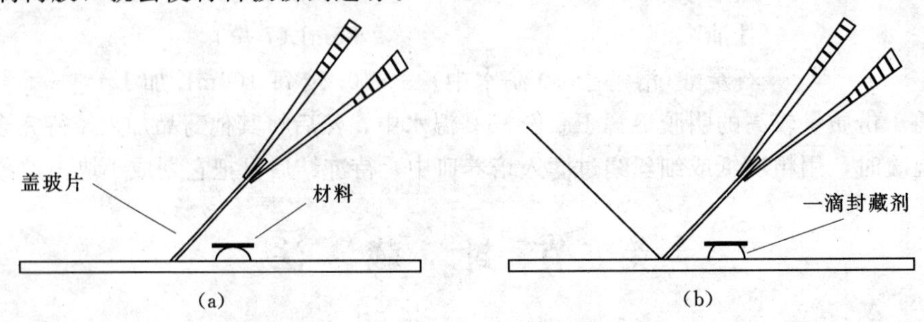

图15-2　未作粘贴的生物材料封藏方式

第三篇　显微观察与生物制片实验

第十六章　显微观察技术实验

第一节　油浸系物镜的使用方法

显微镜在进行高倍率放大（100×物镜）观察时，透镜很小，所以通光亮小。光线通过不同密度的介质物体（玻片→空气→透镜）时，部分光线会发生折射而散失，进入镜筒的光线少，视野较暗，物体观察不清。油镜的透镜很小，光线通过玻片与油镜头之间的空气时，因介质密度不同发生折射或全反射，使射入透镜的光线减少，物象显现不清。若在油镜与载玻片之间加入和玻璃折射率（$n=1.52$）相近的香柏油，就可以消除或减轻折射带来的视差影响。由于高放大分辨率的物镜镜头（100×）工作时是浸在油性物质中，因此将100倍放大的物镜称之为“油镜”。

一、油浸系物镜使用实验用具与材料

显微镜、生物装片、香柏油（或丁香油）、二甲苯、擦镜纸。

二、油浸系物镜的使用方法

1. 显微镜

使用显微镜油镜时，必须将显微镜端正直立在桌上，不得将镜臂弯曲，使载物台倾斜，以免香柏油流溢，影响观察，污染台面。

2. 对光

采用天然光为光源时，宜用平面反光镜；若用人工灯光时，则用凹面镜。首先打开光圈，转动反光镜，使光线集中于集光镜。可根据需要，上下移动集光镜和缩放光圈，以获得最佳光度。一般用低倍镜或高倍镜观察物象或用油镜检查不染色标本时，需下降集光镜并适当地缩小光圈，使光度减弱；若用油镜检查染色标本时，光度宜强应将显微镜亮度开关调至最亮，光圈完全打开，集光镜上升至与载物台相平。

3. 镜检

（1）将标本片放载物台上，用标本推进器固定，将欲检部分移至物镜下。先在干燥系中低倍物镜下找到观察对象，然后等高转换到干燥系高倍物镜下观察对象，并置于视野中央。

（2）然后升高镜筒，把镜头转呈“八”字形。在玻片标本的镜检部位滴一滴浸液（镜头油），将油浸物镜转动至工作位，将头偏于一侧观察，下降镜筒，到物镜的前透镜浸入

浸液，与盖玻片接触时停止。

(3) 继而从目镜里细心观察视野，一面从接目镜观察，一面反方向缓慢地转动细调焦纽（下降载物台，或上升镜筒），至物象清晰后进行观察。

(4) 观察完毕，应先提高镜筒，并将油镜头扭向一侧，再取下标本片。油镜头使用后，应立即用擦镜纸擦净镜头上的油。若镜油黏稠干结于镜头上，可用擦镜纸蘸少许二甲苯擦拭镜头，并随即用干的镜纸擦去残存的二甲苯，以免二甲苯渗入，溶解用以黏固透镜的胶质物，造成镜片移位或脱落。擦拭时要顺镜头的直径方向，不要沿镜头的圆周方向擦。玻片标本上的油也要进行清洁，即把一小张擦镜纸盖在载玻片油滴上，在纸上滴一些二甲苯，趁湿把纸往外拉，这样连续作三四次即可干净（如果是使用石蜡油，清洁时只用擦镜纸不必滴二甲苯）。

初次使用油镜，也可按照干燥系物镜的调焦程序调节焦距，即先下降镜筒至物镜最接近盖玻片，但绝不能压在标本上，再上升物镜调焦。但是，此法有将浸液挤出去和造成空泡的缺点。若上调粗准焦螺旋时，镜筒已升到油浸镜头离开油滴，仍不能发现被检目的物，须重新调节。

附：油浸系物镜使用实验流程

镜检生物装片置于载物台→用低倍或中倍物镜找到观察对象→等高转换到高倍物镜观察对象→并将对象置中→下降载物台（拉开工作距离）→转动物镜转换盘使物镜呈“八”字→将集光镜上升到顶位→用吸管吸取香柏油（或丁香油）→在集光镜中央相对应的载玻片上滴一滴香柏油→转动物镜转换盘将油镜移入工作位→升高载物台（缩小工作距离）→至油镜镜头浸入油中，轻触盖玻片（或接近观察对象）→缓慢调节细调焦纽（加大工作距离），眼睛在目镜观察成像→找到观察对象→调节集光镜与虹彩光圈，使观察对象呈清晰状→观察结束后，下降载物台→旋转物镜转换盘，外移油镜→用擦镜纸沾二甲苯擦去镜头上的油渍→用擦镜纸沾二甲苯擦去生物装片上的油渍。

实验流程图示见图 16－1～图 16－14。

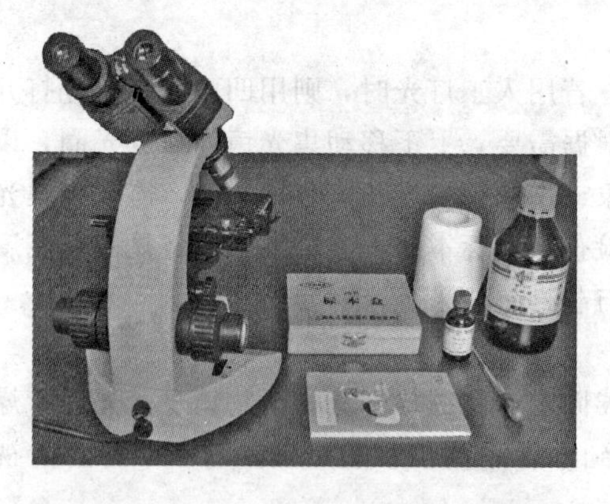

图 16－1　油浸系物镜观察实验用具

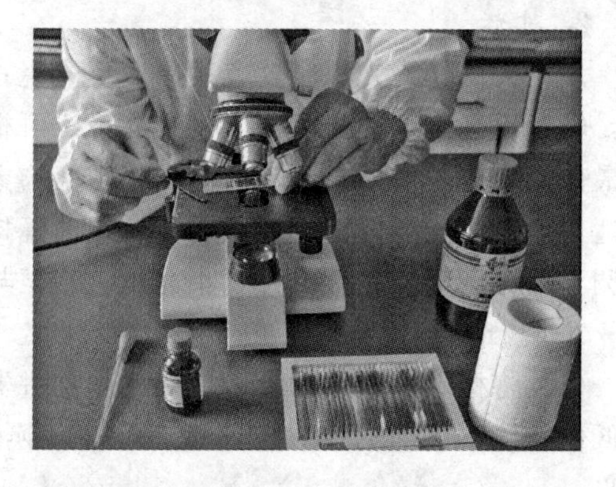

图 16－2　在载物台上放置需观察的生物装片

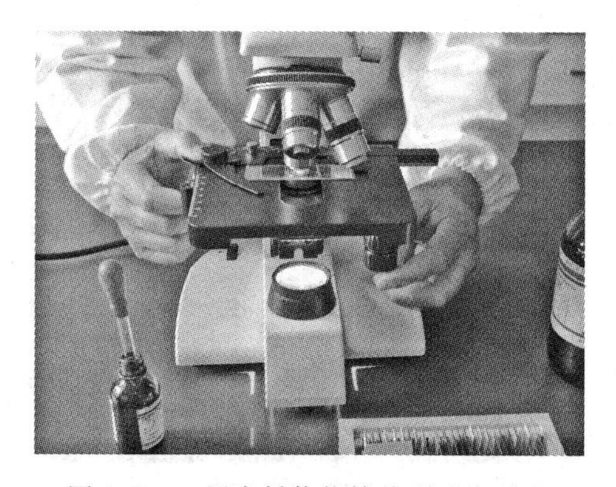

图 16-3　用中低倍物镜找到观察对象

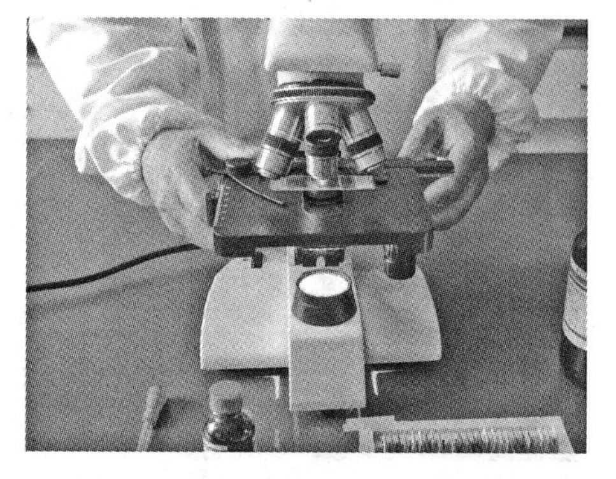

图 16-4　等高转换到高倍物镜观察

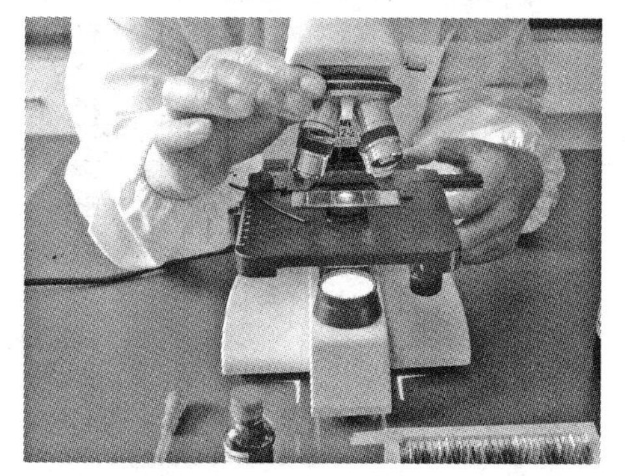

图 16-5　下降载物台，物镜转呈“八”字

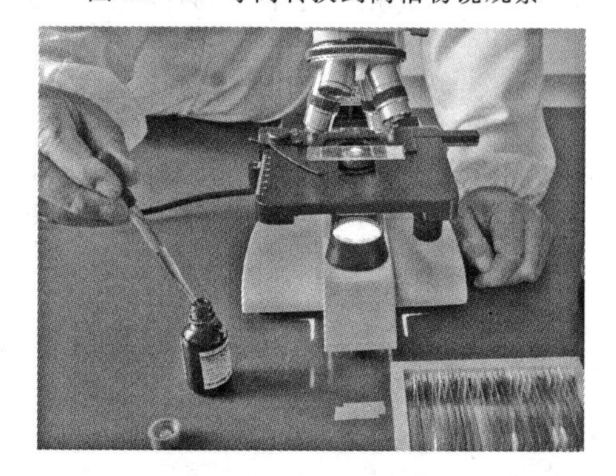

图 16-6　吸取香柏油

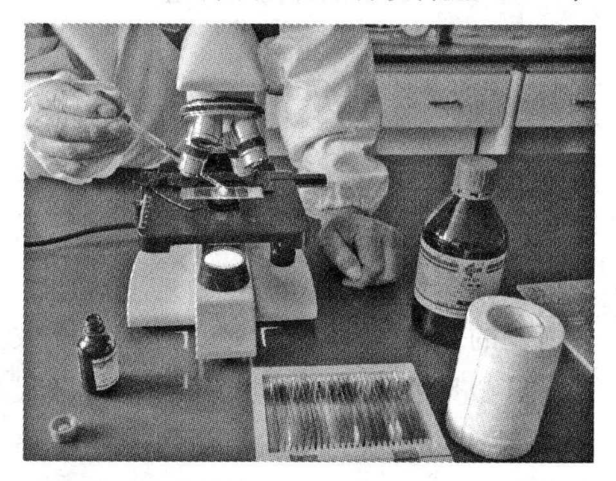

图 16-7　在观察位置上滴一滴香柏油

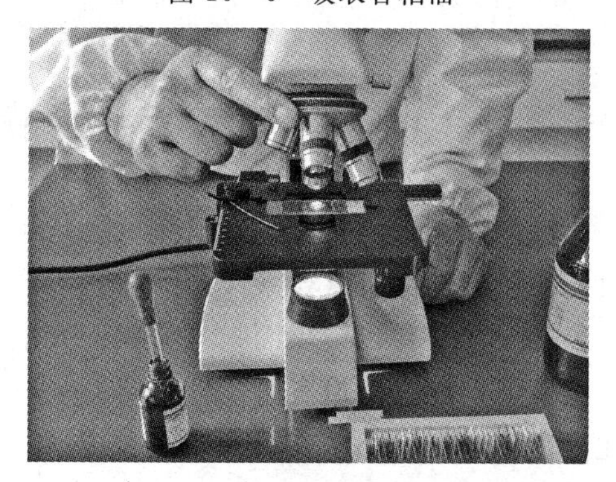

图 16-8　将油镜移入工作位

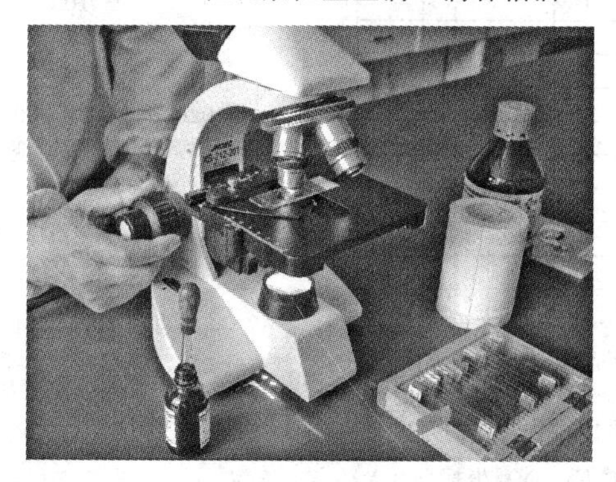

图 16-9　上升载物台，油镜镜头浸入油中

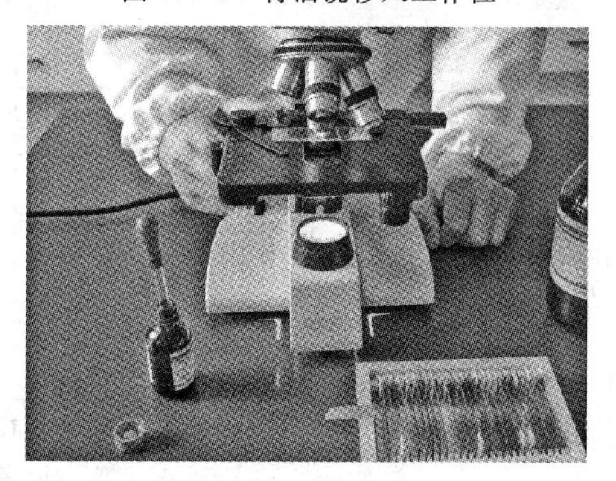

图 16-10　转动细调焦纽，进行油镜观察

图 16-11　观察结束，下降载物台，外移镜头

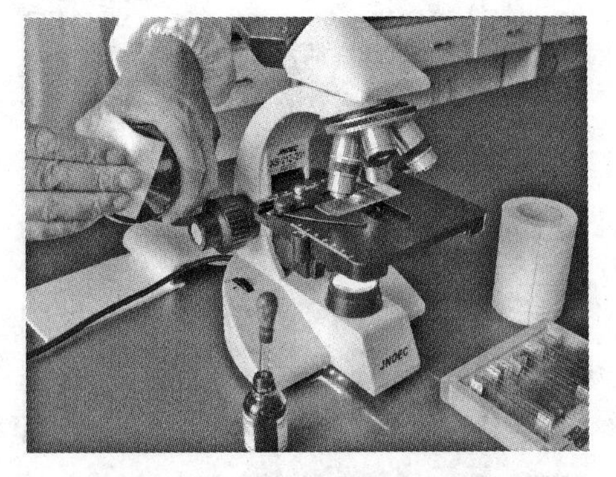
图 16-12　擦镜纸蘸二甲苯

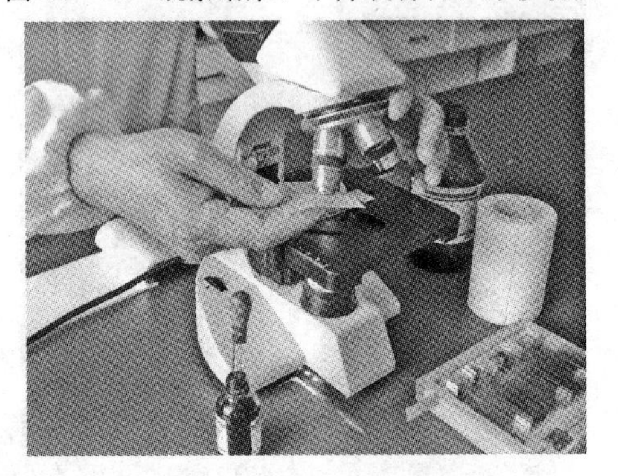
图 16-13　擦去镜头上的油渍

图 16-14　擦去生物装片上油渍

第二节　显微测量的方法

显微测微尺是用来测量显微镜视场内被测物体大小、长短的工具，分目镜测微尺（目微尺）和镜台测微尺（台微尺），需两者配合使用。

目微尺是装在目镜焦面上（光阑面）的有一刻度的镜片。其每一刻度值在不同放大倍数的物镜下实际表示值有所不同。目微尺分为线性目微尺和网状目微尺。线性目微尺是一块比目镜筒内径稍小的有标尺的圆形玻璃片，标尺长 10mm，分为 10 大格 100 小格（也

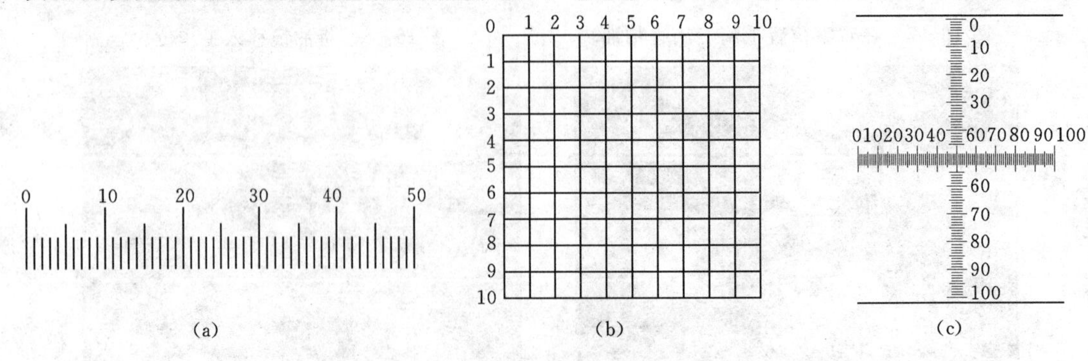

图 16-15　不同形式的目微尺

(a) 尺型；(b) 网格型；(c) 坐标型

有5mm标尺长，50小格）。网状目微尺上有数个正方格的网状刻度，可以使用网状目微尺求面积。不同形式的目微尺，如图16－15所示。

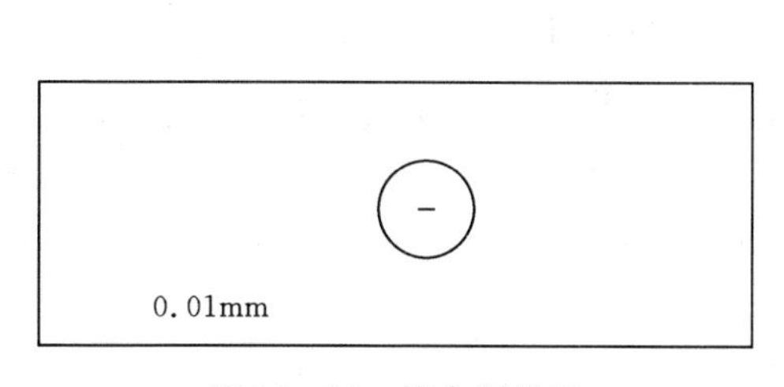

图16－16　镜台测微尺

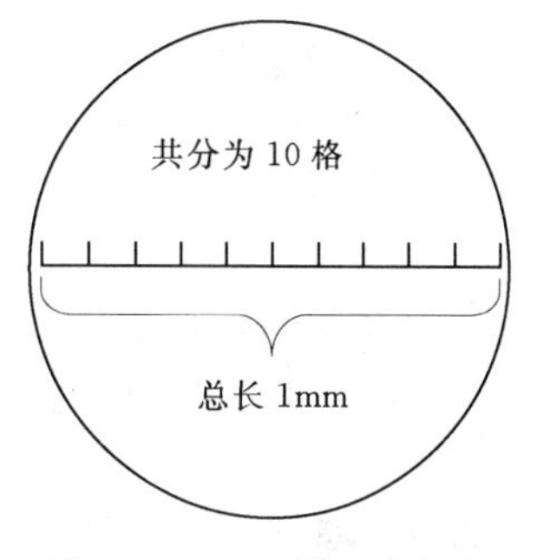

图16－17　台微尺的标长

如图16－16、图16－17和图16－18所示，台微尺为一特制的载玻片，其中央有刻尺度，长1mm，分成10大格100小格，每小格为0.01mm，标尺的外围有一黑色的小环，以便在显微镜下寻找标尺位置，标尺的圆环上覆有一圆形盖玻片以作保护。盖玻片是用树胶粘在玻片上的，因此，要避免二甲苯与其接触。台微尺是显微长度测量的标准，它并不被用来直接测量，而是用它来校正目微尺，故其质量对所测微体影响极大。

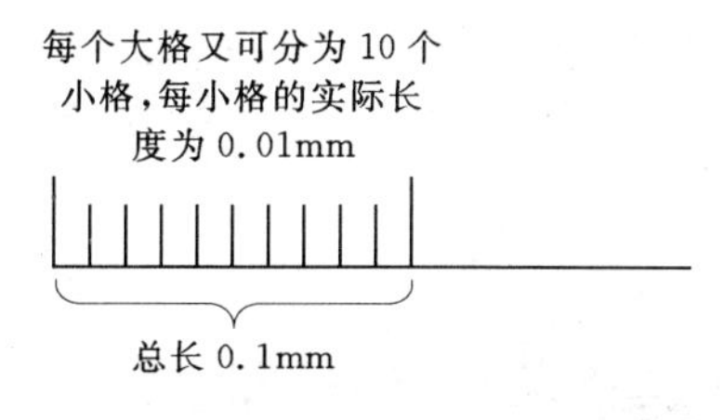

图16－18　台微尺的1个大格标长

由于不同显微镜镜筒长度不同，或不同的目镜和物镜组合放大倍数不同，目微尺每小格所代表的实际长度也不一样。因此，用目微尺测量显微观察对象大小时，必须先用台微尺校正，以计算出在一定放大倍数目镜和物镜下目微尺所代表的实际长度，然后才能用来测量显微观察对象的大小。

一、显微测量实验用具与材料

显微镜、目微尺、台微尺、生物装片、香柏油（或丁香油）、二甲苯、擦镜纸

二、显微测量方法操作

1. 目微尺的标定

（1）取下目镜，旋下目镜上的透镜，将目微尺放入目镜的中隔板（光阑面）上，使有刻度的一面朝下，再旋上透镜，并装入镜筒内。

（2）将台微尺置于显微镜的载物台上，使有刻度的一面朝上，同观察标本一样，使具有刻度的小圆圈位于视野中央。

（3）先用低倍镜观察，对准焦距，待看清台微尺的刻度后，转动目镜，使目微尺的刻度与台微尺的刻度相平行，并使两者的左边第一条线相重合，再向右寻找两者的另外一条重合线。

（4）记录两条重合线间的目微尺的格数和台微尺的格数。

计算公式：

$$L = OM \times 10 / EM$$

式中：L为目微尺每格长度（单位：μm）；OM为两个重叠刻度间台微尺格数；EM为两个重叠刻度间目微尺格数。

(5) 以同样方法，分别在不同放大倍数的物镜下测定测微尺上每格的实际长度。

(6) 如此测定后的目微尺的尺度，仅适用于测定时所用的显微镜的目镜和物镜的放大倍数；若更换物镜、目镜的放大倍数时，必须再进行校正标定。

2. 显微测量

在载物台上放上生物标本玻片，调节焦距，使视野清晰，应用载物台上的移位器移动生物装片，用目微尺测量对象。需要不同方向或不同角度测量时，可旋转目镜，使目镜中的目微尺转换角度测量对象。

测量结束后，拧开目镜，取出目微尺，装回目镜。

附：显微测量实验流程

取下目镜，并旋下目镜套筒→取出目微尺，并用擦镜纸清洁→将目微尺放在目镜的中格位（光阑面）→用擦镜纸清洁目镜的视野透镜→装回目镜套筒→目镜回位→打开光源→把台微尺放在载物台的移位器上→将台微尺的标尺置于物镜工作位下→在低倍物镜下标定目微尺→等高转换，在高倍物镜下标定目微尺→油镜操作，在油镜下标定目微尺→计算不同放大倍数物镜下目微尺每小格表示值（微米）→移出台微尺→将生物标本玻片置于视野中→进行显微测量→测量完成后，移出生物装片→取下目镜，并旋开目镜套筒→取出目微尺→装回目镜套筒→目镜回位。

实验流程图示见图 16－19～图 16－36。

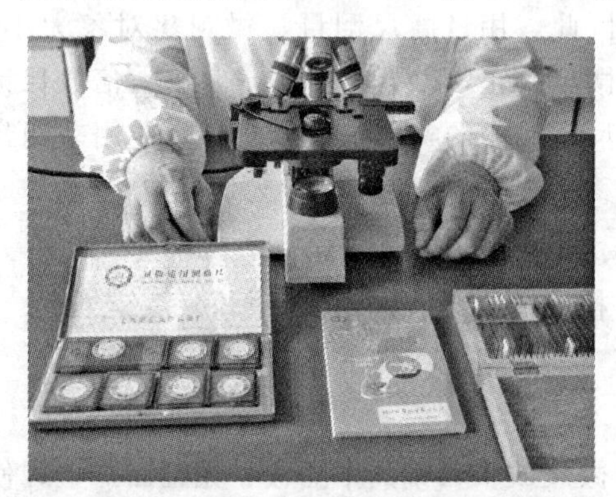

图 16－19　显微测量用具

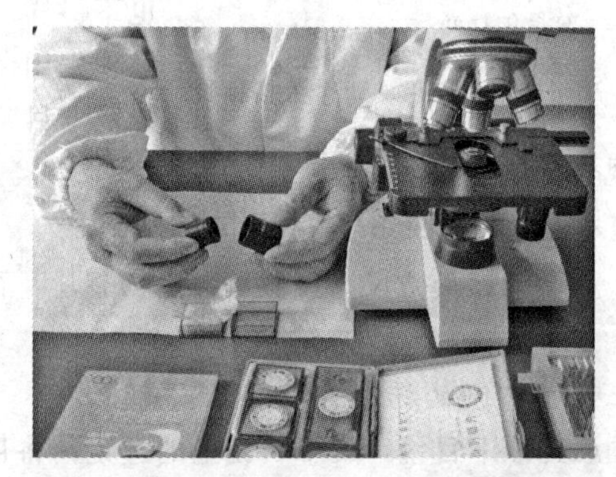

图 16－20　取下目镜，并旋开目镜套筒

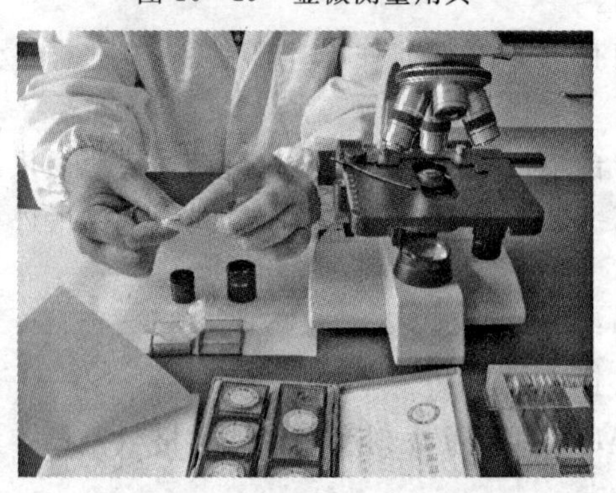

图 16－21　擦镜纸清洁目微尺

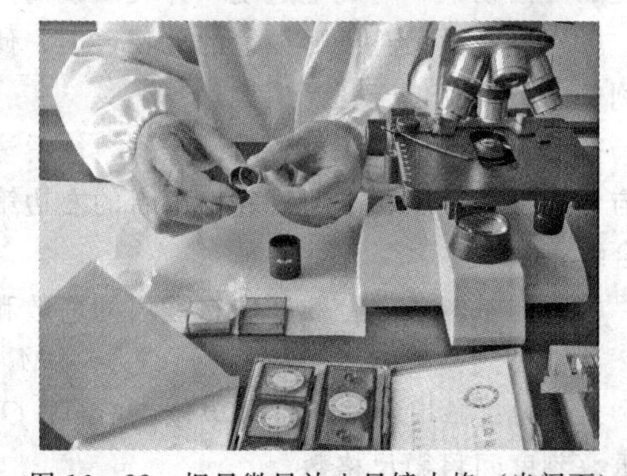

图 16－22　把目微尺放入目镜中格（光阑面）

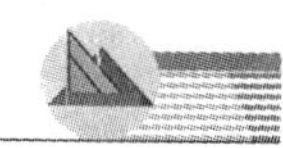

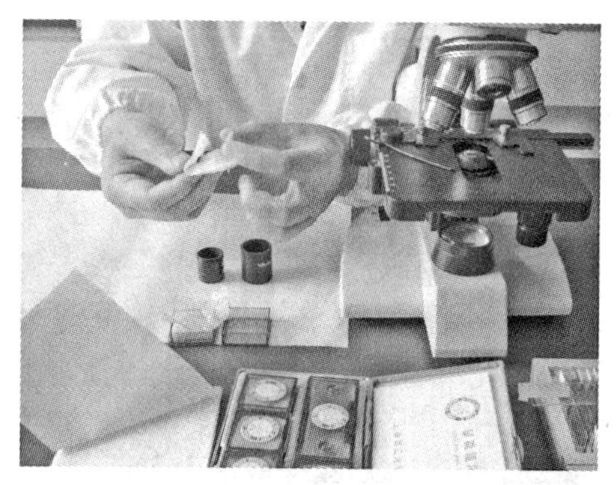

图 16－23　擦镜清洁目镜的视野透镜

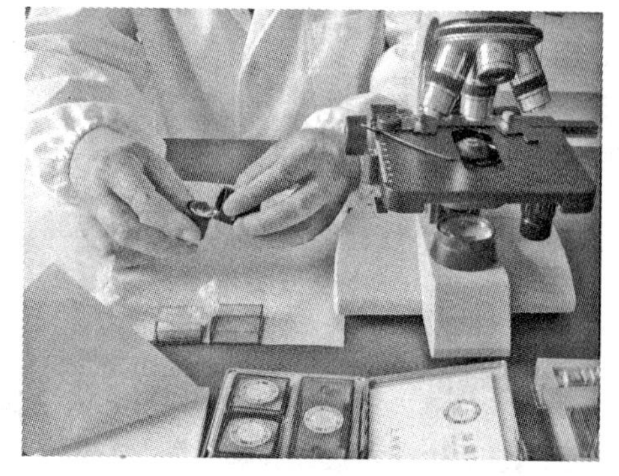

图 16－24　装回目镜

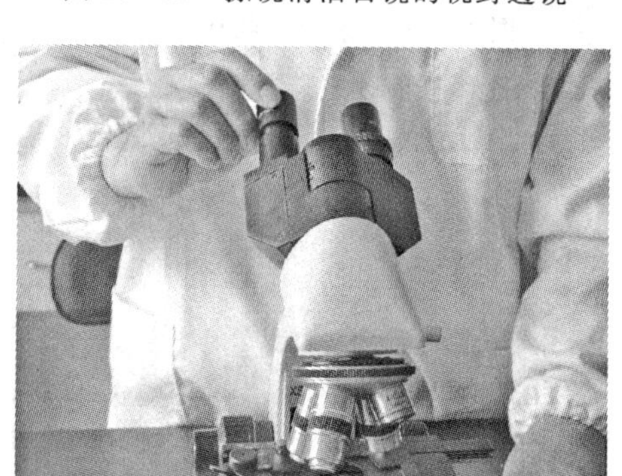

图 16－25　目镜回位

图 16－26　取出台微尺

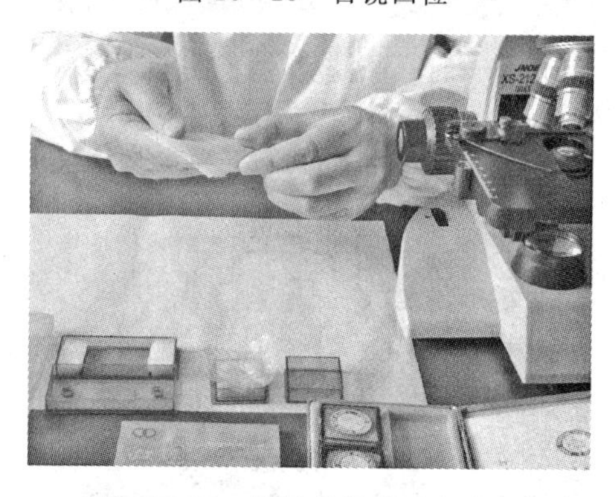

图 16－27　用擦镜纸清洁台微尺

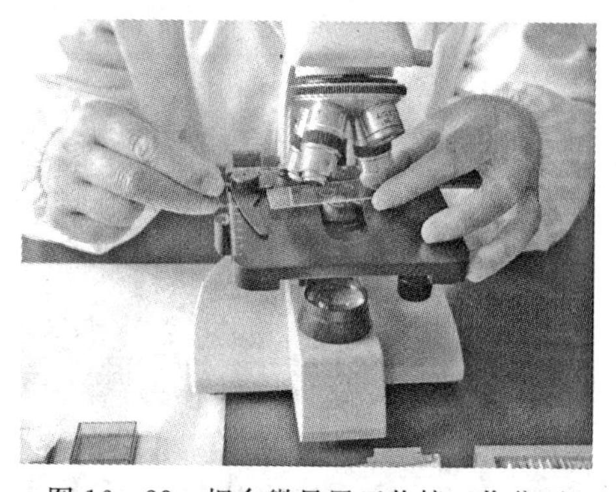

图 16－28　把台微尺置于物镜工作位下

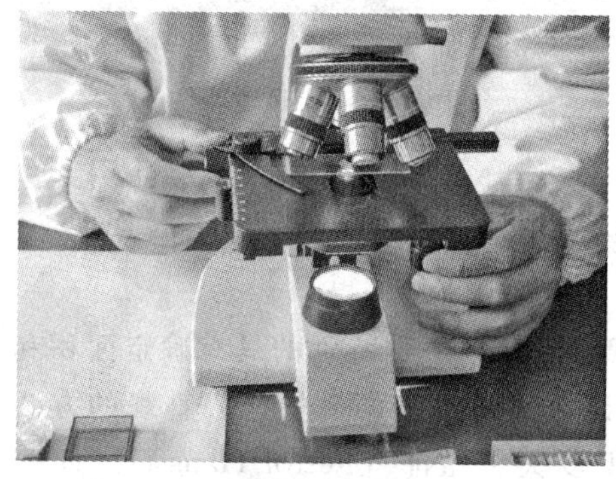

图 16－29　低倍物镜下标定目微尺

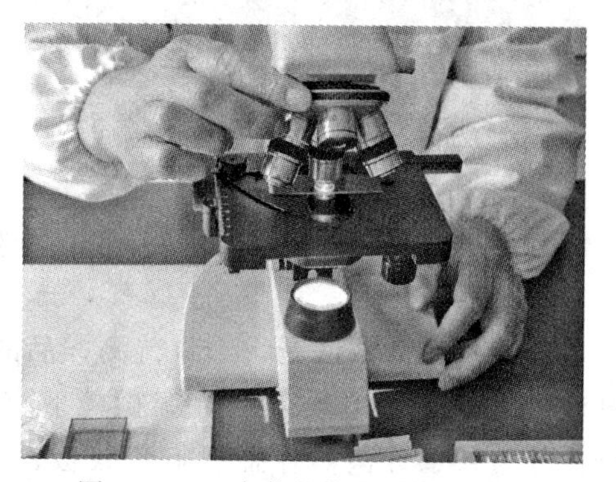

图 16－30　高倍物镜下标定目微尺

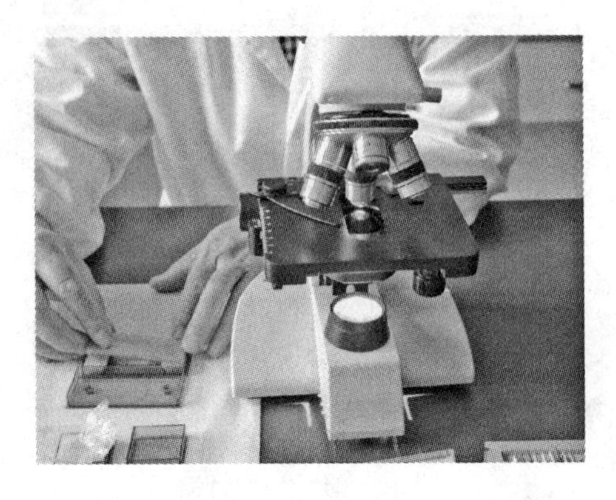
图 16-31　标定结束后收回台微尺

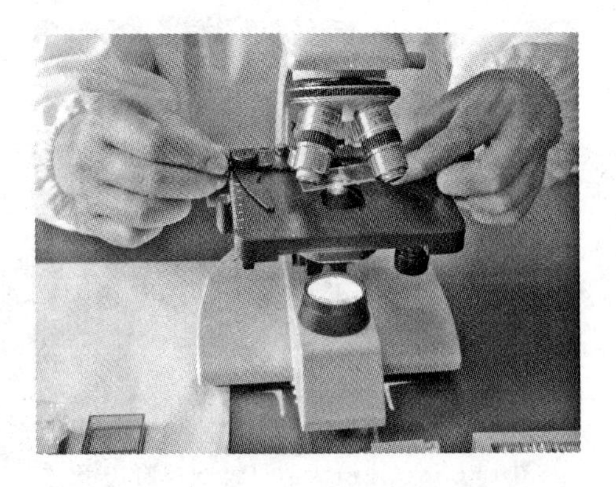
图 16-32　装上生物标本装片

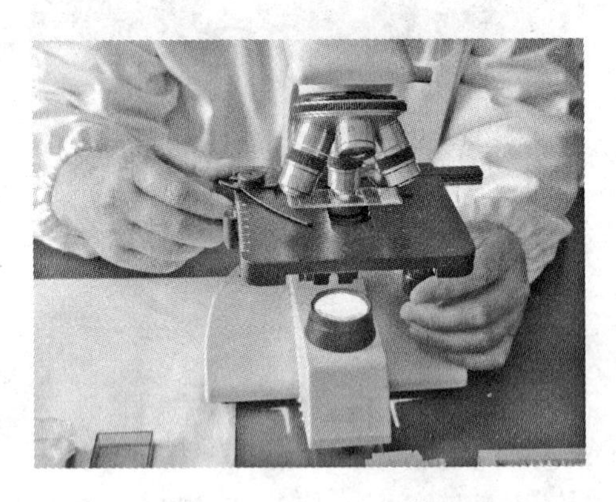
图 16-33　显微测量

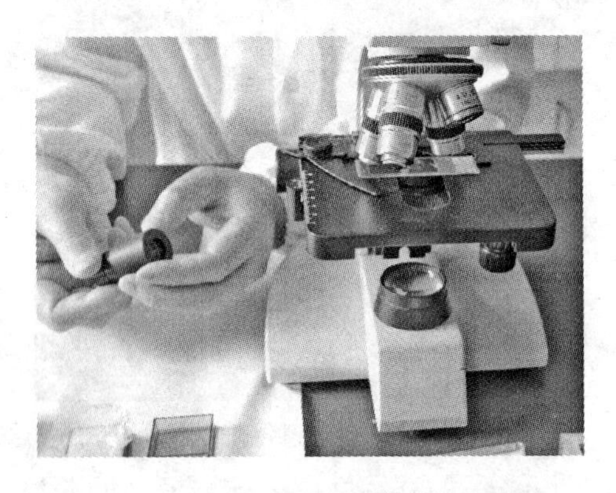
图 16-34　测量结束后旋开目镜套筒

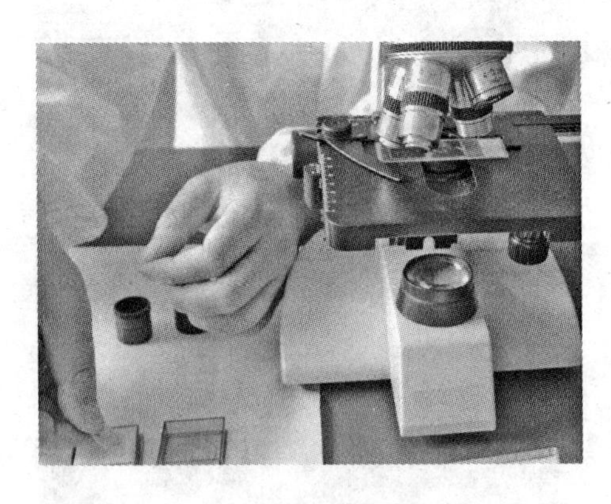
图 16-35　收回目微尺，装回目镜

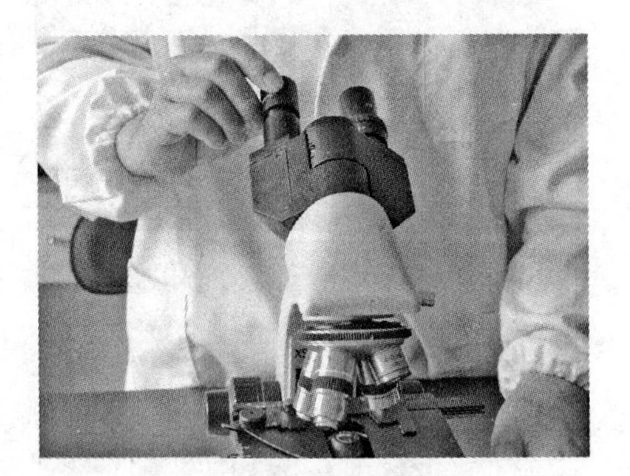
图 16-36　目镜回位

第三节　显微计数的方法

显微镜直接计数法是将小量待测样品的悬浮液置于一种特别的具有确定面积和容积的载玻片上（又称计菌器），于显微镜下直接计数的一种简便、快速、直观的方法。目前国内外常用的计菌器有血细胞计数板、彼得罗夫·霍泽（Petrof Hausser）计菌器以

及 Hawksley 计菌器等，它们都可用于酵母、细菌、霉菌孢子等悬液的计数，基本原理相同。后两种计菌器由于盖上盖玻片后，总容积为 0.02mm^3，而且盖玻片和载玻片之间的距离只有 0.02mm，因此可用油浸物镜对细菌等较小的细胞进行观察和计数。除了用这些计菌器外，还有在显微镜下直接观察涂片面积与视野面积之比的估算法，此法一般用于细菌学检查。本实验以血细胞计数板（血球计数板）为例，进行显微镜直接计数。

用血细胞计数板在显微镜下直接计数是一种常用的微生物计数方法。该计数板是一块特制的载玻片，其上由四条槽构成三个平台；中间较宽的平台又被一短横槽隔成两半，每一边的平台上各列有一个方格网，每个方格网共分为 9 个大方格，中间的大方格即为计数室。计数室的刻度一般有两种规格。一种是一个大方格分成 25 个中方格，而每个中方格又分成 16 个小方格；另一种是一个大方格分成 16 个中方格，而每个中方格又分成 25 个小方格。无论是哪一种规格的计数板，每一个大方格中的小方格都是 400 个。每一个大方格边长为 1mm，则每一个大方格的面积为 1mm^2，盖上盖玻片后，盖玻片与载玻片之间的高度为 0.1mm，所以计数室的容积为 0.1mm^3。计数时，通常计算 5 个中方格的总菌数，然后求得每个中方格的平均值，再乘上 25 或 16，就得出一个大方格中的总菌数，然后再换算成 1mL 菌液中的总菌数。

设 5 个中方格中的总菌数为 A，菌液稀释倍数为 B，如果是 25 个中方格的计数板，则：

$$1\text{mL 菌液中的总菌数} = A/5 \times 25 \times 10000 \times B = 50000AB(\text{个})$$

同理，如果是 16 个中方格的计数板，则：

$$1\text{mL 菌液中的总菌数} = A/5 \times 16 \times 10000 \times B = 32000AB(\text{个})$$

一、显微计数（以单细胞藻类显微计数为例）

实验用具与材料：

显微镜、血细胞计数板、血盖片、吸管、小烧杯、擦镜纸、吸水纸、单细胞藻种。

二、显微测量操作

1. 计数藻液制备

以无菌水（或无菌海水）将高密度藻种液稀释成浓度适当的单细胞藻液。如果是接种培养中的藻液可直接进行计数，不必稀释。

2. 镜检计数室

用擦镜纸清洁血细胞计数板和血盖片；将清洁干燥的血细胞计数板盖上血盖片放置于载物台物镜工作位下，用中倍或高倍物镜找出计数板上计数框，并调清视野。

3. 加样品

用吸管吸取摇匀的单细胞藻液，在血细胞计数板的加样区滴一小滴单细胞藻液，让藻液沿缝隙靠毛细渗透作用自动进入计数室，一般计数室均能充满藻液。加样时计数室不可有气泡产生。

4. 显微计数

加样后静置 2～3min，调节显微镜光线的强弱适当，进行计数框选格（中方格）计数。每个计数室选 5 个中格（可选 4 个角和中央的一个中格）中的单细胞藻进行计数。位于格线上的藻体一般只数上方和右边线上的。计数一个样品要从前后两个计数室中计得的平均数值来计算样品的含藻数。在计数前若发现藻液太浓或太稀，需重新调节稀释度后再计数。一般样品稀释度要求每小格内约有5～20个单细胞藻体。

5. 清洗血细胞计数板

使用完毕后，将血细胞计数板在水龙头用水冲洗干净，切勿用硬物洗刷，洗完后自行晾干或用吹风机吹干。镜检，观察每小格内是否有残留菌体或其他沉淀物。若不干净，则必须重复洗涤至干净为止。

附：显微计数实验流程

清洁血细胞计数板→清洁血盖片→血盖片覆盖计数区→血细胞计数板放置工作位→在目镜视野中找到计数框→调清视野→吸取样液→在两个加样区分别滴加样液→静置→在第一个计数区进行选格计数→换第二个计数区进行选格计数→记录数据→计算数量（换算密度）→计数结束，移出血细胞计数板→清洗血盖片和血细胞计数板。

实验流程图示见图16-37～图16-48。

图16-37　显微计数用具

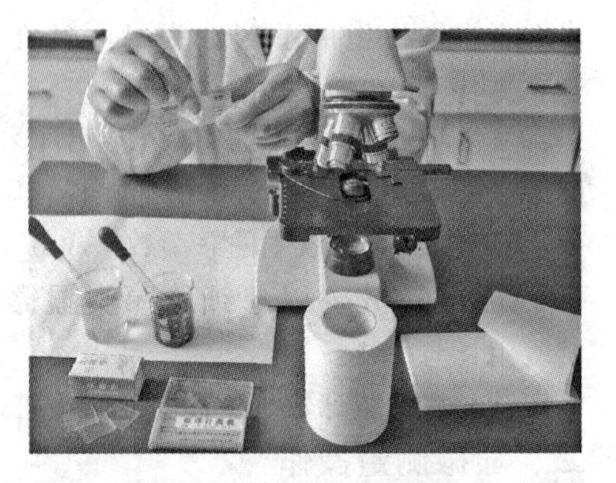

图16-38　清洁血细胞计数板

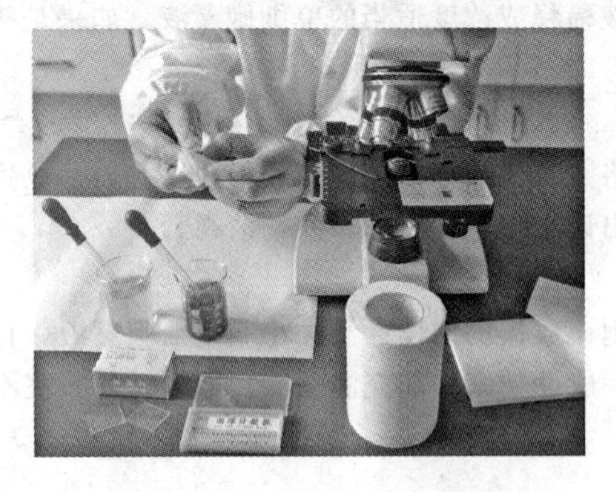

图16-39　清洁血盖片

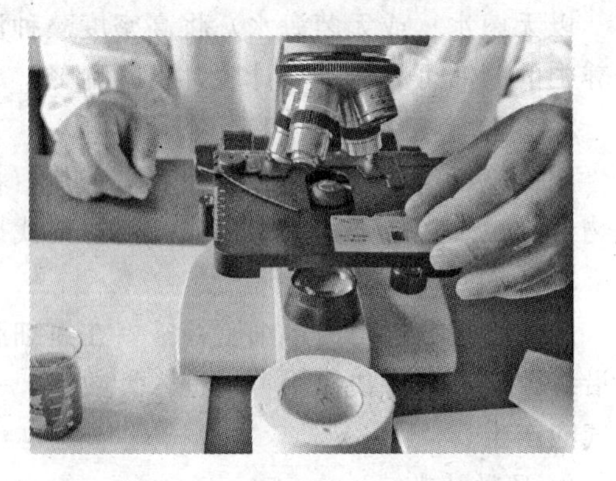

图16-40　血盖片加盖于血细胞计数板计数区

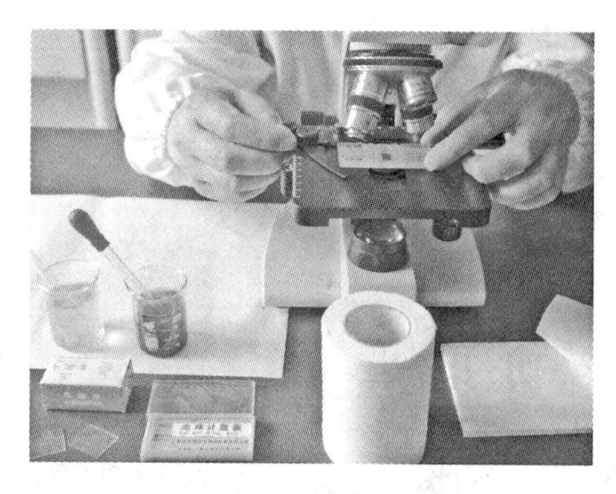

图 16-41 血细胞计数板放入工作位

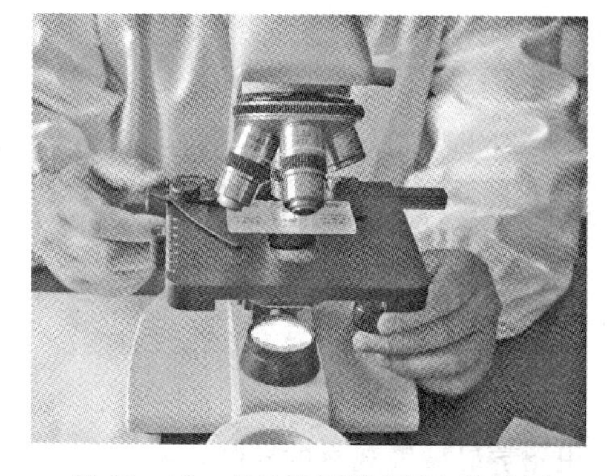

图 16-42 在目镜视野中调出计数框

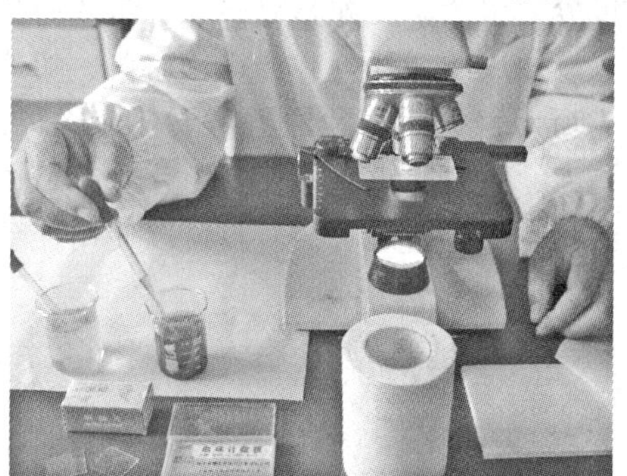

图 16-43 吸取样液

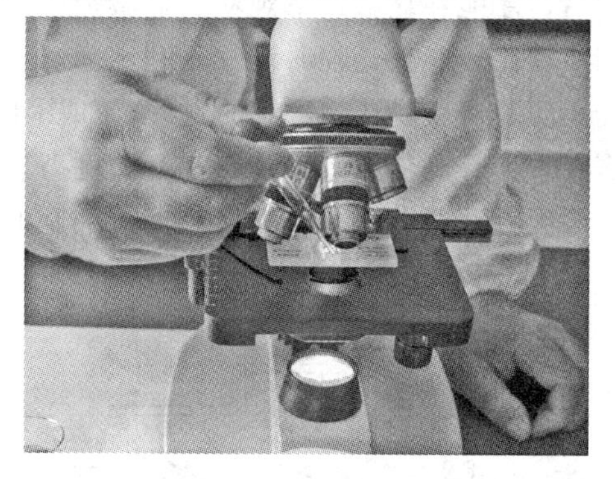

图 16-44 在加样区滴加样液

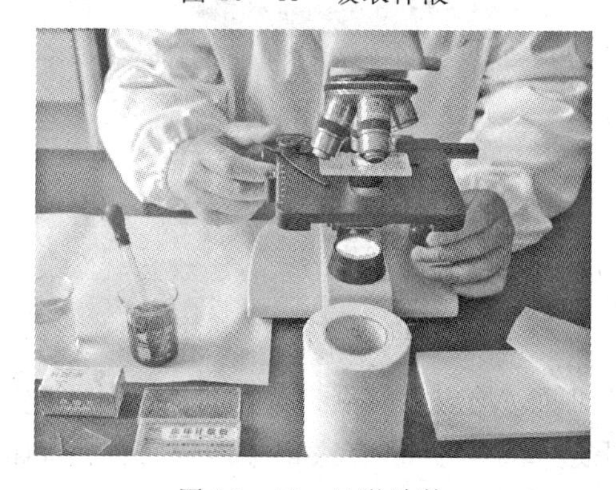

图 16-45 显微计数

图 16-46 计数后移出血细胞计数板

图 16-47 清洗血盖片

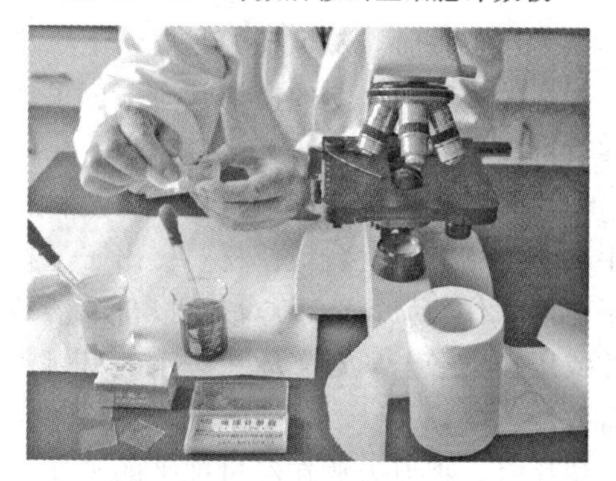

图 16-48 清洗血细胞计数板

第十七章　切片式生物制片

第一节　徒手切片法

用光学显微镜观察的样品，必须是透明的薄片。因此，要先把观察的材料制成透明的切片后，才能在显微镜下观察。显微镜的制片可分为永久制片和临时制片。永久制片的方法和步骤比较复杂；临时制片是利用新鲜材料直接做成的切片，方法比较简单。切片法中的徒手切片法就是典型的临时制片。如图 17－1 所示，徒手切片法不需要任何机械设备，只需要一把锋利的刀或一片刀片（解剖刀、美工刀、剃刀、单双面保安刀片）就可进行工作，不但方法简单，而且也容易保持细胞的生活状态。合适形状的材料可以使用徒手切片器（图 17－2）夹持方便切割。

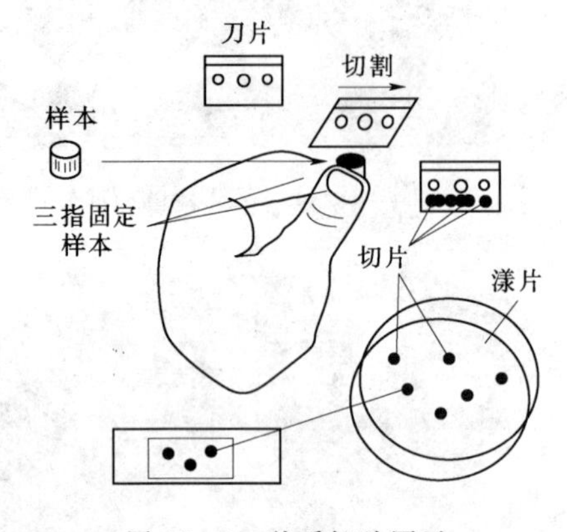

图 17－1　徒手切片图示

图 17－2　徒手切片器

进行切片的准备工作，如截取材料、削平切面，均应用解剖刀或用过的刀片。绝不可用剃刀或新的刀片，以避免刀刃变钝，甚至于造成缺口。只有这样才能保证有锋利的刀刃，切出合乎要求的切片。

徒手作切片时，最重要的是要切下一小片平而薄的组织，而并不是要求切下一个完整的切片。例如，切一茎的横切片，不要求切下一个完整的一片，而只需切下一小部分能够观察就可以了。

切片时首先应该正确地拿住切刀及材料，正确姿势如图 17－3 所示。正确的方法是用左手三个手指拿住材料，使材料突出于手指上面，这样进行切片时才不至于割伤手指。右手平稳地拿住切刀，两手应该可以自由活动，切时两臂不要过于紧张，也不要使肘臂紧靠身体或压在桌子上。对于体积较小的材料，为了切片时的稳定性，采用抵手式切片的方式更有效。

切片时，把刀刃放在经过削平的平面上，然后轻轻地压住它，以均匀的力量和平稳的

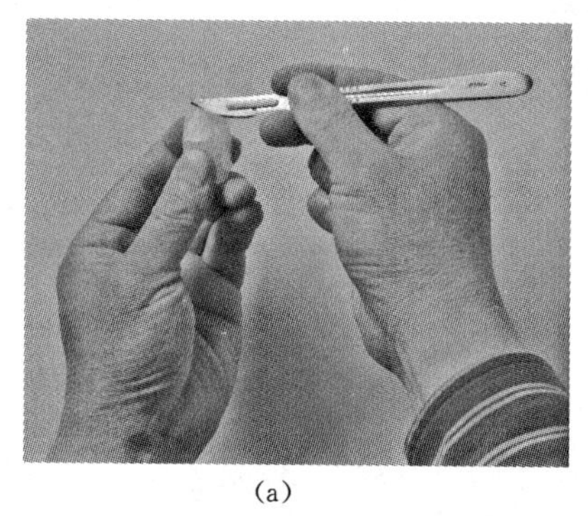

(a)

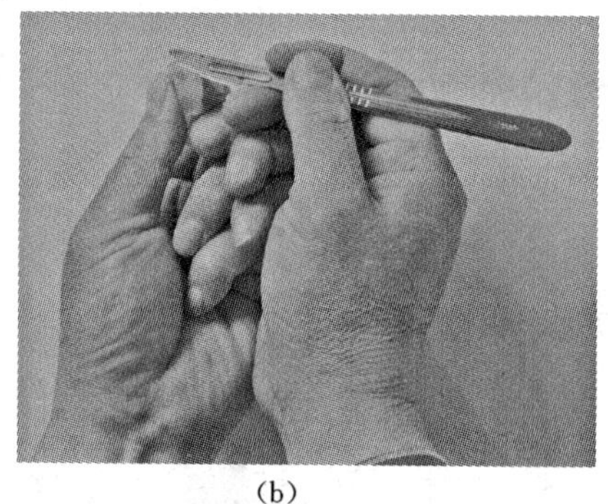

(b)

图 17-3　徒手切片的方式

(a) 分开式；(b) 抵手式

动作，从刀刃的右侧，斜向左的方向切。切时要用臂力而不要用腕力，而且不要用力过大。也不能用切片直接挤压材料，或从左右两方向来回切割材料，这样都不能切出合格切片。假如刀刃切入材料过深过厚，应该把切刀从切口处取出，重新做切片。

切片时为了避免材料枯干，应使材料的切面及刀刃上保持有水，呈湿润状态。在切片时还应注意，所切的材料和切刀一定要保持水平方向。如果斜向切下材料，虽然切片很薄，但由于细胞切面偏斜，而影响观察。

薄的切片应该是透明的，切片可留在刀刃上，继续切片，一连切几个切片，然后用蘸水的毛笔把切片取下，方法如图 17-4 所示。切下的切片可放在盛有水的培养皿中（漾片），或直接放在滴有水的载玻片上。

过于柔软的器官，例如幼嫩的叶片，难于直接拿在手中进行切片。切时需夹在维持物中，以便于把握操作。维持物一般用胡萝卜根、土豆块茎或泡沫塑料（聚苯乙烯，贵重仪器的填充物），将要切的材料夹于其中，然后进行切片。

将切下的薄片直接放在滴有水的载玻片上，或将切片先放在盛有水的培养皿中，然后选择薄的切片，再放到载玻片上。添加蒸馏水（或生理盐水），小心地加盖玻片后，即可进行显微观察。

加盖玻片时，应特别小心，避免有气泡出现影响观察，正确方式如图 17-5 所示。

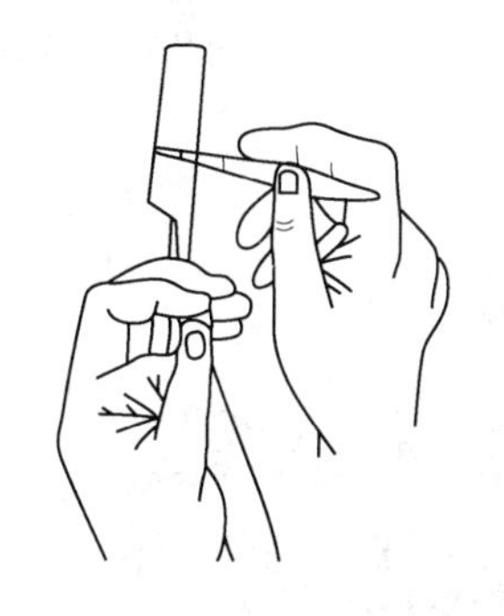

图 17-4　切片从刀上取下

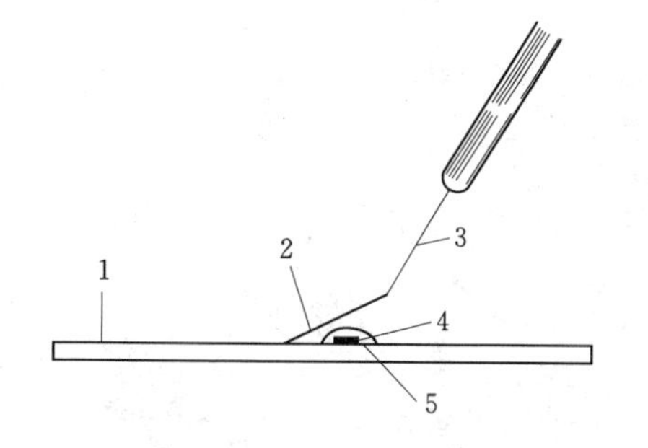

图 17-5　加盖玻片

1—载玻片；2—盖玻片；3—解剖针；
4—切片；5—水滴

附：徒手切片法实验流程

选材→切片→漾片→选片→滴加生理盐水→盖片（或不盖片）→压片（或不压片）→显微镜检。

实验流程图示见图 17－6～图 17～10。

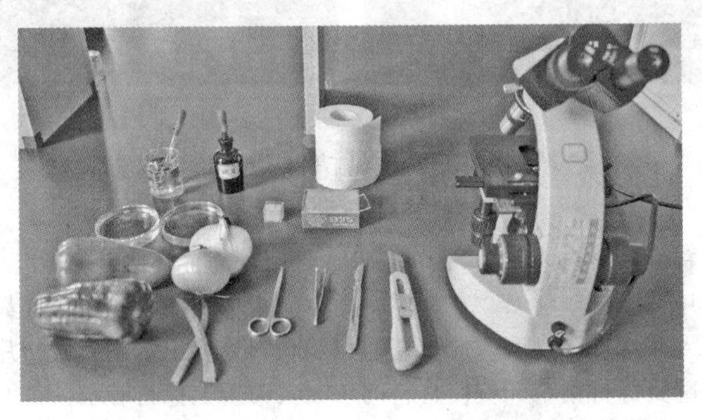

图 17－6　实验用具与材料

如图 17－6 所示，有解剖刀、美工刀、解剖剪、镊子、培养皿、载玻片、盖玻片、显微镜、蒸馏水、碘液、吸水纸、实验材料。

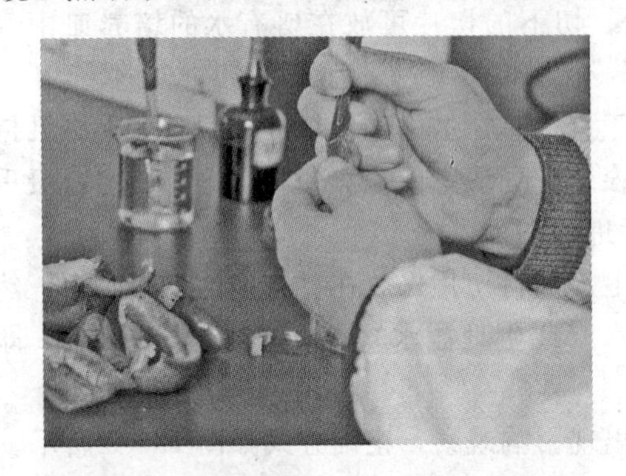

图 17－7　将实验材料进行切片（抵手式）

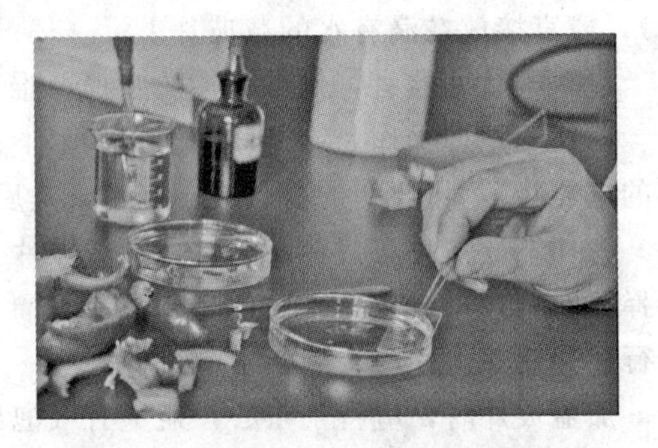

图 17－8　选取合适的切片放在载玻片上

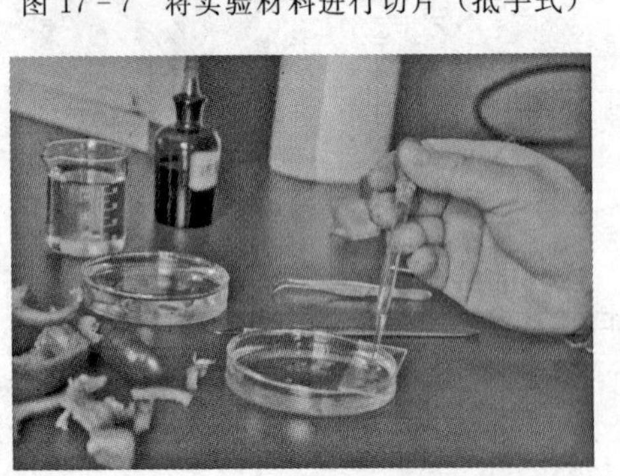

图 17－9　在切片上添加蒸馏水，加盖玻片

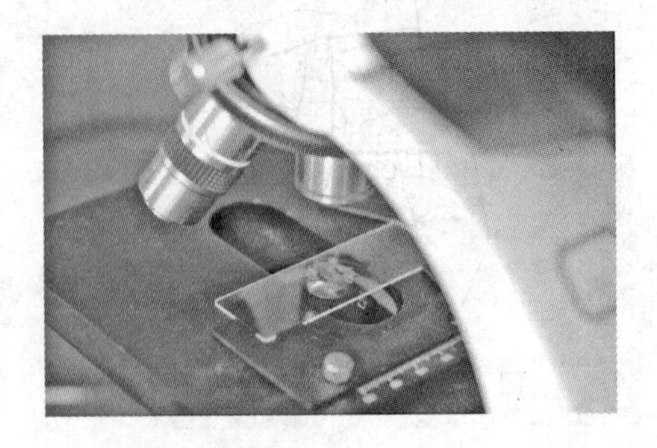

图 17－10　显微镜检

第二节　冰冻切片法

冰冻切片法（freezing method）是将已固定或新鲜的组织块不经脱水先进行冰冻，然后在切片机上进行切片的一种方法。这种切片法常用于临床上病理组织和组织与细胞化学制片。此法有两个优点。

（1）制片速度快。在临床上，手术的摘出物需急速诊断时，用此法从采取标本到切片制成，可以在15min之内完成。

（2）保存组织内某些易被有机溶剂所溶解的物质，例如脂肪和酶，采用此法后就可以避免，而且还可防止组织块的收缩，保持原形。此法的缺点是，所切的片子较厚，又不能做连续切片，还有容易破碎的毛病。为了避免这种缺点，可在切片之前先行明胶包埋。

一、仪器和用具

冰冻切片的主要仪器和用具有：切片机及其附件、液体二氧化碳钢筒。

1. 冰冻切片机

前面所讲过的滑行切片机和旋转切片机，装上冰冻附着器后，都可做冰冻切片用。也有专用的冰冻切片机，其主要部分有：

（1）夹刀部——固定切片刀，并与操纵切片的把手连接。

（2）载物台——在机身的中部，为一个圆形盘，在盘的中央有个圆柱形的孔，冰冻附着器可插在里面。

（3）调节器——在机身的下部，为有刻度的微动装置，用于调节切片的厚度。

（4）固着部——为固定机身用的螺旋装置。

2. 冰冻附着器

冰冻附着器由标本台（或称冰冻盘）、输气管及二氧化碳气的开关三部分组成。标本台是一个直径约3～4cm的圆台，上面有纵横的沟，是专供安置组织块用的。台的内部是空的，与输气管相连。输气管的一端与液体二氧化碳钢筒相连接，另一端与标本台相连接。与标本台连接处有开关控制。当开关打开时，液体二氧化碳放出，由于压力减少而气化，并吸收周围大量的热，使温度立即降低，因而使标本台上的组织块冰冻。

3. 液体二氧化碳钢筒

液体二氧化碳钢筒为圆柱形的钢筒，内贮液体二氧化碳，一端开口与输气管连接通向切片机上的标本台。钢筒上亦装有开关，不用时应将它关紧，以免气体逸出。

二、制片方法

1. 固定

在冰冻切片机上进行切片的组织块，一般都先经过下列各种不同的处理：

（1）新鲜的组织块，不加任何处理就进行冰冻切片。

（2）固定的组织块，经水洗后再进行冰冻切片。最常用的固定液为福尔马林，也可用布安氏液及津克尔氏液固定，但必须经过水洗或去汞后才能切片。

（3）如果是容易破碎的组织块，在固定水洗后须再经明胶包埋，之后才能进行切片。

2. 切片

（1）将切片机安装好，将冰冻附着器连接在切片机与液体二氧化碳钢筒之间，并将标本台后的开关旋开。这时即可将钢筒口上的开关打开，随即不时地开闭标本台后的开关，借以检查气体喷出的程度。当气体喷出时，能听到嘘嘘声，同时看到标本台上有白霜状附着物时，即证明钢筒中所贮存的确系液态二氧化碳，这时可将钢筒开关紧闭待用。若喷出气体时，只能听到很高的金属性噪音而又无白霜状物出现，这就表示贮存的液态气体已用尽，应重新贮入后再用。

（2）将标本台用水湿润到适宜的程度后，即将组织块（新鲜的或固定的）放在上面。关闭标本台后的开关，并将二氧化碳钢筒上的开关稍微打开，随后再有节奏地来回开闭标本台后的开关，使气化的二氧化碳不时从标本台喷出来，使组织块冻结。

（3）在冻结组织时，标本台侧面的小孔应对着切片刀，使刀片的温度亦随着下降，并调节好切片的厚度（约 15～20μm），转动标本台的升降把手，使冰冻的组织块的上端与切片刀相接。

（4）当组织块表面呈现轻微的溶化时即可开始切片，组织块冻结的硬度与切片的成败有密切的关系，故在开始切削的几片须特别当心。如切削后在刀片上出现白而脆的飞散碎片，即表示冻结的组织块太硬；若为软弱的粥状则又太软。在这两种情况下切的片子放入水中后即破碎，不能用。为了避免这种缺点，可将组织块冻结得稍过硬，然后用手指按在块上，待表面轻微溶化即可连续地切下几片，可取得适用的切片。

（5）切下的切片附着在刀片上，可用湿润的毛笔将它扫在盛有水的培养皿中。切片应平摊在水面或沉于水底。如切片卷起，应用毛笔将它摊平。

冰冻切片法中常用液体二氧化碳作为冷冻剂。由于液体二氧化碳要用耐压力的钢筒贮存，加上冷冻材料时的制冷温度不易掌握，结冰过硬或不足，都会引起切片的失败。

目前，国内已经试制成功一种半导体切片制冷器。把制冷器装配于切片机上，即成一架半导体冰冻切片机。由于半导体制冷器可以自由控制致冷温度和调节结冰硬度，因而可以快速切出较好的切片，具有设备简单、操作方便等特点。

半导体制冷器是根据温差电现象设计而成。当一块 N 型半导体作元件和一块 P 型半导体元件连接成电偶并通以直流电时，电偶对流过的电流就发生能量转移，在一个接头上放出热量，而在另一个接头上则吸收热量。如果用适当的方式，如用流动的自来水将放热端的热量带走，那么吸热端将迅速冷却，于是达到致冷的效果。

半导体切片制冷器由冷刀器和冷台两部分组成，两者都由水箱、元件和冷面所组成。

在冷台上装有直角温度计（－50～－20℃），底部附有连接杆，可以装在切片机夹物部上，并向各方倾斜来调整切面角度。

切片前，先装好制冷器，接好电线和冷却水管，打开水龙头，然后通电并通过整流器调节电流强度，从而控制致冷温度和结冰硬度。根据工作经验，当致冷温度达到使用温度时，即可开始切片。

3. 贴片

（1）将贮有切片的培养皿放在黑纸上，以便选择较好的切片贴在载玻片上。

（2）将已涂蛋白的载玻片的一端没在培养皿内水中。用毛笔将切片带到载玻片上摊

平，然后将载玻片移出水面，用吸水纸将水分吸干（用手指在切片上稍压），并立即滴几滴纯酒精于切片上。

（3）30s后，将原来的纯酒精吸干，再滴上另外的纯酒精。数秒钟后，继续将它吸干。

（4）待酒精尚未干涸时，在切片上立即滴上1%的火棉胶溶液（火棉胶1g，纯酒精50mL，乙醚50mL），并随手将玻片倾斜，使多余的火棉胶溶液流排，随即将载玻片经过83%～70%酒精处理。

（5）此时，在切片上已形成一薄层火棉胶，切片保存在里面不易脱落。

4. 明胶包埋

有些组织块在切片时容易破碎，所以在切片之前须用明胶包埋。其法如下：

（1）固定、冲洗。

（2）将材料浸入10%的明胶溶液（明胶2g，1%的苯酚水溶液20mL），在37℃温箱中放置24h，使明胶能充分透入。

（3）移入20%的明胶溶液（明胶4g，1%的苯酚水溶液20mL）中，在37℃温箱中放置12h。

（4）用20%的明胶包埋。其方法与石蜡包埋相同。

（5）将冷凝的明胶块用刀片整修，把组织块四周的明胶修去。愈接近组织愈好。

（6）整修好的组织块在冰冻切片之前应经水洗10～20min，须再浸入10%的福尔马林中24h，以便使组织硬化。

（7）在冰冻切片机上切片。

（8）将切下的片子漂浮在冷水面上，随后移到涂有蛋白的载玻片上，将水淌去并微微加热使蛋白凝固。

（9）将载玻片放在温水中溶去明胶后即可进行染色。

5. 染色与封藏

（1）将涂有火棉胶的冰冻切片从酒精移回到水中，然后选用适合于制片目的的各种不同染色方法进行染色。

（2）脱水、透明和封藏。

（3）用明胶包埋的切片，遇90%以上的酒精时将引起收缩。因此，在染色和封藏时，宜采用水溶性的染料和封藏剂。

附：冰冻切片法实验流程

取样

↓

冷冻切片机开机→温度设定→在固着盘上涂冷冻剂→上样→滴加冷冻剂→冷冻包埋→整形包埋块→对刀→调位→粗切→细切→切片贴片→固片→染色→脱水→透明封藏→干片→显微镜检。

实验流程图示如图17-11～图17-24所示。

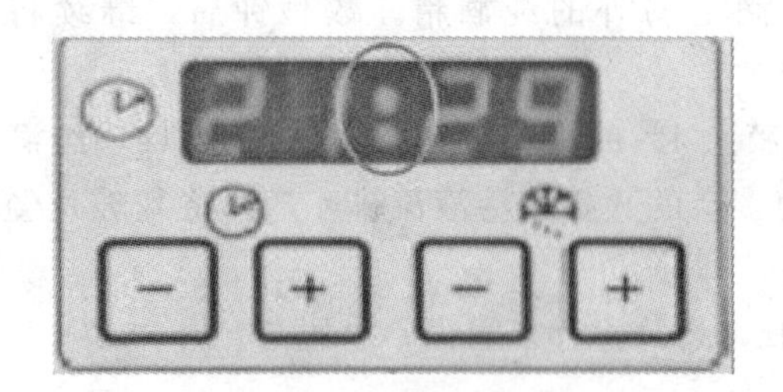

图 17-11　冷冻切片机开机

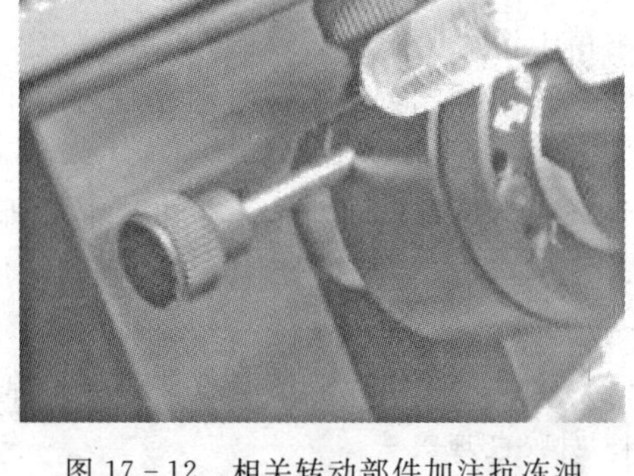

图 17-12　相关转动部件加注抗冻油

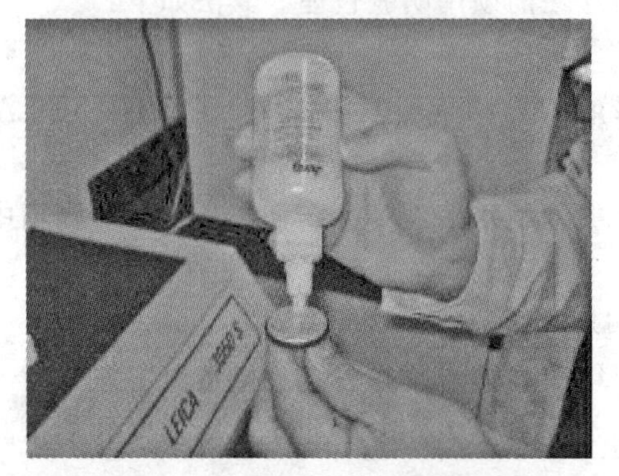

图 17-13　在固着盘上涂冷冻剂

图 17-14　将标本置于固着上，并快速冷冻

图 17-15　被冷冻凝固的切片材料

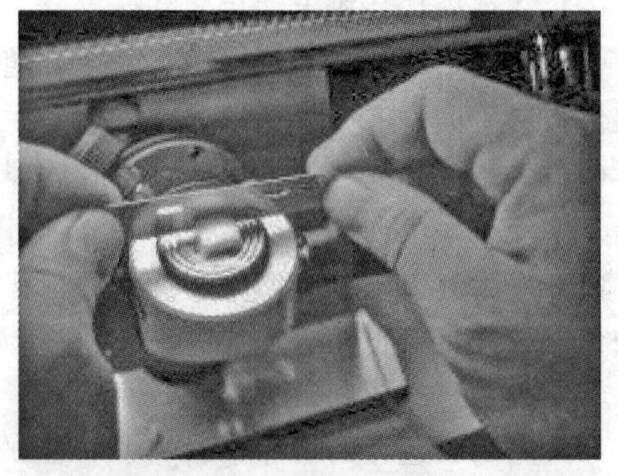

图 17-16　修理包埋的冰冻材料，使之成型

图 17-17　成型的冰冻包埋组织块

图 17-18　对刀

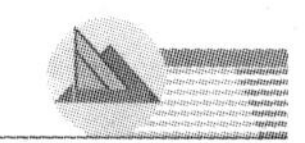

图 17－19　转动转轮对好位置

图 17－20　粗切表层

图 17－21　调整后进行精细切片

图 17－22　切出用于贴片的冰冻切片

图 17－23　贴片（由里往外）

图 17－24　切片结束后清洁操作室内部

第三节　石蜡切片法

石蜡切片法（paraffin method）是组织学常规制片技术中最为广泛应用的方法。石蜡切片法是把材料封埋在石蜡里面，借助石蜡成型和易切割的特性，用旋转切片机切片，可以切出很薄的切片，用以显微观察动物组织的精细结构和成分。石蜡切片法不仅用于观察正常细胞组织的形态结构，也是病理学和法医学等学科用以研究、观察及判断细胞组织的形态变化的主要方法，而且也已相当广泛地用于其他许多学科领域的研究中。

一、器具与材料

1. 器具

切片机、烘箱、显微镜、酒精灯、摊烤片机、恒温箱、染色缸、小培养皿、镊子、毛笔、吸水纸、纱布、载玻片、盖玻片等。

2. 试剂与实验材料（以蛙肠横切石蜡切片制作为例）

津克尔氏液、10%番红水溶液、0.5%固绿（用95%的酒精配制）、酒精（100%、95%、80%、70%、50%）、二甲苯、蒸馏水、蛋白甘油、中性树胶等，根据季节选择材料（青蛙或牛蛙）。

二、制片方法

1. 取材

用解剖剪将青蛙（或牛蛙）头后部脊椎剪断，迅速剖开腹部，取出内脏，分离出肠道，剪取所需位置与长度的肠段。

2. 固定

将蛙肠剪成约2cm长的小段，入津克尔氏液中固定。固定时间12～18h。

3. 冲洗

由于固定液中含有升汞和重铬酸钾，因此须采用流水法冲洗材料中的固定液。冲洗时间12h（可采用过夜流水的方式）。冲洗过程中，须加碘液静置处理2～3次，以除去汞的结晶。

4. 脱水

材料洗涤后，水与石蜡不能混合，必须脱去。脱水用酒精进行处理，材料由水入酒精中，不能操之过急，须由低度酒精渐至高度酒精。通常酒精浓度为30%、50%、70%、80%、90%，每次须经半小时，材料大的时间需延长。若暂时不能埋蜡、材料可放在70%酒精中保存一段时间。在高度酒精中不能过久，因酒精能使材料硬化，过久则材料由硬而脆，切时易于粉碎。

5. 透明

材料脱水后，材料中全含酒精，酒精与蜡也不能混合，仍须除去。脱酒精通常用二甲苯。二甲苯既与酒精相溶，也与石蜡相溶，是酒精与石蜡的媒介。材料由酒精入二甲苯，最好也渐次进行，先经纯酒精二甲苯混合液，再入纯二甲苯中，纯二甲苯须换一两次才行，时间每次约半小时。二甲苯不仅脱去酒精，并且使材料透明性增加，所以此过程叫透明，二甲苯在本过程中为透明剂。

6. 浸蜡（透入）

埋蜡是把材料封埋在石蜡里面，便于切片。一方面材料太小太软，要封在石蜡中；石蜡硬度适中，材料靠石蜡支持才能切成薄片。另一方面，材料封埋后，不仅材料外面包着蜡，材料内面所有空隙也都需要充满着蜡。这样，材料的各部分都能保持原来的结构与位置，切片不致发生破裂或其他变形。因此，材料脱酒精后包埋前，要先进行浸蜡。浸蜡也宜于渐次进行，一般先用石蜡和二甲苯的混合液（1：1）浸蜡，再用纯石蜡换一两次，每

次的时间，视材料大小而定，通常每次半小时，材料大的时间必须加长。在浸蜡的过程中，须注意温度不能超过2℃以上。

所用石蜡，质地必须纯净，溶点通常在48～56℃这个范围内，以52℃的石蜡用得最多。在材料不硬、天气不热时，宜用较低熔点的蜡。在材料硬、天气热的情形下，宜用高溶点的蜡。石蜡选定后，将石蜡切成小块，置瓷皿中加热溶蜡，待石蜡近于全部熔化时，置于温箱中。在进行包埋的全部过程中，石蜡的温度以高于溶点2℃为宜，过低石蜡凝固，过高伤害材料。之后再进行埋蜡。

7. 包埋

包埋就是把被包埋剂所浸透的组织连同溶化的包埋剂倒入一定形状的容器（包埋盒）内，并立即使其冷却，形成一定形状凝固块的过程。

在包埋盒中倒入事先融化好的同温石蜡。将镊子在酒精灯上加热，从浸容器中夹取一段蛙肠放入包埋盒中，依将所要切的方向，拨正位置。将标签纸（写有材料名称及日期等信息）放在石蜡液面上。再以两手平持纸盒，移至冷水中，促其凝结。待蜡面凝成簿层时，将纸盒全部沉入。水冷凝后，除去包埋盒，即获蜡块。材料在石蜡包埋块中可作长期保存。

8. 切片

切片就是将包埋于石蜡中的生物材料，用旋转切片机切成可以用于显微观察厚度的薄片，并将其粘贴在载玻片上的过程。这个过程分为以下几个步骤。

（1）修块。选取所要切片的材料，用单面刀片对石蜡块的四边作初步修整，形成合适大小、四边平行的石蜡块。

（2）固着。点燃酒精灯，用加热的刀片将石蜡块烫粘到台木上。

（3）护块。在固着的石蜡组织块四周放上少许修块时切下的石蜡碎屑，用加热的刀片将石蜡碎屑熔化烫平，加固石蜡组织块。

（4）再修块。进一步修整石蜡组织块，特别是切片相接的两条边一定要光滑平顺。待组织石蜡块完全冷却后，开始切片操作。

（5）切片。将已固着和修整好的石蜡块台木装在切片机的夹物部件上；将刀片装在刀夹中，并安装在切片机的夹刀部件上。刀口向上，保持水平；移动刀片固定器，将夹刀部件与夹物部件的距离调整到石蜡块表面正好贴近刀口，旋紧刀片固定器；调整石蜡块与刀口之间的角度与位置，调整厚度到所要切片厚度（一般为6～12μm）；开始切片，连续切片可将切下的蜡片边成一条蜡带，用毛笔或解剖针将蜡带挑起，平放在准备好的黑蜡光纸上。

9. 贴片

贴片就是将切出生物材料石蜡切片平整地粘贴在载玻片上的过程。这个过程分为以下几个步骤。

（1）涂粘贴剂。在洁净的载玻片一端滴一滴粘贴剂（蛋白甘油），用无名指将粘贴剂朝玻片的另一端涂抹成薄膜状，然后在其上滴数滴蒸馏水。

（2）摊片（展片）。用刀片切取合适长度的蜡带，镊子夹取蜡带浮置胶液上，然后将玻片置摊烤片机中（或展片机的展台），使切片展开烫平，以材料不现皱纹为度。

(3) 烘片。切片平展后用滤纸吸去多余水分，用记号笔在玻片上编号，放入温箱中烘干，温度30～40℃约1h即干。

10. 脱蜡

玻片烘干后，须将蜡脱去才能染色。脱蜡用二甲苯，再经酒精入水中，而后染色。由于切片后的材料很薄，且黏附在玻片上，这些步骤都在染色缸中进行。其顺序为：二甲苯→二甲苯酒精混合液（1∶1）→100％酒精。各级约需5～8min。

11. 复水

脱后的切片材料要重归到低酒精浓度或水介质才能进行染色程序，复水就是这个过程的体现。其顺序为：100％酒精→95％酒精→83％酒精→70％酒精→50％酒精→30％酒精→水。以上各级约需2～5min。

12. 染色

染色的方法很多，视研究目的加以选择。现就观察研究蛙肠横切面细胞结构的苏木精—曙红对比染色方法作介绍。该方法染色透明度好，细胞核与细胞质对比鲜明，染色步骤简便，效果稳定。细胞核呈紫蓝色，细胞质呈淡玫瑰红色。

(1) 初染色。染色液—埃利希苏木精，染色时间3～5min。

(2) 水洗。在蒸馏水中换洗几次，也可采用滴流法，在水龙头下细水流至无染色液流出。

(3) 复染色。染色液—0.2％曙红水溶液，染色时间2～5min。

13. 脱水

染色后的生物材料不接进行封藏，因为材料中的水分与封藏剂不相溶。因此需先进行脱水。其过程就是“11. 复水”部分的反顺序。各级时间相同。

14. 透明

切片材料进入到纯酒精状态，还不能进行封藏。这是因为，酒精与封藏剂不相溶，仍需用二甲苯将酒精替换出；封藏剂与二甲苯相溶。这个过程是脱蜡的反顺序。各级时间3～5min。

15. 封藏

封藏的目的，一是使已经透明的材料保存在适当的封藏剂中，作为永久（或一定时间段）保存。二是应用适当折光率的封藏剂，使材料能在显微镜下很清晰地显示出来。这个过程分以下几个步骤。

(1) 将载玻片从透明剂（二甲苯）中取出，放在事先准备好的吸水纸上（有组织的面朝上）。

(2) 迅速在切片的中央滴上一滴封藏剂（中性树胶），千万不能待二甲苯干燥后再进行。

(3) 用镊子夹住盖玻片一侧，侧盖（不是平盖）置于被封藏剂遮盖的切片组织之上。

(4) 将封片后的载玻置于恒温箱中干燥数日，制成生物组织制片。

附：石蜡切片法实验流程

取材→固定→冲洗→脱水→透明→浸蜡→包埋→修块→固着→切片→摊片→贴片→干

片→脱蜡→复水→初染→水洗→复染→水洗→脱水→透明→封藏→干片→显微镜检。

实验流程图示见图 17-25～图 17-76。

图 17-25 取样—固定

图 17-26 冲洗

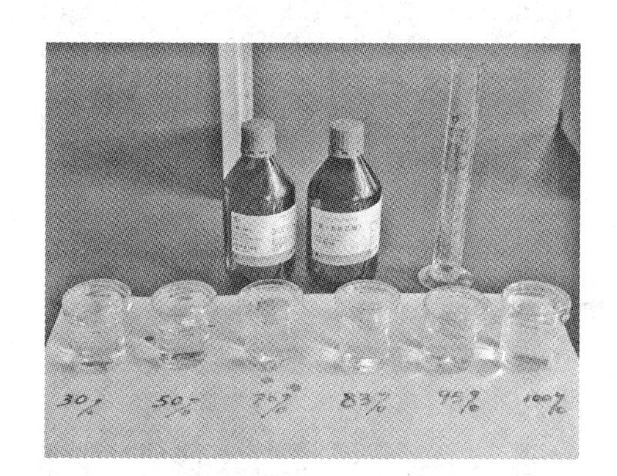

图 17-27 脱水

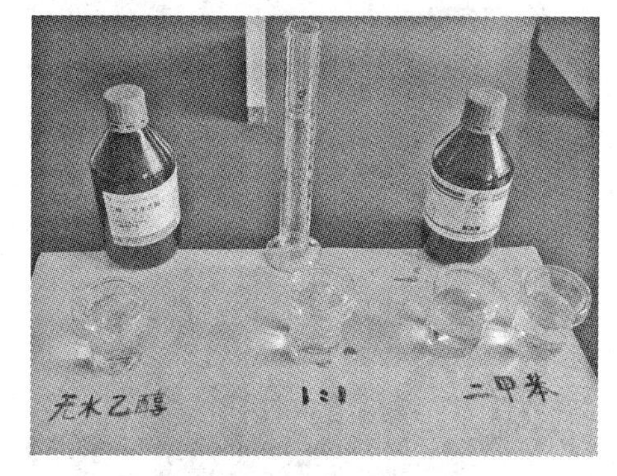

图 17-28 透明

图 17-29 浸蜡（透入）

图 17-30 融蜡（恒温箱中）

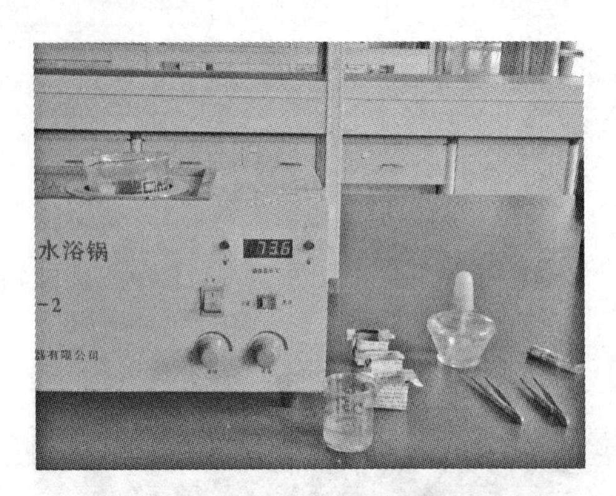

图 17－31　包埋用具

图 17－32　倒蜡

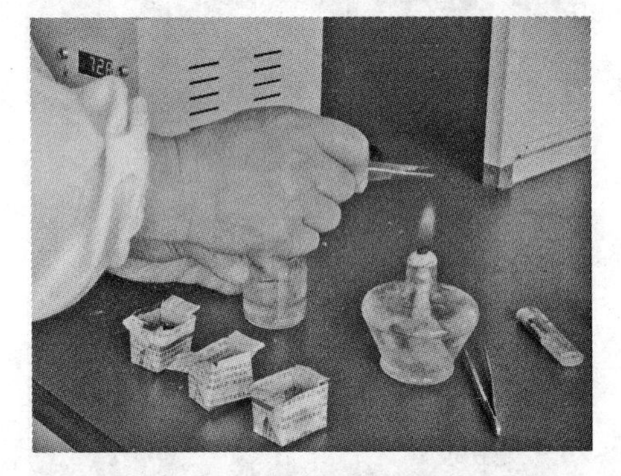

图 17－33　酒精灯上加热镊子

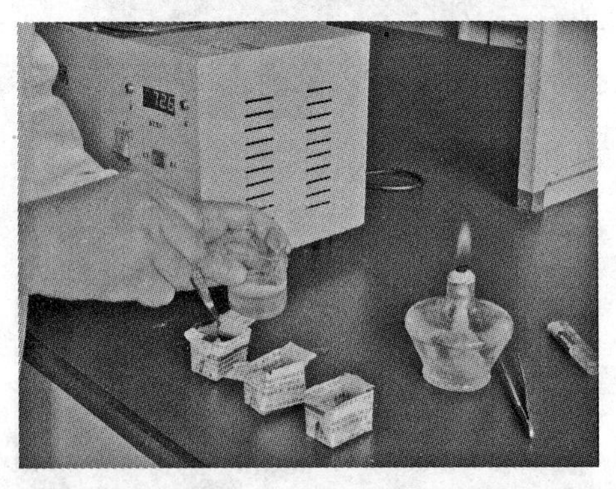

图 17－34　夹取样品入盒

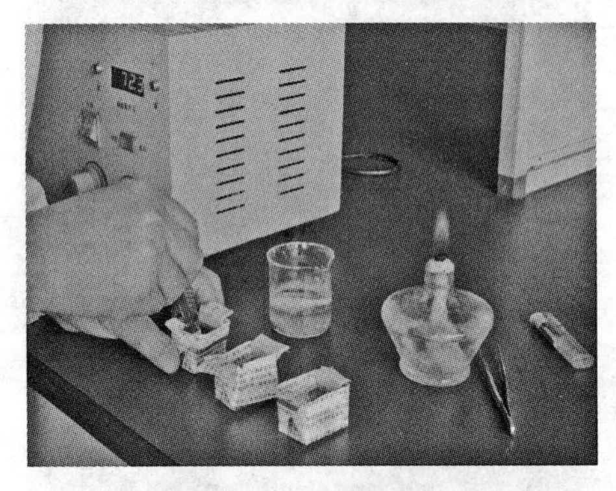

图 17－35　调整样品位置

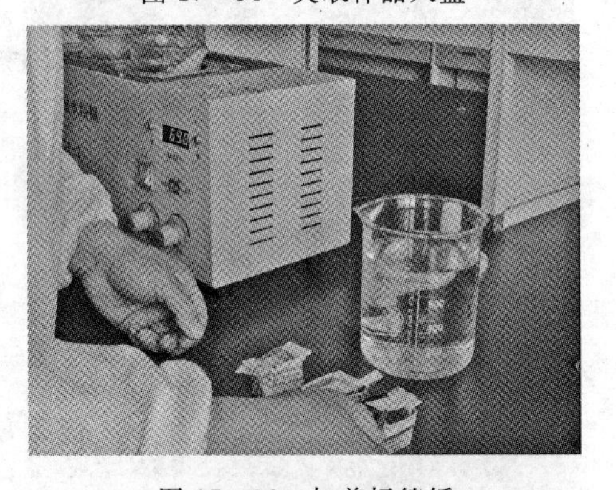

图 17－36　加盖标签纸

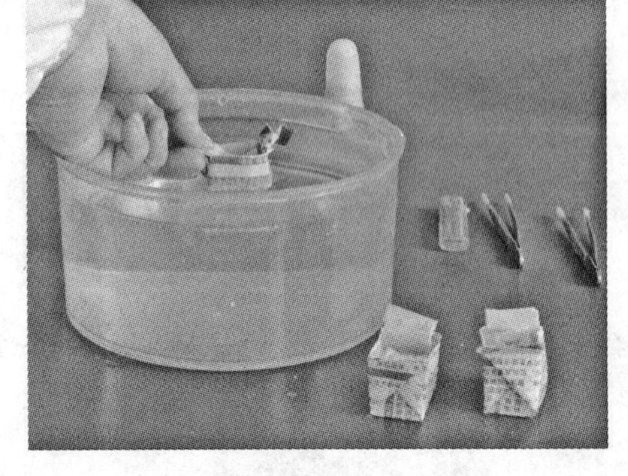

图 17－37　浮水冷却

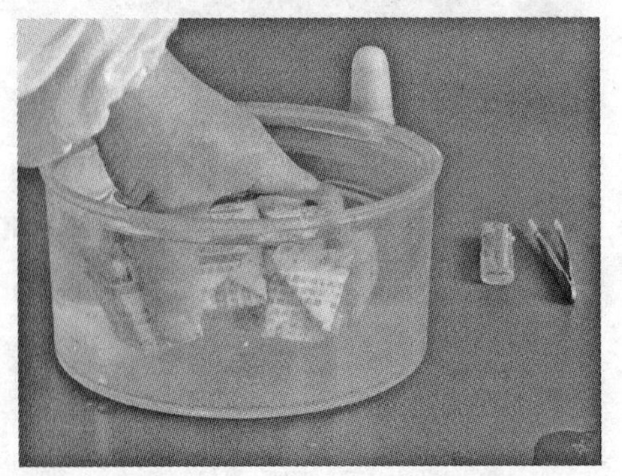

图 17－38　沉水冷却（加速）

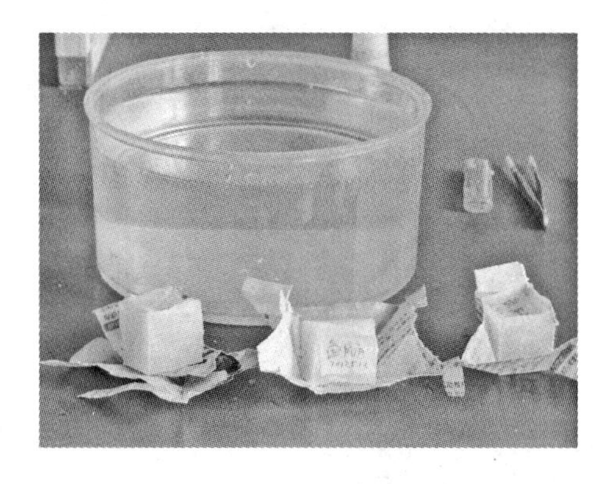

图 17-39 完成的包埋块

图 17-40 包埋块中的材料（蛙肠）

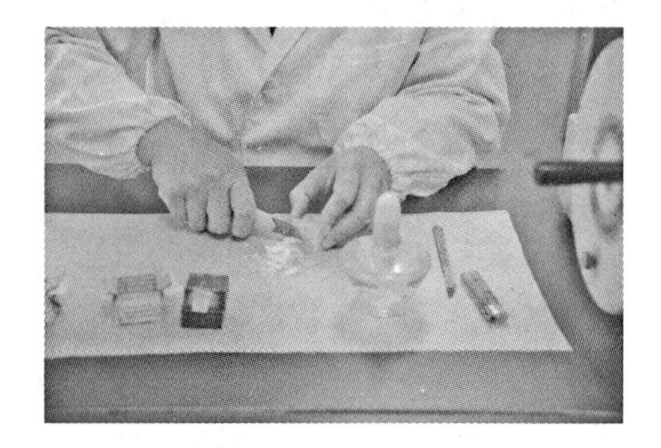

图 17-41 修块

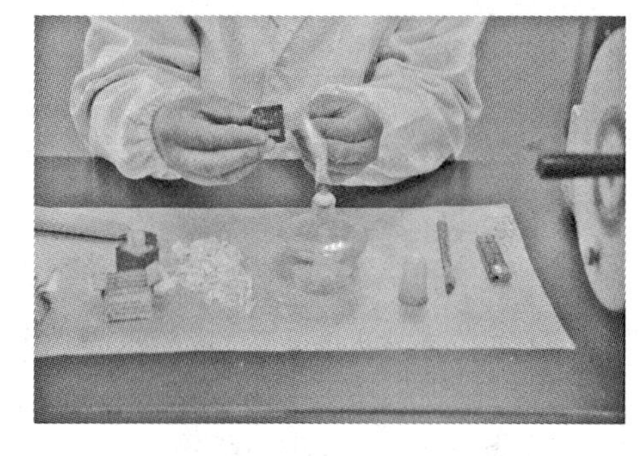

图 17-42 固着

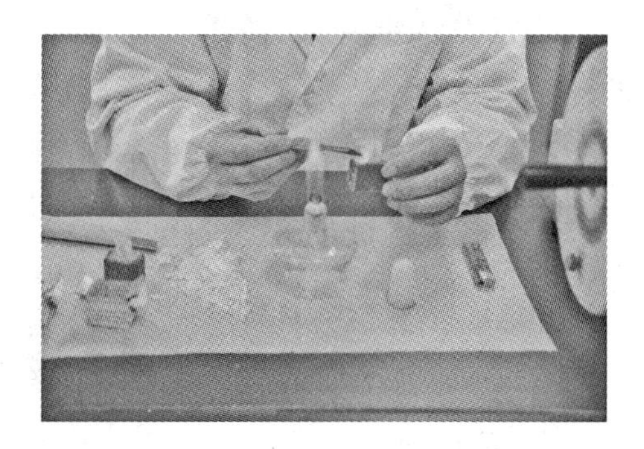

图 17-43 护坡

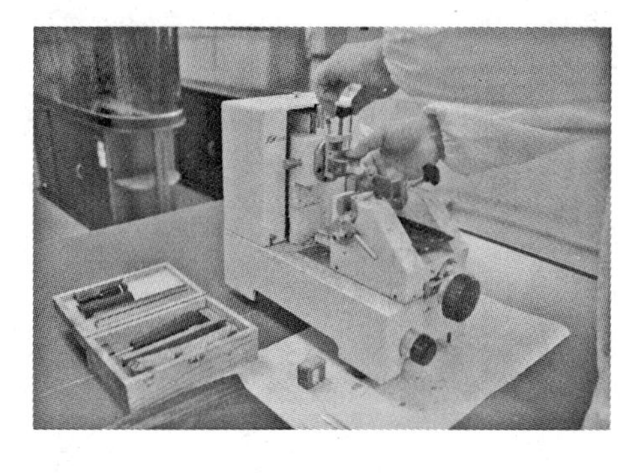

图 17-44 安装台木

图 17-45 安装刀片

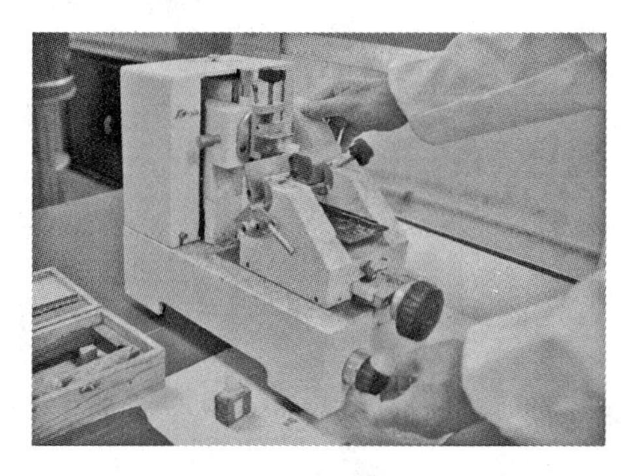

图 17-46 调节切片厚度

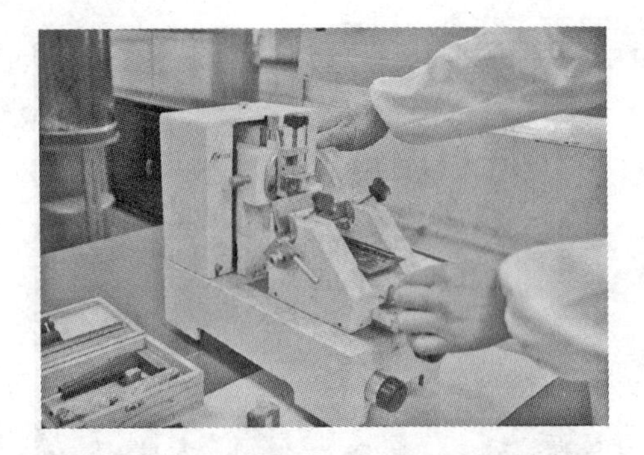

图 17－47　对刀口

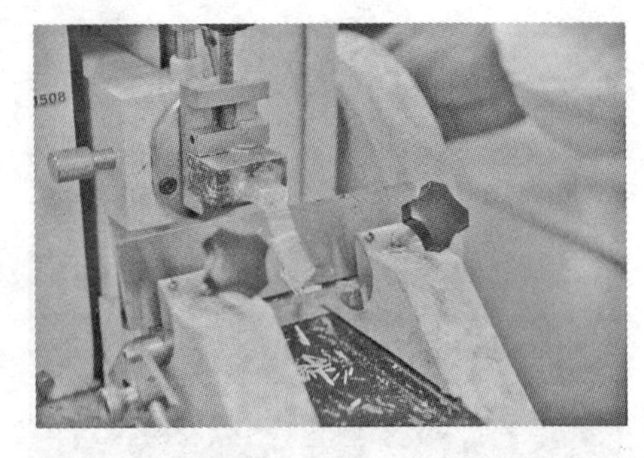

图 17－48　切片

图 17－49　切出的连续蜡带

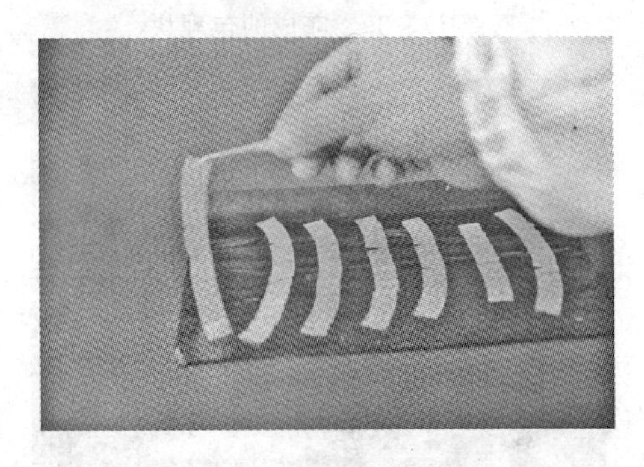

图 17－50　收取蜡带

图 17－51　洁净载玻片

图 17－52　滴加粘贴剂

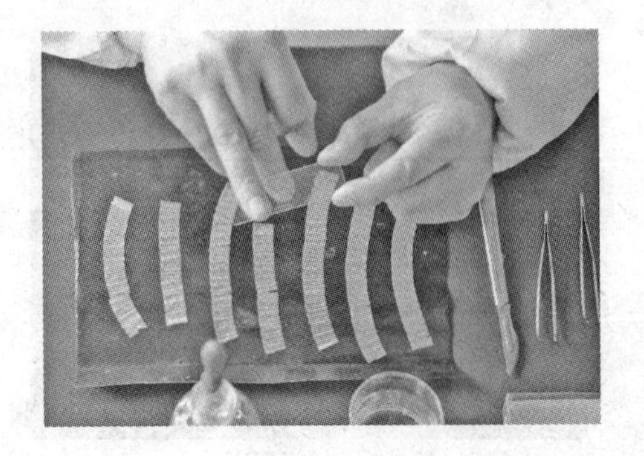

图 17－53　涂抹粘贴剂

图 17－54　滴加蒸馏水

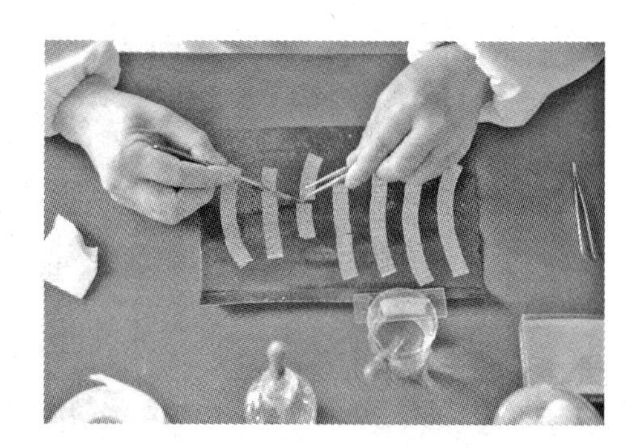

图 17－55 切取蜡带

图 17－56 悬浮蜡带

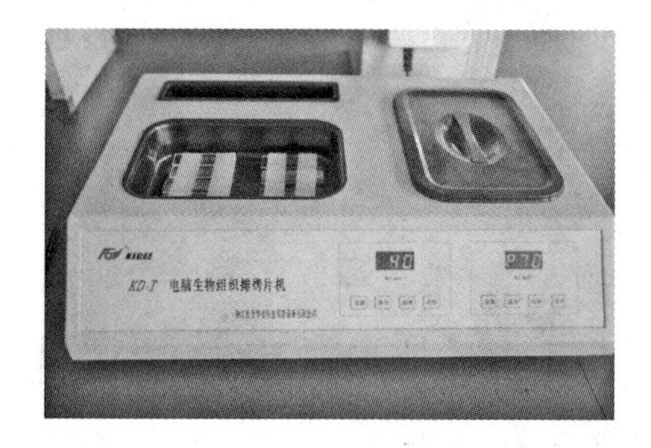

图 17－57 在摊烤片机中展片

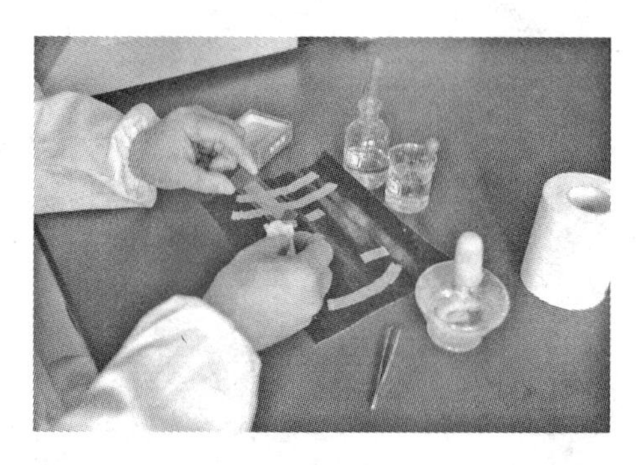

图 17－58 展片后去除多余的悬浮液

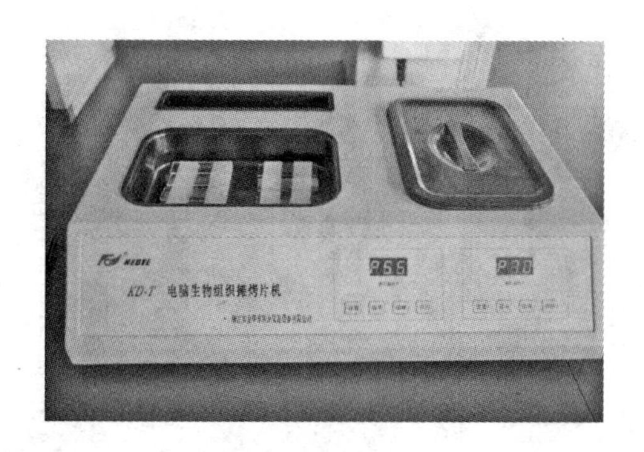

图 17－59 在摊烤片机中烘片（干片）

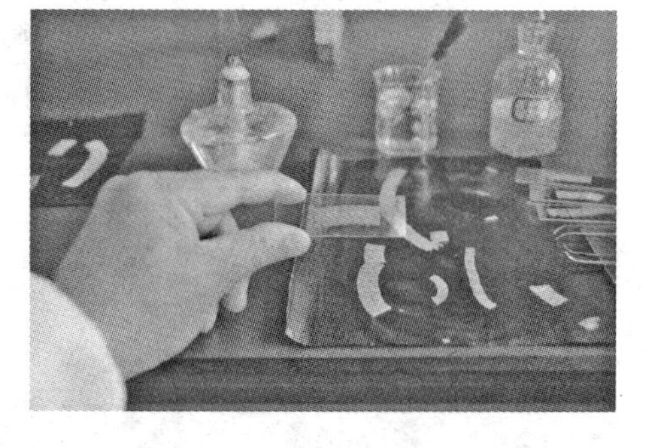

图 17－60 干片后的生物切片玻片

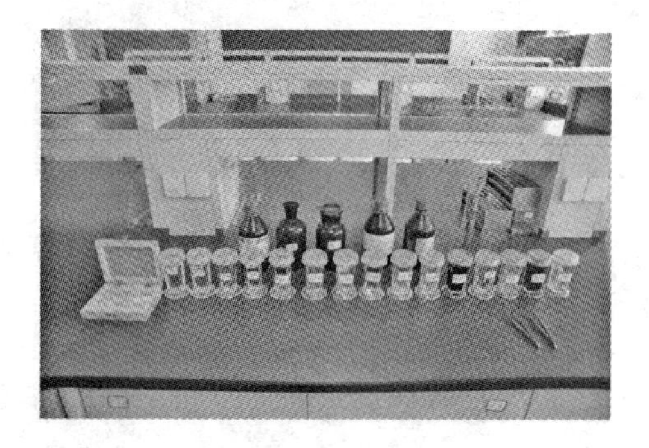

图 17－61 染色用具与材料

图 17－62 脱蜡

图 17-63　复水（从高往低梯级酒精）

图 17-64　初染（苏木精）

图 17-65　水洗

图 17-66　蓝化（氨水）

图 17-67　复染（曙红）—水洗

图 17-68　脱水（从低往高梯级酒精）

图 17-69　透明（二甲苯）

图 17-70　透明后取出切片玻片

图 17－71　平置于培养皿上

图 17－72　滴加封藏剂（中性树胶）

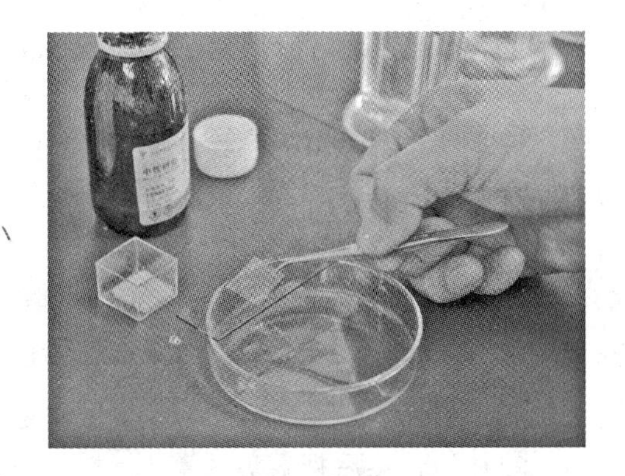

图 17－73　盖上盖玻片

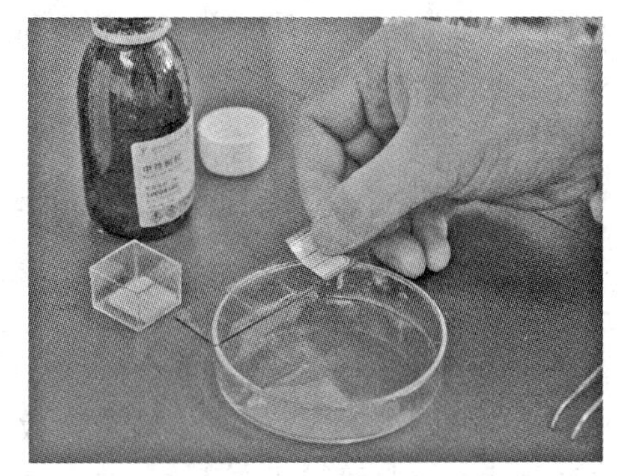

图 17－74　贴上标签纸

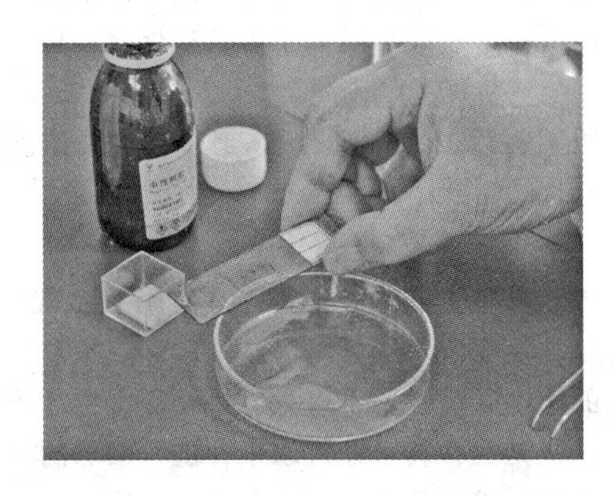

图 17－75　完成的封片

图 17－76　烘片（干片）

第十八章　整体式生物制片

整体式制片法（wholemount method）是不必经过切片而将整个微小的或透明的生物体或器官封藏起来，制成整体装片的方法。此法很简单。例如，单细胞藻类、丝状藻类、菌类、柔嫩的苔藓植物、原叶体与孢子囊等，高等植物的表皮、小花和花粉粒等，原生动物、蠕虫、昆虫和鸡的幼胚等，都可以用此法制片。有时其效果反比切片法好。例如，若需观察原叶体的藏卵器与藏精器，整体制片就比切片好。

整体制片法因所用的脱水剂、透明剂和封藏剂不同而有各种不同的方法。现将常用的几种方法介绍于后。

第一节　暂时和半永久性制片法

一、甘油法

最简便的暂时制片法是将少量材料放在载玻签片上，再加上一滴水，盖上盖玻片即成。由于水容易蒸发，不便于长久保存，故可用甘油代替水将材料封起来。具体做法是：

（1）将少量材料置于载玻片上，加一两滴10％的甘油，然后把盖玻片盖上。

（2）当其中的水分蒸发一部分后，可在盖玻片的一侧，用滴管再加一滴甘油溶液。这样反复进行，直到无水分蒸发、完全变为纯甘油为止。制成后的片子可长期保存，但必须平置，用时亦须十分小心。

应用此法时须注意，蒸发速度不可太快（可盖在培养皿中进行），加入的甘油浓度亦应逐渐增加，否则会引起材料的收缩。

二、甘油胶冻法

这种封藏剂，可作半永久性的片子。其配方详见第十五章第一节。其制片手续如下：

一般藻类和柔弱的材料固定后，特别适合以甘油为脱水剂。因为甘油的沸点很高，所以可利用水分的蒸发使其中的水分除去。蒸发的速度须缓慢，不可太急，否则会引起质壁分离。在甘油中脱水之前，材料须在水中冲洗。坚韧的材料可在流水中冲洗，柔弱的材料则需用扩散的方式来洗涤。具体方法是将材料自固定液中取出，放在一个装有约2L清水的广口瓶或杯中，静止地放置2h，然后用虹吸法将其中的水吸出来换以清水，这样连续换两次。如需染色，可在洗涤完毕后进行。染色或不染色的材料，再用甘油脱水。

脱水时，将材料移入盛有大量5％甘油溶液的广口瓶中，用笔在瓶上对准溶液面画一根线，然后放入35～40℃的保温箱中，或在室温下放入干燥器内，让它徐徐蒸发。待其中水分蒸发到最初画的根线一半时，就可推测此时甘油的浓度约为10％，那么就可以用10％的新鲜甘油去代替。及至甘油的浓度逐渐高至无水状态时，而组织也渐渐变硬，这时就可将材料直接移入纯甘油中。

材料移入纯甘油后，即可进行制片。方法是先取一小块甘油胶冻（约火柴头大小），放在一张清洁、干燥的载玻片上，加热到溶解为止。这时可自纯甘油中将材料取出，用吸水纸将多余的甘油吸去，即将此材料放在已溶解的甘油胶上，再将盖玻片徐徐放下，盖好。如材料并不太脆，可在盖玻片上加些压力，将其中多余的胶挤出来，作成一张较薄的片子。当胶冻结后，可将盖玻片四周的胶清除，用树胶再将其周围封起来。这样的片子可以保存几年，但不要忘记其中的封藏剂仍然是软的，所以在应用时必须十分小心。

三、乳酸—苯酚法

乳酸—苯酚与甘油混合后可配成一种很好的封藏剂。这种封藏剂对藻类、菌类、原叶体或其他较小材料的封藏效果较好。在封藏之前，材料经甘油法脱水至50%甘油，染色或不染色均适用。如需染色，可用乳酸苯酚配成1%苯胺蓝溶液的染色液。

第二节 永久性整体制片法

永久性的整体制片法所作出的片子要比上述半永久性的好得多，所封藏的片子既坚实又经久耐用，而且制片速度也不比半永久性的慢。因此，现在关于丝状藻类及其他较柔软的材料，大半都可用下列方法来制作。

（1）杀生与固定，可选择最适合的固定液进行。

（2）冲洗，与其他方法相同。

（3）染色，最适宜的染剂为各种苏木精溶液，可得非常好的结果；染色时可将材料放入染剂中30min到1h，染色颜色可较深，取出后在蒸馏水中冲洗直至水中无颜色时为止。此时即可在盐酸酒精（100mL水中加一滴浓盐酸）中脱色。材料可放在小酒杯或染色皿中，时时摇动约1～2min后即可将酸酒精倒出来，用清水洗涤，再在显微镜下检查其结果，如染色不适合，可再在酸酒精中处理，直到细胞核与淀粉核呈蓝色为止。然后再冲洗、脱水与透明。用下列各种方法封藏。

一、威尼斯松节油法

（1）按一般方法固定和染色。

（2）按甘油胶冻法将已染色的材料移入10%甘油水溶液内，曝露于空气中，逐渐蒸发到纯甘油为止（约需3～4d）。

（3）用95%酒精洗去甘油，应换洗几次，约10～30min（如需对染，可在此时进行）。

（4）移入纯酒精中约10～15min。

（5）移入10%松节油纯酒精液中，放在干燥器内待蒸发至纯松节油为止。

（6）用松节油或加拿大树胶封藏（以后者为佳，用松节油封藏的往往会产生结晶体）。

二、叔丁醇树胶法

（1）染色及冲洗同前。

（2）在15%、30%、50%、70%酒精中脱水，每级停留20～30min。

（3）加对染剂（曙红Y，真曙红B或固绿的纯酒精饱和溶液）数滴于70%酒精中进行对染，为了使对染的颜色较深可染4～12h。

（4）在70%酒精中洗涤，再移入下列各组溶液中，每组约为30min到1h。

1）纯酒精 3 份，叔丁醇（无水）1 份。

2）纯酒精 2 份，叔丁醇 2 份。

3）纯酒精 1 份，叔丁醇 3 份。

4）叔丁醇中换 2 次，每次 15min。

(5) 将材料移入贮有 5%的叔丁醇树胶的矮广口瓶或小酒杯中，置于约 35℃的温度下，让它徐徐蒸发。

(6) 当树胶的浓度蒸发到比普通封藏用树胶稍为稀薄时，可将适当分量的材料取出进行封藏。

三、二氧六圜树胶法

(1) 固定和染色同前。

(2) 将已染色的材料，经过 20%、40%、60%、80%、90%、100%的二氧六圜中脱水，逐级上升，在每级中停留 1～2h。

(3) 在无水的二氧六圜中换 2 次，每次 1～2h。在进行到这一步时，可将材料取出在显微镜下检查，如无收缩现象可进行下一步；若发现细胞有质壁分离现象，则须将材料退回到浓度低的二氧六圜中使它膨胀恢复原状后，再逐级慢慢上升至纯二氧六圜中。

(4) 将材料移入 10%的树胶（溶解于二氧六圜）中，这种带有材料的稀薄树胶可盛在不加盖的广口瓶或酒杯中，置于无灰尘处或温箱内，其温度宜控制在 35℃左右，让它慢慢蒸发，时间约需 2～8h（若材料易变脆则可自 5%的树胶开始蒸发，并在瓶口松动加盖以控制其蒸发速度）。

(5) 蒸发到适当浓度后，进行封藏。

这种方法在进行时要多费一些时间。在开始试作时，可用少量材料，待得到满意的结果后，再用大量材料做。

第十九章　铺展式生物制片

铺展式生物制片是不必经过切片，而将生物材料以铺开、涂抹、压碎等方式平展于载玻片上，并封藏起来，制成生物制片的方法。此法有几种形式：对于膜状的生物材料（如植物表皮），采用铺片法；对于动植物比较疏松的组织（如花药）或液态物（如血液），采用涂布法；对于易于压制平展的生物材料（如植物根尖、鱼的鳃丝等），采用压碎法。

第一节　铺　片　法

铺片法（spread method）常用于制作植物表皮生物装片。运用此法，植物表皮层易剥离、细胞层薄、染色简单，可直接观察新鲜细胞形态和组织结构，因而被广泛使用。此法在制片时若采用固定剂处理生物材料，染色、脱水、透明后可以用中性树胶封藏制成永久装片。

一、仪器和用具

解剖用具、载玻片、盖玻片、显微镜、蒸馏水、碘液。

二、制片方法（以洋葱表皮铺片制作为例）

（1）取已洁净过的载玻片和盖玻片。

（2）用滴管吸取蒸馏水一滴滴于载玻片中央。

（3）用镊子撕取洋葱表皮一小片，用解剖剪剪取合适大小的一块表皮，立即放入载玻片的水滴中，材料不可过大（不要超出盖玻片的范围），也不要使材料重叠、皱缩，可用镊子或解剖针仔细展平。

（4）在表皮上滴加一滴碘液，让其浸染整个表皮。

（5）用镊子取盖玻片，使盖玻片的一侧先接触载玻片的和水滴，然后再慢慢放下盖玻片，以防止产生气泡。如仍有气泡，可用镊子或解剖针将盖玻片稍为提高，然后再放下。切忌用手指揿压盖玻片。

（6）加上盖玻片后，如发现盖玻片或材料在水滴上浮动，可用吸水纸从盖玻片一侧吸去部分水，使盖玻片紧贴载玻片；如发现水不能布满盖玻片下方，则水太少，可用滴管在盖玻片边缘注入少许水，使水布满盖玻片下方。

（7）最后用吸水纸或纱布揩干盖玻片四周的水，装片即告完成。

（8）对生物材料铺片装片进行镜检。

附：洋葱鳞茎铺片法生物制片实验流程

清洁载玻片→在载玻片上滴一滴蒸馏水→剥离洋葱鳞茎表皮→剪取合适大小的表皮→

把表皮铺展在载玻片→在表皮上滴加碘液→盖上盖玻片→用吸水纸吸去多余的水分→制片完成→镜检。

实验流程图示见图 19－1～图 19－8。

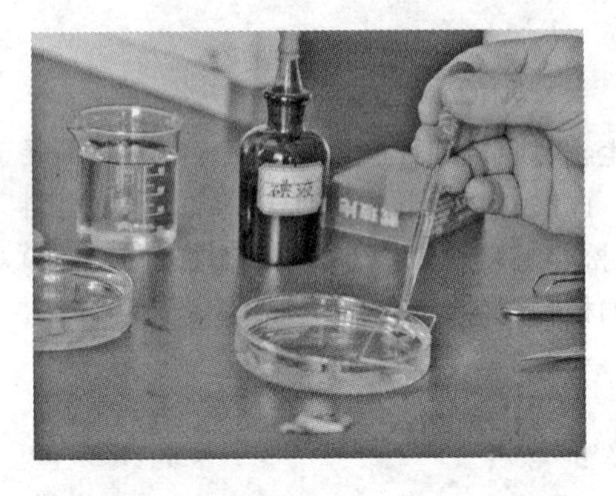

图 19－1　在洁净的玻片上滴一滴蒸馏水

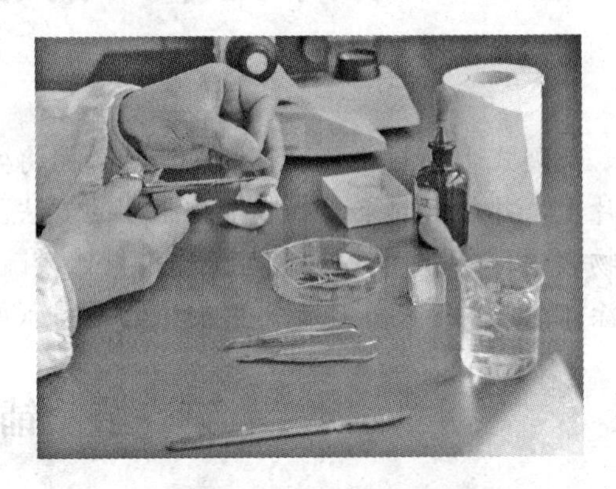

图 19－2　剥离洋葱鳞茎表皮

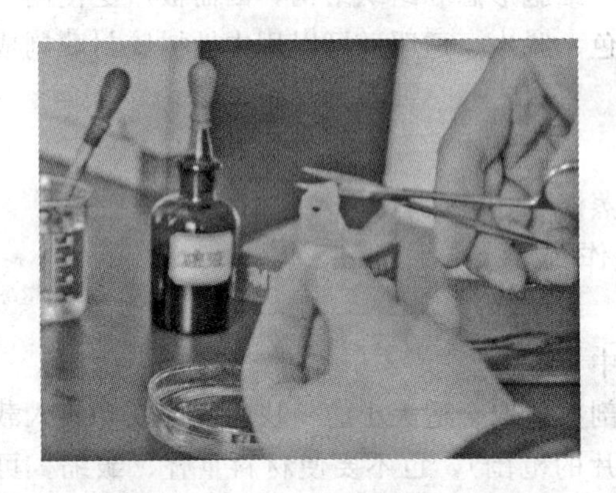

图 19－3　剪取合适大小的表皮

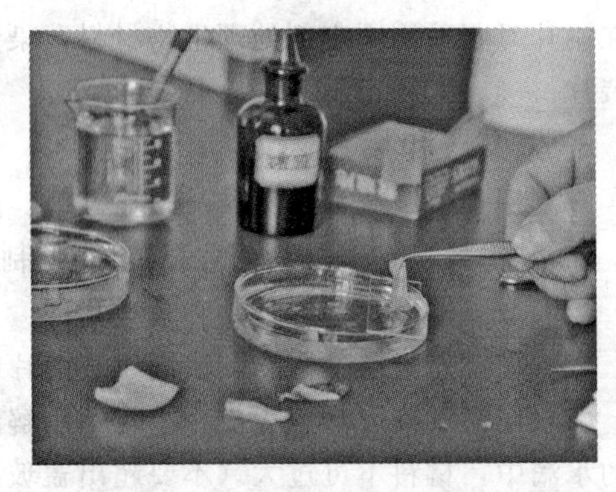

图 19－4　把表皮铺展在载玻片

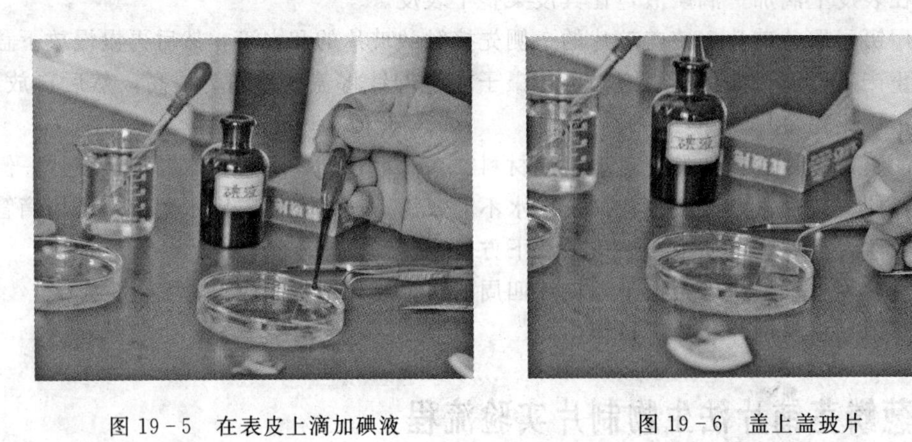

图 19－5　在表皮上滴加碘液

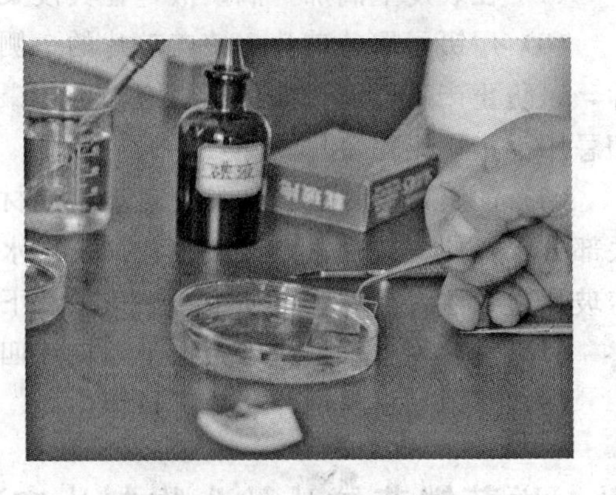

图 19－6　盖上盖玻片

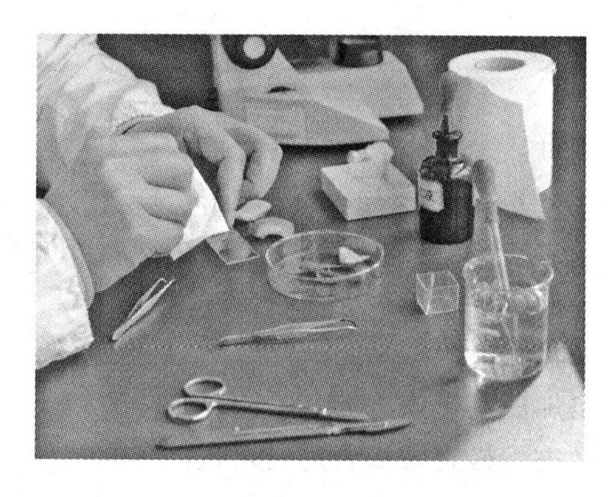

图 19－7　用吸水纸吸去多余的水分

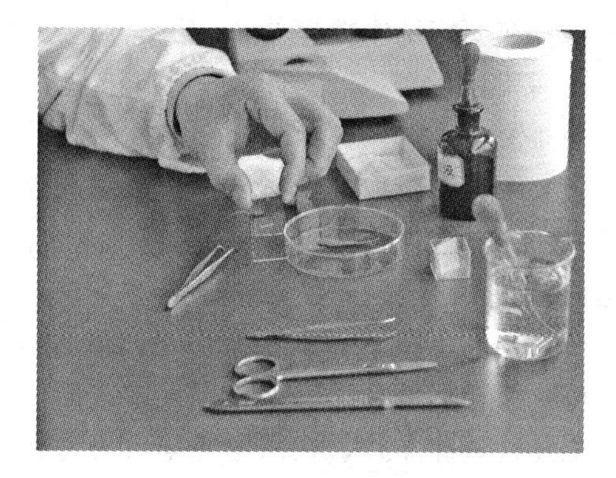

图 19－8　制片完成

第二节　涂　　布　　法

涂布法（smear method）是将动植物比较疏松的组织或细胞均匀地涂布在载玻片上的一种非切片的制片方法。这种方法很简便，对单细胞生物、小形群体藻类、血细胞、细菌、高等动植物较疏松的构造如精巢和花药等都很适用。特别是在细胞学上对染色体形态和数目的观察应用较多，效果也很好。

一、涂布法的基本技术

（1）涂布法所用的载玻片必须做到化学的清洁，否则材料涂上以后，不容易黏附固定，会掉下。

（2）所选固定液因材料不同和目的不同而异，一般固定液如纳瓦兴氏液、卡诺氏液、布安氏液、津克尔氏液等均适用，也可采用一些特殊的固定液。

（3）固定的方法很多，除用固定液固定外，还可将涂片置于空气中晾干后在甲醇中固定 1～3min；或进行热固定，即将涂片面向上，在酒精灯上来回烤 3 次，其温度以载玻片触手背不感灼热为度。

（4）若用固定液同定，可将固定液（约 40mL）倒在培养皿中，在皿内置 2 段小玻璃棒或 U 形玻璃棒，以便将涂布的玻片安置在它的上面。

二、涂布的顺序

因材料的性质不同，具体笔法与顺序也有区别。

1. 固体材料

如花药、精囊，可依照下列涂布顺序进行。

（1）将花药或精囊取出放在清洁的载玻片上。

（2）用清洁的保安刀片压在花药或精囊上面向一边抹去，将其中的细胞压出来，使之成为一平坦的薄层均匀分布在载玻片上。

（3）立刻将涂布好的片子反过来，以水平方向放入盛有固定液的培养皿中的玻棒上，使涂布面同时与固定液接触，这样可避免涂布材料被固定液冲掉。

（4）涂布后放入固定液的时间愈快愈好，最好不超过 4s。

（5）在固定液中放置约 20min。

2. 液体材料

如血液、浮游藻类，可依照下列涂布顺序进行。

（1）用滴管吸取一滴血液或经浓缩的浮游藻，滴在载玻片 S_1 的一端，将另一张载玻片 S_2 放在 S_1 上，其两侧应与 S_1 的两侧吻合，此时可使 S_2 的底边与材料接触，并使它沿底边向两侧漫过去。

（2）用左手持 S_1，右手持 S_2 轻轻地推过去即成。

（3）涂布后的片子，须在空气中来回摇晃以加速其干燥。

上述这些涂布片，在固定完毕后可先在显微镜下检查，如合适时可按照各自的制片目的进行染色、脱水、透明及封藏（或不封藏）。

附：鱼血涂片法生物制片流程

采集鱼血，制成抗凝状备用→清洁载玻片→在载玻片一端滴一滴抗凝血→用另一载玻片接触血滴→血液沿玻片接触线外延合适宽度→斜立玻片前推，拉出一层薄血膜→在酒精灯上干燥血膜→在干燥后的血涂片上滴端氏染色液甲液→染色 1min→在甲液上滴端氏染色液乙液（等量）→处理 5min→在水龙头下采用滴流法洗去多余的染色液→干片→镜检。

实验流程图示见图 19－9～图 19－22。

图 19－9　从鱼的尾静脉抽取鱼血

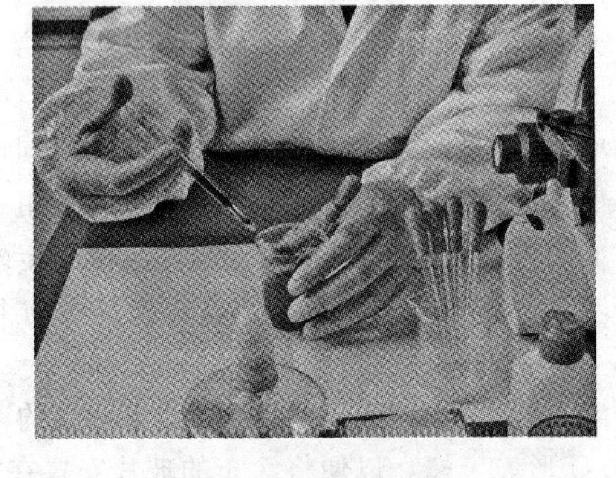

图 19－10　制成抗凝血

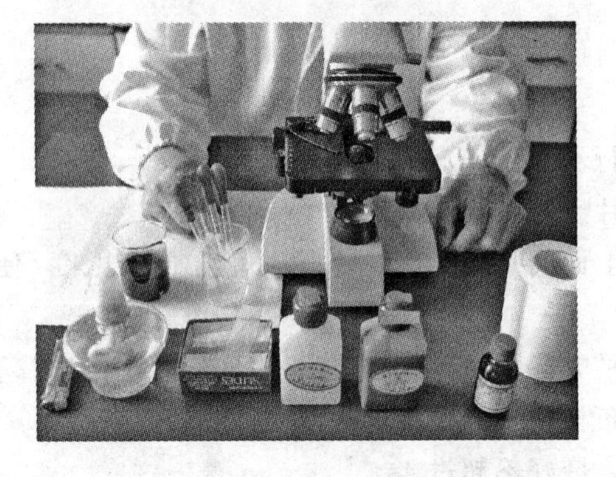

图 19－11　鱼血涂片法实验材料

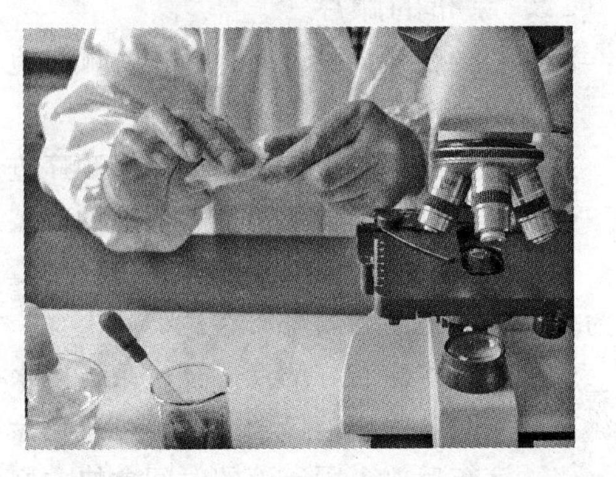

图 19－12　清洁载玻片

图 19-13 在载玻片一端滴一滴抗凝血

图 19-14 用另一载玻片接触血滴

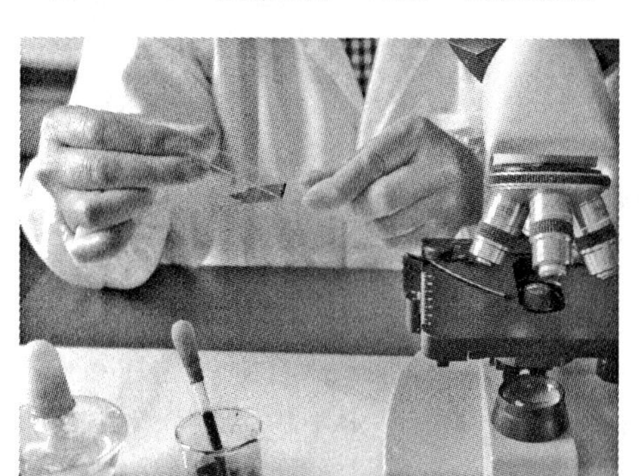

图 19-15 上玻片迅速前推，拉出一层薄血膜

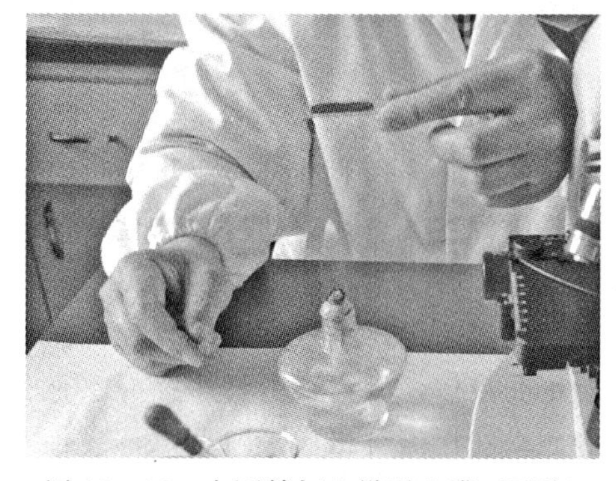

图 19-16 在酒精灯上烘干血膜（干片）

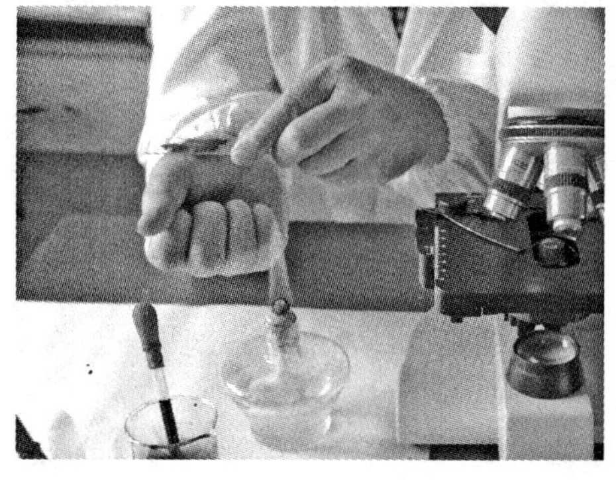

图 19-17 温度不能过高（用皮肤试温度）

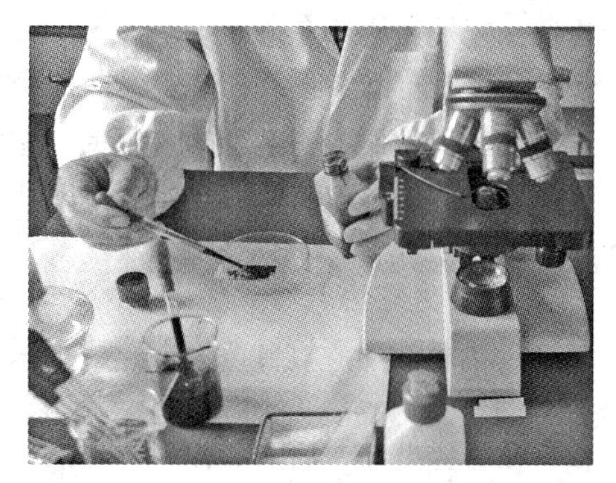

图 19-18 滴端氏染色液甲液染色（1min）

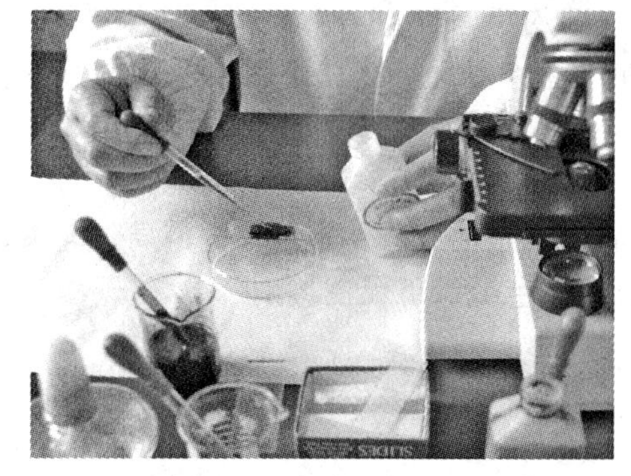

图 19-19 在甲液上滴端氏染色液乙液（5min）

图 19-20 染色后用滴流法洗去染色液

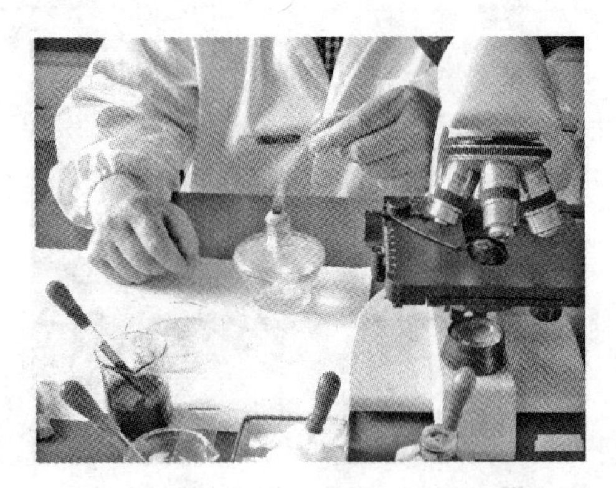

图 19－21　在酒精灯上烘干

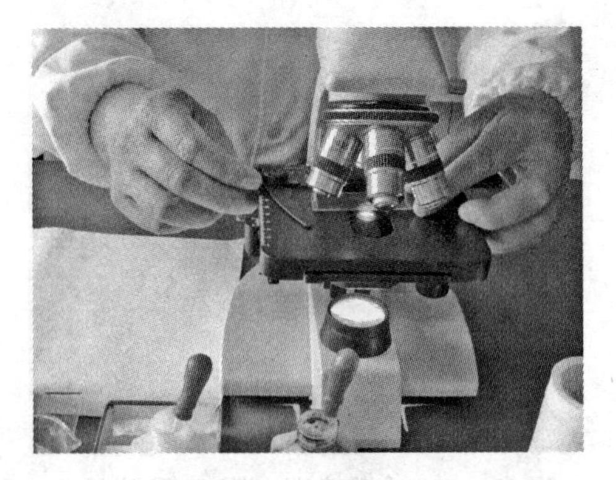

图 19－22　镜检血涂片

第三节　压　碎　法

压碎法（squash method）是将动植物材料如根尖、花药、水螅、果蝇或摇蚊幼虫的唾液腺等压碎在载玻片上的一种非切片制片法。这种方法也很简便，可作暂时的和永久的封片，也是细胞学上常用的方法之一。

在新鲜或活的材料被压碎在载玻片上时，一定要加一些液体，否则就粘在一起分散不开。所用的液体，因材料的性质而异。例如，活水螅可压碎在水中以显示它的刺丝胞，也可用冷血动物用的林格氏液（Ringer's solution）。又如，新鲜的花药或活的果蝇幼虫的唾液腺，都可解剖出来压碎在一滴醋酸洋红的染色剂中。若用根尖制片，可先用孚尔根核反应染色，再把根尖压碎在一滴45％的醋酸中。现将3种主要的压碎制片法介绍如下。

一、醋酸洋红（醋酸地衣红）压碎法

这个方法很简便，初学者容易掌握。它将杀生、固定和染色联合在一起。刚制成的暂时封片对染色体的计数很方便，也可用来研究其中的结构。为了研究方便起见。也可制成永久封片。

（一）暂时封藏法

（1）将新鲜的或活的材料（如花药、果蝇或摇蚊幼虫的唾液腺）解剖出来放在清洁的载玻片上。

（2）在材料上加一滴醋酸洋红，然后用玻棒的一端将材料轻轻压碎，均匀分散后盖上盖玻片。

（3）将载玻片在酒精灯上烘几次，其温度以不灼手为度。

（4）在盖玻片的一侧加一滴45％醋酸，进行脱色。此时在其对侧用吸水纸将盖玻片下的醋酸洋红吸掉，代之以无色的醋酸。用另一吸水纸放在盖玻片上面，轻轻压一下，将盖玻片四周多余的醋酸吸去。

（5）待盖玻片四周的醋酸晾干后，即可用石蜡或甘油胶冻将盖玻片的四周封起来。此片存放在冰箱中，可观察1～2周；如时间过长，颜色变深就无法鉴别了。

（二）永久制片法

1. 准备工作

配制脱盖玻片液。其配方如下：

45%醋酸　1份

95%酒精　1份

2. 制片步骤

(1) 上接暂时封藏法的第（5）步。将暂时封藏的片子取出，用旧保安刀片划去盖玻片四周所封的石蜡，用毛笔将石蜡屑拭掉，再用毛笔蘸二甲苯少许将残留的石蜡擦去（或用45%醋酸以除去水溶的封藏剂）。

(2) 若系新鲜材料的制片，可按暂时封藏法进行到第（4）步。

(3) 将载玻片反过来（盖玻片向下）放在盛有脱盖玻片液的培养皿中（在其中可安置U形玻棒，以便将载玻片放上）。

(4) 待盖玻片掉下后，即可将载玻片及盖玻片（因在它的上面也粘有材料）一起移入纯酒精的染色缸中（盖玻片可插入特制的十字形铅丝夹中）。注意应将不粘有材料的一面靠着十字架，以免将材料擦掉。

(5) 照一般方法透明后，即可将载玻片及铁丝夹取出，把盖玻片上粘材料的一面对着载玻片，在原来的位置上进行封藏。

二、孚尔根压碎法

（一）准备工作

配制下列各种溶液：

固定液（纯酒精—冰醋酸液）

1N HCl

无色品红

脱盖玻片液

45%醋酸（冰醋酸45mL，蒸馏水55mL）

（二）制片步骤

(1) 将植物很尖固定在纯酒精—冰醋酸（3∶1）液中30min到24h。若不立即染色，可换到70%酒精中保存。

(2) 将固定液（或70%酒精）倒出，换以1N HCl在60℃的恒温箱中进行水解5～15min。固定液中着含有铬酸时，需延长水解时间至20～30min。

(3) 将材料从恒温箱中取出，倒出盐酸，加入无色品红少许，进行染色约30min，待根尖变为深紫红色为止。

(4) 染色后的根尖放在载玻片中央，将未染色部分切除，然后在根尖上面加一滴45%醋酸，并用玻棒或其他用具将它捣碎，均匀分散。加上盖玻片后，将吸水纸放在上面轻轻地压一下，以吸去多余的45%醋酸；或先将盖玻片盖上，用解剖针的木柄在盖玻片上轻轻地压根尖使细胞分散亦可。

(5) 将载玻片反过来（盖玻片向下），放在盛有脱盖玻片液的培养皿中，待盖玻片掉下后，即连同盖玻片（装在十字形铅丝夹上）一起移入纯酒精中。

(6) 如需对染，可在纯酒精中加几滴固绿对染液，时间约30～80s（如为动物材料，对染液可改用1%橘红G纯酒精溶液3～5min）。

(7) 按一般方法透明和封藏。

三、醋酸—铁—苏木精（aceto-iron-haematoxylin）压碎法

本法适用于植物材料如根尖、花药等。现将它的制片过程介绍如下。

（一）准备工作

1. 固定剂的配制

纯酒精—冰醋酸（3∶1）。

纯酒精—氯仿—冰醋酸（6∶3∶1）

2. 固定、媒染和分离液的配制

Ⅰ号液	碘酸(HIO_3)	0.1g
	铵明矾[$AlNH_4(SO_4)_2 \cdot 12H_2O$]	0.1g
	铬明矾[$CrK(SO_4)_2 \cdot 12H_2O$]	0.1g
	95%酒精	3mL

注：在此液中加碘酸的目的是使染色体染色深而清楚，但有些材料（如松属）可不加，因为加后反加强了细胞质和细胞壁的染色。

Ⅱ号液	浓盐酸	3mL

3. 染色剂的配制

苏木精	2g
铁明矾	0.5g
45%醋酸	50mL

先将2g苏木精溶解于50mL醋酸中，然后再加0.5g铁明矾。此液配制后24h才能应用。若贮藏在棕色瓶中，染色能力可保持4周。

（二）制片步骤

（1）一般材料可预先固定在纯酒精—冰醋酸（3∶1）液中1～24h，这样可减少对细胞质的染色。有些植物，如蚕豆不需经过此手续，也能得到圆满结果。

（2）将固定、媒染和分离液配制在小烧杯或小酒杯（容量10～20mL）中，并将Ⅰ号液倒入，再把材料投入，然后将Ⅱ号液加进去，慢慢搅拌。在此液中约10min。

（3）移入卡诺氏液（6∶3∶1）中10～20min，使组织变硬，并除去先前处理时所留的溶液。

（4）将材料取出放在载玻片上，加上一滴醋酸—铁—苏木精，用玻棒或其他平头的用具将材料轻轻压碎，均匀分散，加上盖玻片，做成暂时封片。

（5）如染色太深，可用染色剂加1～2倍的45%醋酸冲淡后洗涤（其法同醋酸洋红法）。

（6）如需作永久性制片，可参照醋酸洋红法进行。

（三）花药的采取与保存

新鲜的花药不是任何时候都可采集到的，所以在作涂布法与压碎法时，必须预先采集一些花药把它们贮藏起来，在作实验时就不会受季节的限制。

要制作花粉母细胞减数分裂过程的片子，所采集的花药都有时间上的限制，过早或过迟就很难观察到。一般讲，解剖出来的花药呈绿色较为适时，如果是黄绿色或黄色则时间已过，其中的细胞都已成花粉了；若为浅绿色而呈透明状则为时尚早，其中的细胞尚处于造孢组织时期。从外形上，也可以加以鉴别。例如，蚕豆的减数分裂时期，其花蕾大小如

一颗小米；百合花蕾以长 10～15mm 为佳；小麦、大麦、燕麦、黑麦等，如观察到剑叶已从顶端抽出，且距下面一叶达 3～7cm 时，则一定能看到减数分裂。玉米及高粱约在杨花前两周，用手去摸由叶片及鞘所包着的穗状花序，感到既不太硬亦不太软时为适合，其硬度好像一个打足气的皮球，如过硬则太幼小，过软又太老，都不适用。割取这些花序时，可在花序的外面用刀片垂直划开一个 2～4in 的裂口，用镊子取出 2～3 个完整的分枝来固定即可。然后将植株的裂口封好，仍可继续生长至成熟。

花药与根尖都可固定于卡诺氏液中，1～2d 后把它们经过 95%酒精，再换到 70%酒精中，就可保存几年。

附：洋葱根尖孚尔根染色压片法生物制片流程

截取新萌发的洋葱根尖→取 10～20 条根尖固定于 10mL 升新鲜配制的卡诺氏固定液中 1～24h→用蒸馏水洗固定后的样品→置入 1*N* 的 HCl 中在 60℃温度下水解、软化、透明 10～15min→在自来水中下冲洗 1～2h→冲洗后样品入孚尔根染色液中，染色 2～4h→在自来水中下冲洗→取出根尖材料置于干净载玻片上→切去多余部分→滴上一滴 45%醋酸→盖上盖玻片→覆盖吸水纸→加盖另一载玻片→用食指和拇指压迫玻片（切勿搓挤）→去除上面的载玻片和吸水纸→镜检。

实验流程图示见图 19－23～图 19－40。

图 19－23　萌发洋葱根系

图 19－24　将洋葱根在卡诺氏固定液中固定

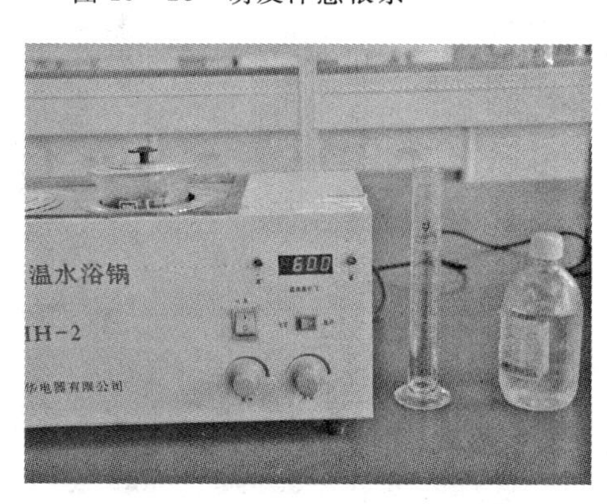

图 19－25　在 60℃温度 1*N* 的盐酸中水解

图 19－26　水解后冲洗

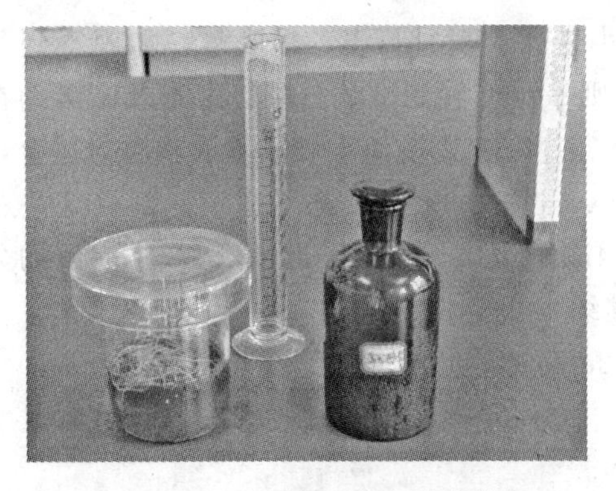

图 19－27　在孚尔根染色液中染色

图 19－28　染色后冲洗

图 19－29　压片法用具

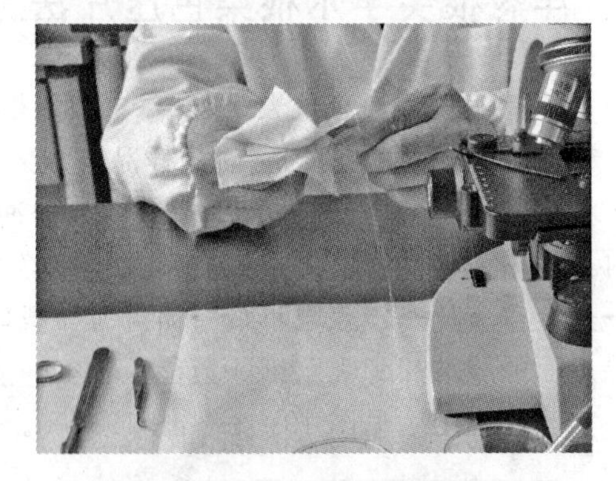

图 19－30　清洁载玻片

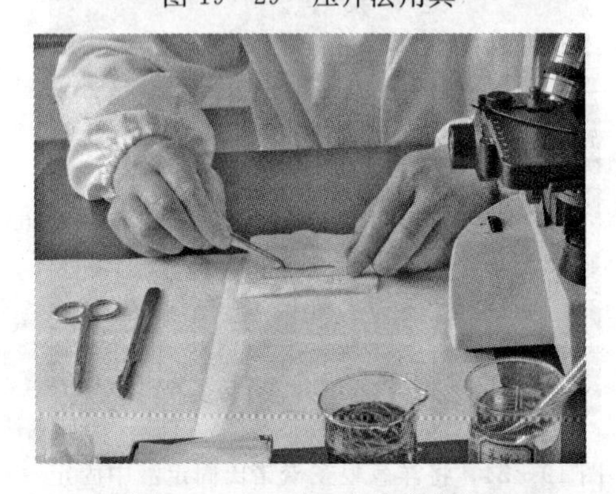

图 19－31　取一条染色的根

图 19－32　切去多余部分（留下根尖）

图 19－33　在材料（根尖）上滴一滴醋酸

图 19－34　盖上盖玻片

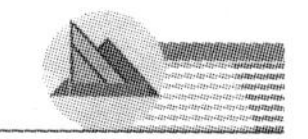

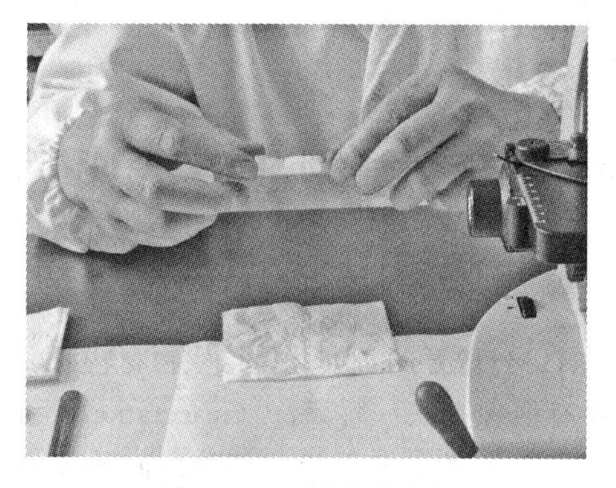

图 19-35　覆上吸水纸

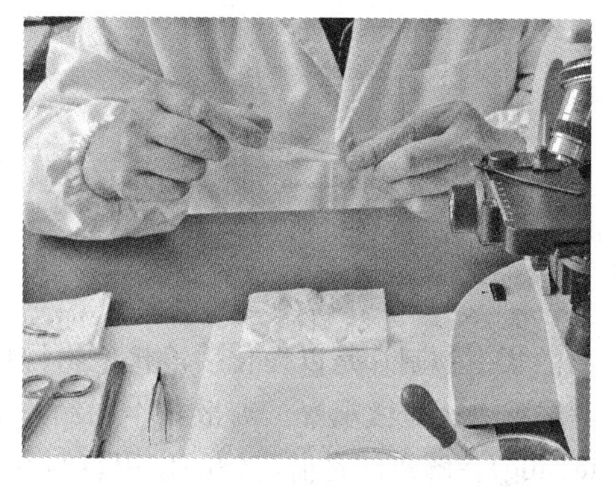

图 19-36　加盖另一载玻片

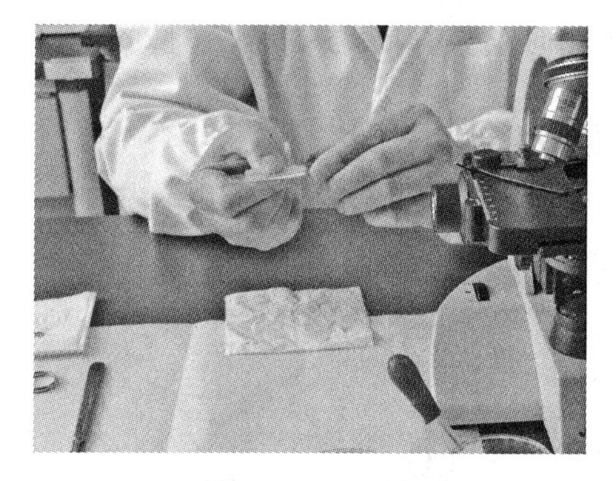

图 19-37　压片

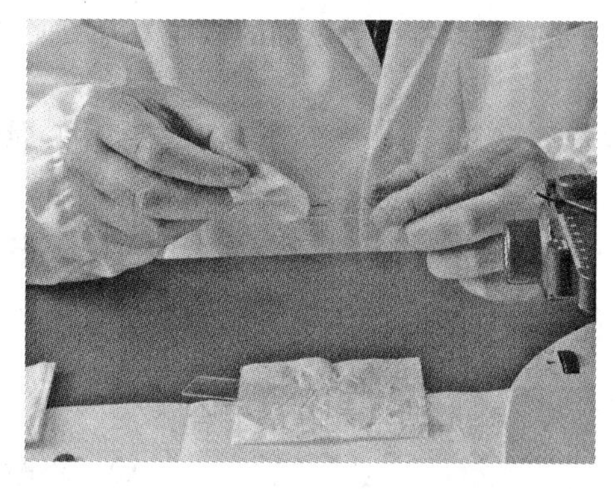

图 19-38　除去上载玻片和吸水纸

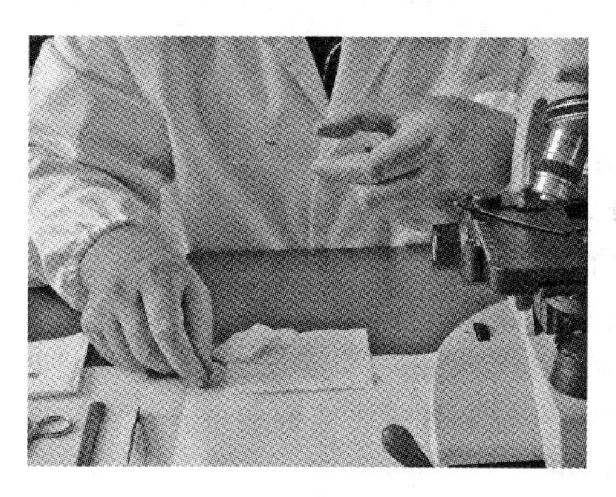

图 19-39　完成的压片

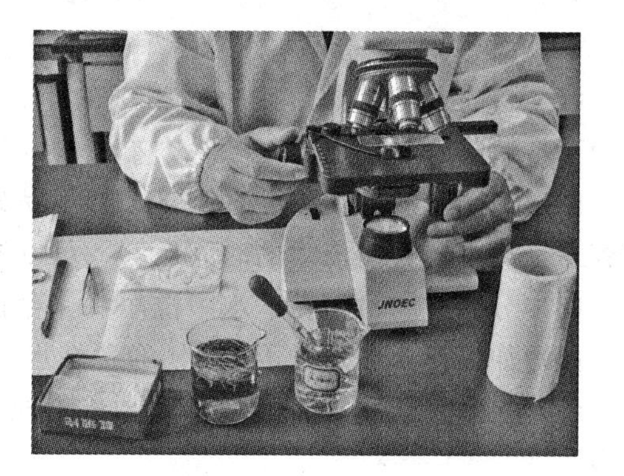

图 19-40　镜检

第二十章　离散式生物制片

离散式生物制片是以理化手段将生物材料离解、分散开的，如此使得生物材料可以呈稀疏、薄层状进行显微观察。离散式生物制片主要有两种方法：解离法（maceration）和梳离法（teasing）。解离法是借药物的作用将组织浸软，使组织的各个组成部分之间的某些结合物质被溶化而分离的一种非切片法。梳离法是将一些纤维组织，如肌肉、神经等采用梳离毛发的方法，使纤维沿着纵轴的方向分离。现将常用的一些解离法与梳离法分述如下。

第一节　植物材料解离法

一、铬酸—硝酸解离法（Jeffrey 氏法）

此法适用于木质化组织，如木材、草本植物坚实的茎。

1. 解离液

铬酸、硝酸两溶液等量混合。

10%铬酸	1份
10%硝酸	1份

2. 解离步骤

（1）将材料切成如火柴一样粗细的小条，长1～2cm，浸在上述的解离液中1～2d。若为草本植物可不必加温，若为木本植物则加温到30～40℃。

（2）用圆头的玻璃棒轻轻敲打，如不易分离，可换新鲜解离液再继续浸一些时候；若很容易分离，则表明浸渍的时间已够，可以进行下一步。

（3）分离后的材料在清水中洗净，保存在50%酒精中备用。

（4）如需作永久片，可在1%的番红水溶液中染2～6h。

（5）在水中彻底冲洗后，即可放在载玻片上，加一滴水，盖好盖玻片，在显微镜下观察。

（6）如检查结果满意，即可用二氧六圜整体封藏法制永久片。

二、铬酸—硫酸—硝酸细胞分离法（段续川法，1962）

此法适用于草本植物叶内组织、皮层、髓等薄壁细胞的分离。

1. 药剂的配制

（1）固定液：

1）甲液：

重铬酸钾	3.0g
重铬酸铵	3.0g
水	100mL

2）乙液：

浓甲醛（40%，中性）	20mL
水	80mL

用时将甲、乙两液等量混合即可。

（2）氧化液：

重铬酸钾	1.5g
重铬酸铵	1.5g
水	100mL

（3）分别水解液：

1）甲液：

浓硝酸	6mL
水	94mL

2）乙液：

浓硫酸	16mL
浓甲醛	16mL
水	68mL

用时将甲、乙两液等量混合即可。

（4）分离处理液：

铬酸	2g
浓硫酸	8mL
浓硝酸	3mL
水	89mL

（5）悬浮液：

纯甘油	15mL
水	85mL
甲醛	1～2滴防腐

（6）助染液：

1%硫酸	4mL
1%甲醛	8mL
水	88mL

（7）粘贴剂：

明胶	1g
水	100mL

溶解后加苯酚少许防腐。

（8）染料：

2%酸性品红	10mL
2%固绿	12mL
1%苯胺蓝	8mL

浓甲醛	3mL
冰醋酸	4mL
纯甘油	15m
水	48mL
10%盐酸	4 滴

（9）甘油暂封液：

水饱和苦味酸	5mL
纯甘油	15mL
1%盐酸	1mL
1%硝酸	1mL
10%甲醇	1mL
水	77mL

（10）脱盖玻片液：

100%乙醇	100mL
浓甲醛	5 滴
10%醋酸	10 滴

2. 程序

（1）固定：在室温下进行 24h。

（2）氧化：在室温下进行 12～24h。

（3）分别水解：在室温下进行。但是，在夏季若室温高过 26℃，可用冷水浴以降温，在较低的温度下进行 8～24h。

（4）分离处理：这一程序是细胞分离法的关键。温度的控制极为重要，也必须随时检查处理材料的分离程度。

1）在一般的室温下分离处理 3～6h。

2）在夏季当室温高过 25℃时，则用冷水浴以降温，处理材料 4～8h。

3）在 8～12℃的冰箱内进行分离处理，嫩叶片处理 10～12h，老叶片处理 18～20h。

4）初次制片应经过初步试验以掌握处理时间，在一般温度下，处理 2h 之后即可进行材料分离程度的检查，即取一小块材料试制玻片标本，以观察材料分离的情况。

5）有的材料若需即时了解其内容可进行直接处理，即将固定而洗净的材料直接放入分离处理的药剂中若干小时后制片检查。

6）如果材料经过步骤（1）—（2）—（3）—（4）的程序之后还不分离，可以把材料回到步骤（4）以进行更多时间的分离处理，也可以把材料退回到步骤（2）—（3）或步骤（3）—（4）的药剂中若干小时，以进行反复处理。这样，比较难分的材料也可以得到分离。

7）压碎—悬浮—染色—暂封。这是需要连贯操作的一个复合程序。如要染色较淡的制片，可不必助染而直接进行染色；若要染色较深的制片，则需助整以加深染色。助染可在细胞压碎和悬浮之后，将悬浮液吸去，加上助染液 1～2 滴。经过 3～5min 之后再吸去助染液，以便进行染色。染色 5～30min 之后染料即被吸去，这时把染好的材料移至另一早在一两天前已涂有粘贴剂的玻片上，用甘油暂封液重新悬浮并盖上盖玻片。为避免细胞

的重叠和积累，在盖盖玻片之后，用铅笔在盖玻片旁连续地敲几下，使细胞得以排开而均匀地分散在玻片之上。暂封片于24～48h之后可以进行脱水。

（5）脱盖玻片—脱水—加拿大树胶封藏。

第二节　动物材料解离法与梳离法

动物材料的分离，首先是解离，然后是梳离，这两个步骤是先后进行的。

一、肌纤维的分离法

1. 解离液

30%～40%的氢氧化钾水溶液。

10%～20%硝酸。

马克凯郎（MacCallum）解离液：

硝酸	1份
甘油	2份
蒸馏水	2份

2. 分离法

（1）将小片肌纤维，如青蛙的腿部肌肉、心肌或肠壁、膀胱和血管等处的平滑肌，浸泡于上述三种解离液中任何一种均可。

（2）若用第一种解离液，可将肌纤维浸泡于33%的氢氧化钾水溶液中30min到1h。

（3）用镊子将肌纤维取出，置于载玻片上，再加几滴氢氧化钾溶液，然后在解剖显微镜或放大镜下观察，同时用两枚解剖针，沿着肌纤维的纵轴，如梳理毛发一样，进行分离。两针必须平行纵分，切不可将纤维横断。

（4）在梳离时，必须选择适宜的背景。如肌纤维为无色时可选用黑色背景；若有色则可选白色背景。

（5）分离完毕后，随即将肌纤维平行展开在载玻片上用卡诺氏液固定，明矾洋红进行染色1～2h，然后用吸水纸将染剂吸去，用甘油作暂封片。

（6）在染色后也可继续经脱水剂、透明剂（如酒精与二甲苯），最后封藏在树胶中。

二、神经纤维分离法（郎飞氏节 Ranvier's node）

（1）解离液。0.5%硝酸银溶液（盛于棕色瓶中）。

（2）分离法。

1）截取较细的神经（如青蛙的坐骨神经），将其两端暂时缚于火柴梗上，投入上述分离液中24h。

2）将材料取出在蒸馏水中冲洗，再移入70%酒精中。

3）将材料放在载玻片上，置于解剖镜下，用解剖针将神经纤维逐条加以分离。

4）仍按上法在载玻片上加固定剂、染色剂（明矾洋红）、脱水剂、透明剂，最后用吸水纸吸干，封藏于树胶中。

结果：郎飞氏节呈黑褐色，细胞核是红色。

参 考 文 献

[1] 王庆亚．生物显微技术［M］．北京：中国农业出版社，2010．
[2] 郑国倡．生物显微技术［M］．北京：人民教育出版社，1979．
[3] 田中克己．显微镜标本的制作法［M］．北京：科学出版社，1961．
[4] 黄承芬，杜桂森．生物显微制片技术［M］．北京：科学技术出版社，1991．
[5] 曾小鲁．实用生物学制片技术［M］．北京：高等教育出版社，1989．
[6] 李景原，谷艳芳．生物制片原理与技术［M］．开封：河南大学出版社，1998．
[7] 中国显微图像网．显微镜使用与维护100问．
[8] http：//www.microimage.com.cn